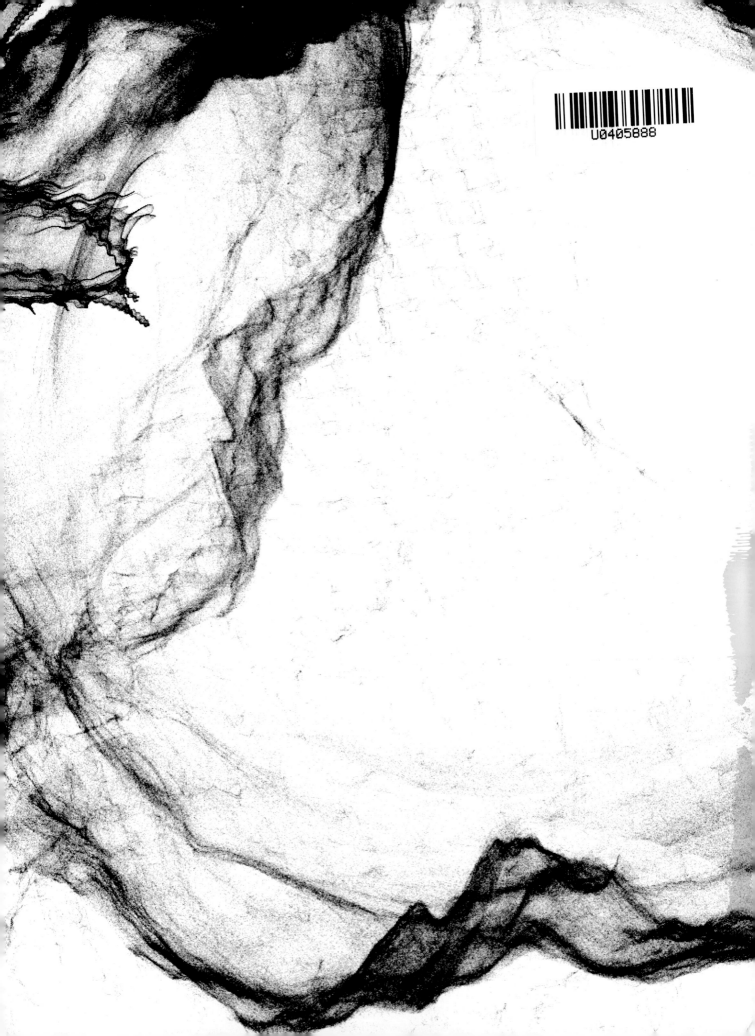

CG思维解锁
数字绘画艺术启示录

杨雪果 著

电子工业出版社
Publishing House of Electronics Industry

前言

Blur's Good Brush 自发布以来逐渐成为国内 CG 绘画从业与爱好者的首选绘画工具，其成功所带来的巨大影响力一直激励着笔者在 CG 绘画领域中不断探索与研究，试图挖掘出更高与更广的内容，给喜爱 CG 绘画的同仁们带来更多的惊喜。

本书是笔者《WOW! Photoshop 终极 CG 绘画技法——专业绘画工具 Blur's Good Brush 极速手册》一书的延续，在传统 CG 绘画技法与相关理论的基础上，对自动绘画、VR 360 绘画、分形绘画、照片重构、三维地形绘画、PBR 绘画及综合绘画技术等多个领域进行了延伸，力求给读者带来一种全新的视觉艺术创作手段与技术流程，打开读者的创作思维，提升读者的技术手段，丰富读者的创作方式。同时，本书还对绘画艺术创作的思维方式进行了分析与讲解，以此提升创作者的综合创作能力。

本书并不是一本只为针对某一类从业需求而编写的专业著作，而是适用于所有喜爱 CG 创作或者需要提升自己综合专业技能的人，希望学习与研究此书可以为读者带来更多的创意思维与新颖有趣的技术手段，为自己的艺术创作增添无穷的生命力与独特的个性。

本书涉及的技术手段繁多，在阅读与学习的过程中一定要循序渐进，并结合上一本书的知识点一并进行学习，切记不要跳跃式阅读，每一个知识点都是承前启后的流程性内容，需要耐心地进行阅读。同时，各知识点的运用也需要读者积极地开动脑筋，切忌生搬硬套，灵活地将这些技术手段运用到自己的艺术创作当中，希望每一位读者都能在本书中找到属于自己的创作财富。

参与本书资料整理及编排的人员还有：李艳颖、刘晓娜、邵志东、陈光、李磊、胡铁梅、陈曦、沈菁、宋昊睿、张岩、王广宣、蔡红珊、王佳、赵楠。最后，衷心感谢参与本书编辑的所有出版社同仁的辛苦付出。

杨雪果

2018 年 3 月 21 日

目录
CONTENTS

第一章　科技时代的绘画 / 001
　　一、绘画与科技 / 002
　　二、新技术下的数字绘画类型与运用 / 002
　　三、总结 / 012

第二章　自动绘画 / 015
　　一、自动绘画流程介绍 / 016
　　二、完整的绘画流程实例 / 036
　　三、总结 / 042

第三章　VR 360 绘画 / 045
　　一、什么是 VR / 046
　　二、VR 绘画流程 / 048
　　三、总结 / 066

第四章　分形绘画 / 069
　　一、什么是分形 / 070
　　二、如何在 Photoshop 中创建分形图案 / 075
　　三、Chaotica 2D 分形 / 079
　　四、Mandelbulb3D 分形 / 105
　　五、分形与数字绘画的结合 / 136
　　六、总结 / 157

第五章　数字绘画与 3D 技术 / 159
　　一、数字绘画中的 3D 技术 / 160
　　二、3D 辅助技术分类 / 161
　　三、3D 技术相关的基础概念 / 166
　　四、3D 流程应用基础 / 174
　　五、总结 / 189

第六章　World Machine　/ 191
　　一、World Machine 简介　/ 192
　　二、World Machine 制作流程　/ 194
　　三、World Machine 实例分析　/ 221
　　四、World Machine 与 Photoshop 的结合
　　　　使用　/ 237
　　五、总结　/ 243

第七章　照片重构　/ 245
　　一、照片重构简介　/ 246
　　二、拍摄技术　/ 247
　　三、Agisoft PhotoScan 照片重构流程　/ 254
　　四、实例分享　/ 269
　　五、总结　/ 272

第八章　PBR 绘画　/ 275
　　一、PBR 流程应用　/ 276
　　二、PBR 贴图转换　/ 278
　　三、PBR 绘画具体应用　/ 286
　　四、Blur's PBR Brush 1.0　/ 325
　　五、总结　/ 335

第九章　PBR 实时渲染　/ 339
　　一、Marmoset Toolbag　/ 340
　　二、Marmoset Toolbag 流程　/ 340
　　三、总结　/ 355

第十章　综合创作实例　/ 357
　　一、实例　/ 358
　　二、总结　/ 399

Substance Painter Basic01

Substance Painter Basic02

Substance Painter Basic03

Unfold3D UV折分基础

3ds Max模型修正基础

第一章

科技时代的绘画

一、绘画与科技

当我们的祖先用动物的鲜血和矿石粉末涂抹崖壁时；当古埃及人用画笔在墙壁上记录统治者与生活时；当中国古代的艺术大家们泼墨挥毫山水写意时；当古希腊人运用鬼斧神工的石雕技艺表达着他们对美的追求时；当文艺复兴的油画大师们用画笔在画布上热情抒发时……他们绝对无法想象，如今的绘画或雕塑都已经不再依赖一笔一纸一刀，甚至"画"的这种过程都已升华成了另外一种东西。随着现代科技的迅猛发展，图像艺术的创作方式和手段已经发生了翻天覆地的变化，从来没有哪个时代的图像艺术像今天这样贴近人的生活，人脑与艺术创作的连接也从来没有像今天这样高效与直接，艺术家的创作思维可以连接到一个虚空的量子与粒子世界，不再束缚于"媒介"的限制，甚至可以利用数学、物理、声音、镜头等令人匪夷所思的方式来进行绘画创作，很多领域已经远远超出"画"所包含的内容，科技的变革留给了我们太多的思考与探索。

本书立志于给喜爱绘画艺术从事绘画艺术的读者们展现一个"新时代"下图像创作的"新"方法，打开视野，转变思维，运用科技手段来服务自己的艺术创作。

二、新技术下的数字绘画类型与运用

数字科技的发展造就了诸多门类的图像创作方式，接下来逐一介绍这些新奇有趣的视觉创造方式与相关的工具。

1. 自动绘画

现代科技已经发展到可以用非常简单的材料就能开发出会画画的机器人的水平，而且作画的方式及过程都和真人是一样的，创作出来的绘画作品无论是艺术性还是画工都和人类的作品难分高下（如图1-1所示为绘画机器人与绘画过程展示），随着AI（人工智能）技术的发展，未来不可想象。

◀ 图1-1

在数字化图形图像的世界中，也出现了种类非常多的自动绘画系统，尤其是在手机平台，很多 APP 都可以根据一张照片或者图像自动转化为一幅绘画作品，而在 Photoshop 中也有大量插件可以在弹指之间将一张照片转化为一幅画作，但是这些工具都是利用程序处理图像结构和色彩来达到模拟绘画效果的目的的，并没有真正在"画"。Dynamic Auto-Painter 的出现有着非同凡响的意义，这个绘图系统真正成就了一个无形的"画家"，根据任何图片资源，都能"一笔一笔"地将其画成一幅完整的画作，除了可以模拟当下几乎所有绘画形式与风格之外，还能模仿大师的笔迹（如图 1-2 所示为 Dynamic Auto-Painter 作品展示），而创作者几乎变得不再重要，如果想把一张照片变成一幅画作，我们所要做的只是输入照片，单击"开始"按钮，静心等待与欣赏"画家"作画的过程而已。

▲ 图 1-2

2. VR 360 绘画

2016 年，随着虚拟现实（Virtual Reality，VR）技术引爆全世界，各行各业的发展都受到不小的冲击，如电影电视行业、网络媒体行业、建筑装饰行业、游戏娱乐行业、餐饮酒店行业等，几乎所有行业都有 VR 技术的影子。VR 改变的是影像观看的方式，从一般观看方式变成了 360°全景沉浸式体验的方式，观者不再和影像之间存在距离，而是可以如身临其境般地身处影像世界。在绘画的世界也是一样的，通过 360°的绘画，与作品零距离接触，身临其境地去体验画作之美，甚至是"触碰"与"交流"。在众多 VR 系统中，比较有划时代意义的是 Google 开发的 Tilt Brush，画家可以借助 HTC VIVE 眼镜在虚拟空间中作画，同时还能行走于自己创作的画作之中，非常有趣。如图 1-3 所示为 Tilt Brush 示意图。

▲ 图 1-3

在常规作画软件中，我们也可以进行 360°的作画体验，如最常使用的 Photoshop，VR 360 作画模式也早已作为 Photoshop CC 系列的标准功能之一（如图 1-4 所示），这些新颖的绘画技术正在快速地改变着人们的绘画方式，也让绘画运用在更多的领域产生无限的可能性。

▲ 图 1-4

3. 分形绘画

数学一直以来都是离绘画非常远的一个领域，甚至可以说风马牛不相及，传统绘画中数学只用于测量和透视等，而在分形绘画世界，数学却是核心，运用数学公式作画也是数字绘画领域一个非常重要的模块，有着悠久的历史与令人叹为观止的视觉体验（如图1-5和图1-6所示分别为2D分形艺术和3D分形艺术）。人类所身处的宇宙，包括宇宙中的一切，本质就是数学，无论是花草树木，还是动物，其背后都是一个数学的结构，利用数学公式可以计算出非常细致精美的图案，几乎无限的数学公式迭代，可以让图像产生无穷的变化与极致的细节，同时作画过程也从"绘制创造"变成了"探索与发现"，并且画作还能变成运动化的图形，分形图像创作是一种极为有趣且神秘的创作体验，也是数字绘画领域非常值得研究与推广的"绘画"形式。

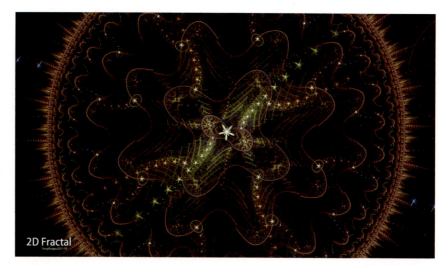

▲ 图1-5

▲ 图1-6

4. 照片重构技术

在游历壮丽的山水、雄伟的寺庙、神秘的遗迹、幽静的森林等时，你是否曾经想过将这些漂亮的图像带回家，然后把它们创作成美丽的画作？当然，那是一定的。传统影像采集一般都是使用相机、摄像机等器材，将"平面"的影像进行收集后，利用"照片重构"技术不但可以采集平面影像，还能真正地将"实物"带回家。照片重构技术利用多角度拍摄方法，将所需要重构对象的每一个角度进行记录，然后通过软件进行反向计算，由此获得所拍物体的三维与色彩信息，利用这

▲ 图1-7

第一章　科技时代的绘画 | 005

一技术甚至只需要一部手机就能将地形、树木、雕像、建筑、人物、动物等全方位地还原出来。在电影、游戏、绘画、测量、VR、AR（增强现实）等领域，照片重构技术有着重要的作用，尤其是在绘画相关领域，利用这个技术可以逼真地还原现实中的大部分物体，将其转化为各种2D或者3D制作所需的元素，提升图像的逼真性与品质。如图1-7所示为照片重构过程，如图1-8所示为照片重构在3D电影中的应用。

▲ 图 1-8

5. PBR 绘画

　　PBR 的全称是 Physically Based Rendering，即基于物理的渲染技术，PBS 的全称是 Physically Based Shading，即基于物理的实时材质贴图技术。PBR 物理绘画是在电影、游戏、VR、AR 开发过程中，材质贴图表现上的一种标准，通过运用特定的物理属性通道可以实现接近现实的各种视觉表现，了解和熟悉 PBR 绘画可以帮助人们在绘画、电影制作、三维游戏开发、建筑可视化仿真、VR/AR 等领域运用此技术获得无与伦比的视觉效果，也是数字绘画中一种重要的视觉表现手段（如图 1-9 所示）。PBR 所涉及的领域非常广泛，其原理是通过转化照片或者通过程序生成绘画和三维制作中常用的纹理，再通过对这些纹理的转化，将其放置到一个"物理性"的标准下去运用，以此获得和真实世界一致的视觉效果。同时它可以结合照片重构来塑造逼真的三维模型，达到各种制作的需要，此技术是三维制作行业中最为重要的手段与标准之一。如图 1-10 所示为使 Unreal4 引擎制作的 PBR 标准实时电影《渗透者》。本书将从如何创建 PBR 标准流程开始，向读者逐一介绍 PBR 绘画在各领域创作中的应用。

▲ 图 1-9

▲ 图 1-10

6. 2.5D 与 3D 绘画流程运用

2.5D 与 3D 绘画是一种革命性的绘画技术，自 ZBrush 发布以来，这种技术就不断地在插画、概念设计、产品设计、电影特效、游戏开发、VR/AR 等多个领域得到广泛应用，成为了行业的主流。深入探索其图像创造的核心，其实一直没有脱离"绘画"这个概念，尤其是对艺术家来说，能够通过"画"这个过程实现各式各样的视觉艺术表达，实在是再好不过的事情了，这也是这类"绘画"形式大受欢迎的原因之一。如图 1-11 所示为 3D 绘画在 Unreal4 引擎流程中的应用，如图 1-12 所示为 3D 绘画在电影流程中的应用。2.5D 绘画和 3D 绘画再次改变了传统作画的理念与流程，结合常规数字绘图、分形、照片重构及 PBR 绘画，在人们面前展现出了一个全新的绘画艺术创作时代。

▲ 图 1-11

▲ 图 1-12

7. 其他数字绘画系统

除了以上介绍的数字绘画形式与流程运用之外，还有很多非常有趣的数字绘画辅助工具，能够帮助人们在各种绘画领域获得更多的效果，或者辅助这些主流工具实现更加快速便捷的流程应用。

- Rebelle：数字水彩绘画软件 Rebelle 可以模拟逼真的水流与颜料互动效果（如图 1-13 所示），常用于数字水彩画、国画。

▲ 图 1-13

- Project Dogwaffle Howler & Particle：用于传统绘画模拟、3D 绘画、粒子绘画，如图 1-14 所示。这个绘画系统非常强大，可以应用在绘画、动画等多个领域，尤其是它特有的粒子画笔和植物系统画笔，非常有趣。

◀ 图 1-14

- Flora3D：Flora3D 是一个简单高效的 3D 植物创建系统，可以快速地创建各类型的常见植物，在绘画中经常用于创建各类型植物画笔库，或者直接用于场景绘画中的植物合成；在 3D 制作领域常用于制作实时的三维植物模型，非常适合一般动画和游戏引擎创作（如图 1-15 所示）。

▲ 图 1-15

- Flame Painter：专门用于绘制火焰的绘画软件，类似于粒子系统画笔或者分形绘画产生的特效，它可以直接用于绘画，也可以整合到各种三维特效制作的流程中（如图 1-16 所示）。

▲ 图 1-16

- Amberlight：Amberlight 和 Flame Painter 一样同属一类特效制作工具，但是 Amberlight 专门用于创建炫光分形特效，属于比较容易入手且可控性强的简化分形工具，它可以直接用于绘画合成，也可以整合到各种三维特效制作的流程中（如图 1-17 所示）。

▲ 图 1-17

- PolyBrush：3D 多边形模型绘画工具，可以直接利用多边形模型作为画笔进行作画，同时还能创作类似于分形图像的画面，在概念设计、插画、三维动画、电影特效、游戏开发等方面也有着非常不错的流程辅助作用，不容小视（如图 1-18 所示）。

▲ 图 1-18

- World Machine：World Machine 是数字绘画和 3D 制作中创建地形的专用系统之一，虽然是一个小软件，但是却有着相当强的功能，几乎可以由它创建任何常见的地形结构，包括生成各式各样的地形贴图，是目前从事动画或电影虚拟背景绘制、3D 游戏开发、建筑地形仿真，VR/AR 应用等领域非常重要的一个辅助工具（如图 1-19 所示）。

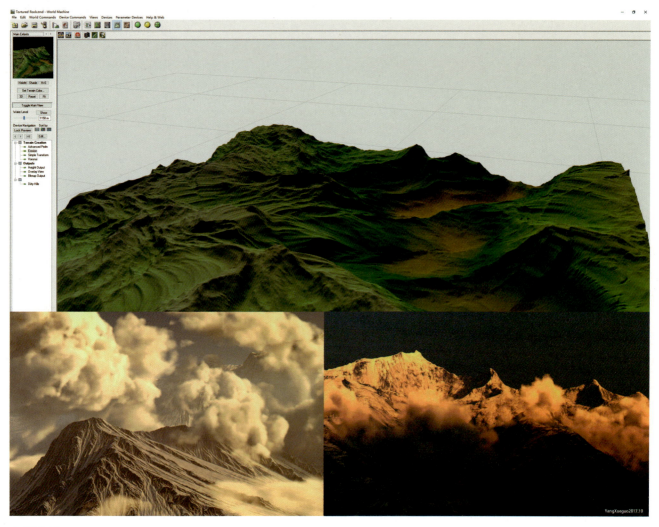

▲ 图 1-19

三、总结

通过上述介绍，相信各位读者对新科技发展下的数字绘图应该有了一个大概的认识，编写本书的目的并不是为了抛弃传统的绘画方式，重点在于掌握并运用新技术来服务绘画本身。我们应该摒弃传统"作画"的单一思维与方式，转而以全新的头脑去接受新技术发展下绘画方式的变革，去探索它的深度与广度，挖掘它的潜力与魅力，丰富自我的创作手法，为作品增添无穷的生命力与可能性。对于理论，多说无益，在数字绘画探索的道路上需要的是不断地实践，接下来马上开始数字绘画的奇妙旅程吧！

第二章

自动绘画

一、自动绘画流程介绍

自动绘画是一种非常有趣的人工智能模拟传统作画方式的系统，通过对输入图像进行分析，然后自动分配色彩及笔触，像真实画家作画一样一步一步地完成作品（如图 2-1 所示），同时根据所选预设效果的不同，还能仿真出各种名家的手迹，整个过程几乎不用人工介入，绘画结果无论是艺术表现还是风格都几乎与真实绘画无异，无须任何专业技能，任何人都能获得高品质的绘画资源，这种自动绘图技术在绘画创作、设计、装饰等领域都极为有用。

▲ 图 2-1

下面将探索自动绘画的"创作"过程，以及各类图像转化的控制方法等。

1. Dynamic Auto-Painter

下面将使用 Dynamic Auto-Painter 作为主要工具来对图像进行绘制（如图 2-2 所示）。

▲ 图 2-2

2. 预设库

Dynamic Auto-Painter 的使用非常简单，在这个系统中提供了大量不同类型的绘画风格的预设，直接使用预设就能创作出非常不错的绘画作品（如图 2-3 所示）。

▲ 图 2-3

3. 功能模块

软件底部的流程菜单控制着 Dynamic Auto-Painter 绘制过程中的每一个环节，一般情况下，按照从左到右的模块化顺序操作就可以了，其模块功能分别如下（如图 2-4 所示）：

- Presets：绘画效果预设库。
- Painter：自动画家控制，用于控制调色盘的色彩及笔触效果等。
- Advanced：高级设置，用于控制颜色偏移、绘制蒙版等。
- Retouch：人工介入模块，用于修饰画面中的结构、笔触等，丰富画面细节。
- Outline：用于后期添加轮廓线，如绘制素描或者钢笔画一类的效果等。
- Canvas：画布纹理处理模块，可以后期模拟大部分常见的画布纹理，让画面更加接近真实的绘画效果。
- Material：绘画质感制作模块，可以为画面增加不同的光照效果，得到逼真的颜料凹凸和反光质感等。
- Color Adjust：调色模块，用于画完以后整体调节色调。
- Layers：图层控制及图层特效控制模块，如增加相框、叠加图层特效等。
- Final Output：一系列处理工作完成后的输出模块，可以输出多种图像格式。

▲ 图 2-4

4. 操作流程

01 首先启动 Dynamic Auto-Painter 软件，单击左上方的"打开"按钮，选择一幅自己喜欢的照片，在此实例中使用一幅风景照片作为示例图片（如图 2-5 所示）。

▲ 图 2-5

02 接下来选择一个自己喜欢的绘画风格预设，本实例中使用 Vangogh3 预设（如图 2-6 所示）。

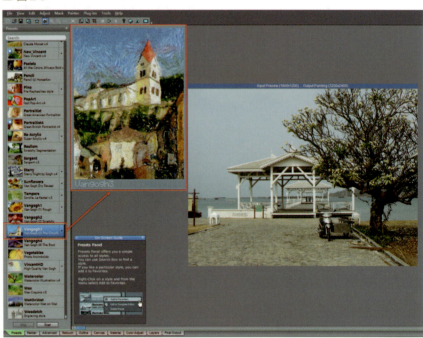

▲ 图 2-6

03 下面直接单击软件工具栏中的"开始"按钮，就能看到软件自动加载程序并开始自动绘画，绘画第一阶段为大色调铺垫流程（如图 2-7 所示）。

▲ 图 2-7

04 大色调绘制完成后，软件会自动进入细节描绘过程，绘制全程都无须进行任何操作，只需要一边欣赏绘画过程，一边坐享其成就可以了（如图2-8所示）。

▲ 图2-8

05 观察整个绘画进程，如果对效果满意，可以在任何时间单击"停止"按钮结束整个绘画（如图2-9所示）。当然如果需要更多的细节处理，可以让"画家"多画一会儿，时间越久细节越多。

▲ 图2-9

06 绘制结束后，单击工具栏中的"保存"按钮，即可将画好的图像保存为自己需要的格式（如图2-10所示）。

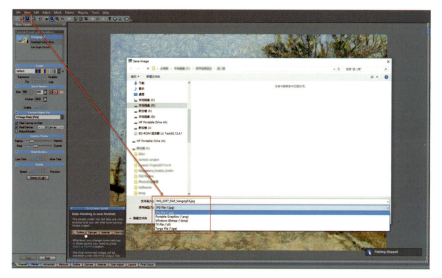

▲ 图2-10

07 如果需要绘制其他预设效果,直接返回预设库,选择自己喜欢的预设,再次单击"启动"按钮重复以上过程即可(如图 2-11 所示)。

▲ 图 2-11

5. 画家设置

在绘制之前或者绘画进行中,可以对画家的绘画方式进行设置,以此得到对画面更多的控制,进入左侧 Main Painter 面板就能看到画家设置的参数(如图 2-12 所示),其中重要参数如下:

- Current Preset and Variations(当前预设状态栏):用于观察预设色彩层次,如图 2-13 所示。

- Palette(调板盘):用于设置绘画中色彩的主题模式,也就是主色调设置。同时还能看到两个设置滑块:Expressive(抽象表现)和 Realistic(写实)分别控制自动绘画的风格变化,通过拖动蓝色滑块用户可以自定义画作的风格取向;Dry(干)和 Wet(湿)控制颜料的干湿效应,也是通过滑块进行倾向性设置,如图 2-14 所示。

- Brush Strokes(笔触):用于设置笔触变化及轮廓线的强度等,如图 2-15 所示。其中 Size(尺寸)用于设置笔触的大小变化,可以自定义一个曲线来设置笔触的随机大小范围;Strokes(笔触)用于设置整幅画笔触的数量;Outline(轮廓线)用于设置轮廓线笔触的强度,一般情况下可以保持默认设置。

▲ 图 2-12

▲ 图 2-13

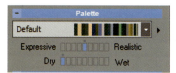

▲ 图 2-14

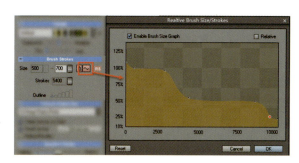

▲ 图 2-15

- Canvas Output Size（画布输出大小）：用于设置整幅画的尺寸，如图 2-16 所示。输入图像尺寸不会影响这里的输出变化，但是需要注意越大的输出尺寸，需要的作画时间也越长；反之，则越快。一般快速预览绘画效果可以选择 2.5 Mega Pixels（Quick）模式，如果最终作品需要印刷，则需要选择 10Mega Pixels（Print）模式。在这个面板中，还可以设置 Real Canvas（真实画布介质）为 Oil Canvas（油画布）或者 Paper（绘图纸）来决定整幅画面的质感。Nature Borders（自然边界）可以显示画布白色边界。

- Dynamic Painter（动态绘画）：如图 2-17 所示，用于设置绘画的风格变化。Faithful（准确度）和 Impress（印象派）滑块分别用于设置画面的"规整度"和"艺术抽象化"偏移。Real（现实）与 Surreal（超现实）滑块用于处理绘画风格的艺术性，可以根据需要进行设置，如图 2-18 所示为不同的风格。

▲ 图 2-16

▲ 图 2-17

▲ 图 2-18

- Detail Brushes（细节画笔数量）：用于设置画笔的笔触细节数量与绘画时间长短，如图 2-19 所示。less Time 为较少细节，但是绘画速度较快；More Time 为较细致的笔触，但是需要耗费更多的时间，如图 2-20 所示。

- Quality（图片追踪质量）：用于设置所绘制图片的总体质量，如图 2-21 所示，也就是描绘的细节质量，Speed（高速）为快速；Precision（准确）为准确"临摹"，较慢；如果单击 Speed of light（光速绘画）按钮，那么整个绘画进程就会进入底细节的全速模式，对于没有耐心和计算机配置较低的用户，可以在绘画时开启这个模式进行加速。

▲ 图 2-19

▲ 图 2-20

▲ 图 2-21

6. 绘画色调与风格控制实例

接下来通过一个简单的实例来学习如何对画面的风格和色调进行前期设置。

01 打开一幅照片作为图像源，本实例使用一张场景照作为示范，如图2-22所示。

▲ 图2-22

02 接下来在预设库中选择Pencil（铅笔淡彩画）预设，如图2-23所示。

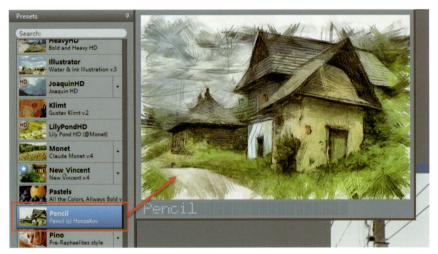

▲ 图2-23

03 如果现在直接运行程序自动绘画，那么得到的是如图2-24所示的图像，可以清晰地看到画面的基本色彩是与照片基本一致的，画面的结构与艺术表现也基本遵循原始照片。下一步需要给它设置不同的风格来完全改变画风。

▲ 图2-24

04. 这一步进入 Main Painter 面板，打开 Palette（色彩）设置面板，将调色板模式设置为 Color Match（色彩匹配），然后单击弹出面板中的 All Impression（所有印象派）文件夹，如图 2-25 所示，就能看到各印象派大师的画作了，如图 2-26 所示。选择其中任意一幅作品，那么色彩主题就会匹配到被选择的画作上，绘画过程就不再遵循原始照片的色调了。

▲ 图 2-25

▲ 图 2-26

05. 接下来在 Main Painter 面板中对 Palette、Dynamic Painter、Detail Brushes 及 Quality 各属性进行设置，以此改变画面的艺术表现，然后单击"Start"（开始）按钮开始绘画，这样就得到了完全不一样的艺术风格与色调，如图 2-27 所示。

▲ 图 2-27

06 大家可以尝试运用其他风格预设，然后修改"色彩匹配"来获得千变万化的效果，下面是采用"Color Match（色彩匹配）+（夸张色彩匹配）"调色板完成的实例，如图 2-28 所示。

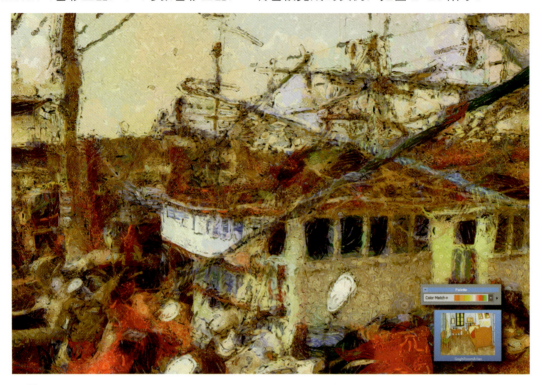

▲ 图 2-28

7. 自动绘画中的人为修饰

- Retouch（修饰模式）：在自动绘画的过程中或者结束后，可以使用该面板中的画笔对画面中不满意的部位进行修整，以此来让最终的作品呈现最完美的品质，如图 2-29 所示。

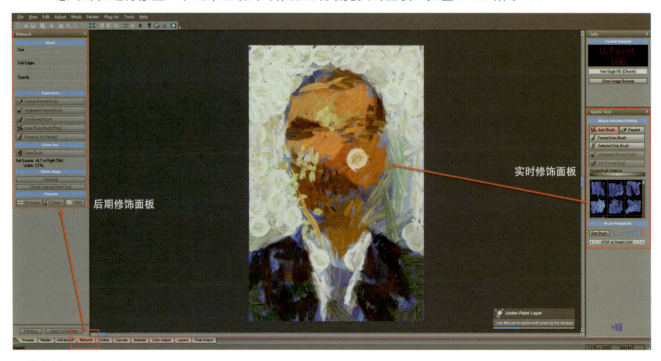

▲ 图 2-29

◆ Canvas Reveal Brush（画布底纹显示画笔）：用于后期在画面上显示画布的底纹效果，其实可以将其看作擦头工具，如图 2-30 所示。

▲ 图 2-30

◆ Underpaint Reveal Brush（基础笔触显示画笔）：此画笔用于后期在画面上绘制所选预设风格的笔触，经常用于处理笔触之间的过渡，让笔触形成自然的衔接，如图 2-31 所示。

▲ 图 2-31

◆ Soft Reveal Brush（柔和细节显示画笔）：此画笔用于绘制出细腻的图像结构，比如修整过于粗糙的笔触覆盖的细节，常用于表现人物五官等，如图 2-32 所示。

▲ 图 2-32

- Input Photo Brush（底层照片显示画笔）：此画笔用于显现底层原始图片影像，如图 2-33 所示。
- Revert "As Painted"（绘画层效果恢复）：此画笔用于恢复 Input Photo Brush 画过的区域，将其恢复为绘画笔触。
- Clone Brush（克隆画笔）：用于复制画面中的结构，和 Photoshop 中的克隆工具一样。按住 Alt 键确定克隆位置，然后在任意位置克隆影像即可。

下面介绍 Quick Tool（快捷工具）中的相关参数。

- Mouse Assisted Painting（鼠标指定实时修饰）：此系列画笔用于在作画的实时进程中人为修饰画面效果，如图 2-34 所示。
    - Auto Brush（自动画笔修整）：一般情况下自动绘画的进程是全局开展的，也就是整幅画面同时作画，但是如果某些位置需要用户特别描绘，可以使用这个画笔在实时进程下涂抹所要画的区域，这样系统会单独强调这个区域的笔触，但是这并不影响整体进程。
    - Repaint（重画画笔）：如果对画面某些区域的绘制效果不满意，可以使用这个画笔在实时进程中涂抹掉不需要的部分，系统会及时重新绘制这个位置。
    - Forced Auto Brush（强制自动绘画）：这是加强版的 Auto Brush，可以在绘画进程中强化所需要绘制的区域，加强局部位置的自动绘画进程。
    - Selected Only Brush（自定义选择画笔）：此画笔可以让用户在画笔列表框中选择特定的笔触介入进程绘画，比如选择一个特定笔触强化某些区域的效果，而不是全局平均使用画笔列表框中的所有笔触，如图 2-35 所示。

▲ 图 2-33

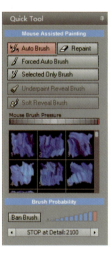
▲ 图 2-34

▲ 图 2-35

- Brush Probability（笔触使用率）：此滑块用于控制列表中每一支画笔的自动选择率，默认情况下每一支画笔的使用率设置得都很高，也就意味着都能画到画面中，但是也可以根据需要进行取舍，比如，如果某一种笔触出现概率过高，就可以在列表中选择并降低它的出现概率。
- Ban Brush（禁止笔触）：运用此按钮，可以屏蔽选中的笔触，让其不再干扰画面，在绘画中如果某一种笔触反复出现影响画面效果，可以选择它后单击 Ban Brush 按钮进行屏蔽。

8. Advanced（高级）设置

高级设置面板中包含色彩及各种蒙版的画面处理效果，用于控制绘画中色调偏移、聚焦虚化、细节分配等处理方式，常用于控制绘画的细节视觉效果，如图 2-36 所示。

Color Shift（色调偏移）：通过旋转两个滑轮来让画面色调产生变化，以此获得非写实的色彩格调，如图 2-37 所示。

- Normal/Sharp（正常与锐化）：此滑块用于控制画面的整体锐化效果。

▲ 图 2-36

▲ 图 2-37

- Defocus Mask（景深聚焦遮罩）：此模块通过对原始图像绘制聚焦遮罩来让画面虚焦的部分产生"虚化"的笔触变化，以此可以突出绘画的重点，一般运用在人物肖像画和静物画中，如图 2-38 所示。
- Detail Mask（Depreciated）（细节绘画遮罩）：此模块用于遮蔽画面中需要突出细节笔触的部位，弱化背景和不重要的区域，产生大小笔触对比的效果，如图 2-39 所示。

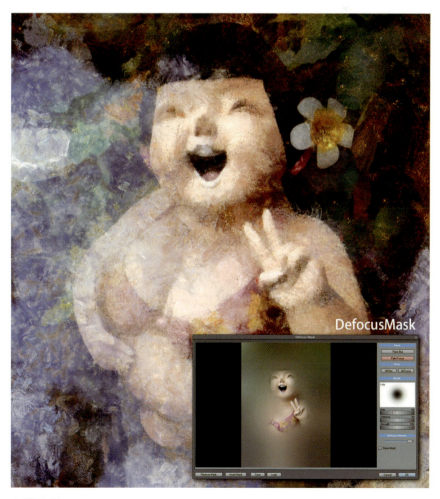

▲ 图 2-38

第二章　自动绘画 | 027

▲ 图 2-39

- Portrait Dry Reveal Mask（肖像干笔触显示遮罩）：此模块用于增强肖像绘制过程中肖像细节的表现，对于需要还原清晰锐利的肖像结构非常有用，同时此功能也不仅仅限于表现人物，也可以用于控制任何需要体现细节的图像，如图 2-40 所示。

▲ 图 2-40

9. Outline 轮廓线处理

轮廓线处理属于自动绘画的后期处理模块，可以在绘画完成后为图像添加勾线的效果，模拟出铅笔、钢笔、毛笔等常见的描边结构，如图 2-41 所示。

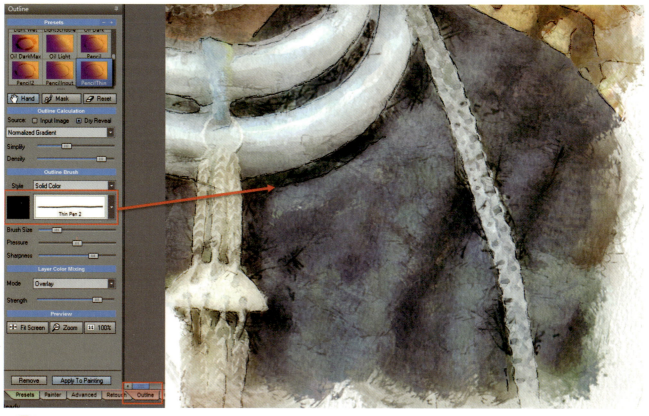

▲ 图 2-41

- Presets（描边预设）：通常情况下直接使用描边预设就能快速得到非常不错的轮廓线条，预设下的 Mask（遮蔽）画笔用于手动擦除自动产生的轮廓，如图 2-42 所示。

▲ 图 2-42

◆ Source（描边源）：这个模块用于控制自动描边的位置，分别是"Input Image"（输入图像）和"Dry Reveal"（干笔触显示区域）。下拉列表中的选项是各种勾线的方式，"Normalized Gradient"（均匀渐变勾线）方式可以产生较为均匀细碎的线条，如图2-43所示；"Connected Curved Lines"（曲线连接）方式可以产生较为连续的曲线轮廓，如图2-44所示；"Artistic Smoothing"（艺术化曲线）方式可以产生较为强烈的连续勾边效果，如图2-45所示，用户可以根据需要进行调节。

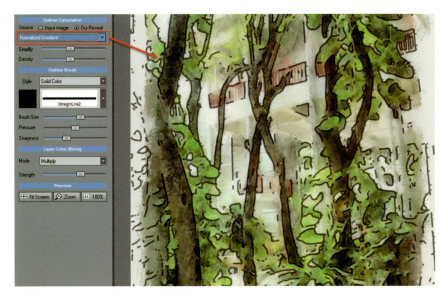

▲ 图 2-43

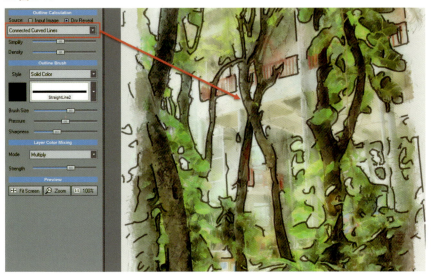

▲ 图 2-44

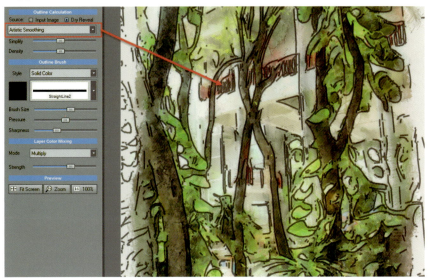

▲ 图 2-45

◆ Simplify & Density（简单化和密度）："Simplify"用于控制轮廓线条的简单和复杂程度，滑块越靠右概括性越强（如图2-46所示）；Density用于控制线条的数量，如图2-47所示。

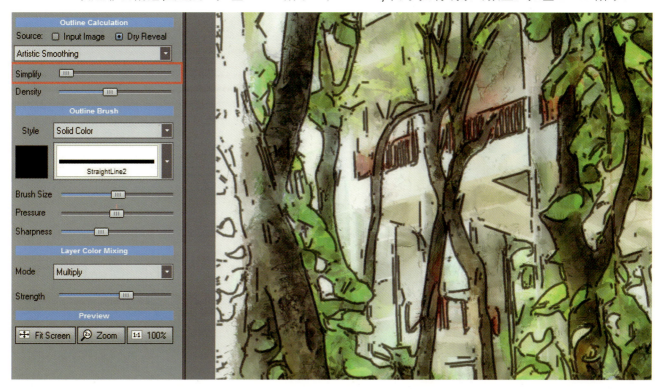

▲ 图2-46

▲ 图2-47

第二章　自动绘画 | 031

- Outline Brush（轮廓线风格与色彩来源）：这个模块用于控制线条色彩的来源，以及线条的风格。"Style"（色彩风格）分别是"Solid Color"（单色，用下方拾色器指定）、"Color From Image"（用图像固有色作为线条色）、"Light Color From Image"（用图像高亮区域的颜色作为线条色）、"Grayscale From Image"（用图像灰度信息作为线条颜色），可以根据需要测试不同的效果，如图2-48所示；对于线条造型风格的选择，可以直接在预设库中选取，然后通过"Brush Size"（笔刷尺寸）、"Pressure"（轮廓线透明度）、"Sharpness"（轮廓线锐化）三个值进行调节，如图2-49所示。

▲ 图 2-48

▲ 图 2-49

- Layer Color Mixing（轮廓线图层叠加模式）：此模块用于处理线条与画面的叠加关系，"Mode"为叠加模式预设；"Strength"（叠加强度）用于控制透明度，灵活地运用此模块可以产生很多非常有趣的勾边特效，如图2-50所示。

▲ 图 2-50

10. Canvas 画布处理

画布处理可以在绘画后期为画面增加布纹或者纸纹效果，让画面更加接近真实绘画的质感。画布处理过程非常简单，只需要在"Canvas Prestes"（画布预设）库中选择不同类型的预设，即可为画面增添肌理变化，如图2-51所示。

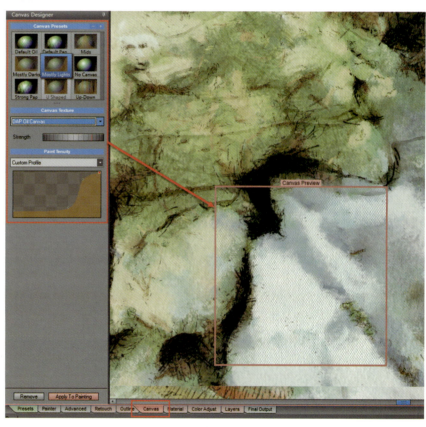

▲ 图 2-51

"Canvas Texture"（画布纹理）下拉列表中包括"DAP Oil Canvas"（油画布）纹理和"DAP Paper Canvas"（纸纹理）两种，然后通过"Strength"（强度）控制纹理叠加的深度；利用"Paint Tenuity"（绘画深度曲线）中的选项可以运用曲线控制纹理与笔触之间的混合关系，如图2-52所示。

▲ 图 2-52

11. Material 绘画质感处理

Material（材质）面板用于给完成后的画面增加光照效果，以此获得画布和笔触之间的凹凸质感，常用于模拟厚涂的油画效果，如图 2-53 所示。

▲ 图 2-53

"灯光材质"面板的使用也非常简单，最快速的方法是直接使用预设库中的材质完成画面效果的塑造，如图 2-54 所示。当然也可以对"Thickness"（厚度）、"Sharp Edges"（边缘锐化）、"Ambient intensity"（暗部色强度）、"Diffuse Reflectivity"（过渡色反射强度）、"Specular Reflectivity"（高光色反射强度）值进行微调，以获得自己想要的效果；"Real-Lights"（真实灯光）模块用于创建和删除光照，其中，"Add Distant Light"（添加远光灯）用于添加距离较远的射灯效果，"Add Point Light"（添加点光源）用于添加点光源到画面范围内，"Remove"（移除）用于删除选中的光照，"Intensity"（强度）滑块用于控制选中灯光的强度。灯光方向及范围的调节一般通过画面中的操纵器就能交互控制，如图 2-55 所示。

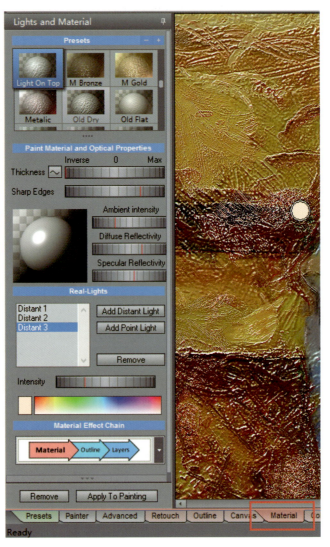

▲ 图 2-54

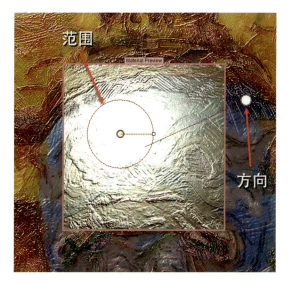

▲ 图 2-55

重要提示

后期类画面处理效果在参数调节完毕后都需要单击面板下方的"Apply To Painting"（接受到画面）按钮才能生效，否则任何效果都是临时的，如果不需要添加某一种后期效果，可以单击"Remove"（移除）按钮取消当前设置，如图 2-56 所示。

▲ 图 2-56

12. Color Adjust/layers（色彩调节与图层）

"Color Adjust/layers"面板是控制后期色彩变化及为画面添加图层效果的模块，色彩调节功能和 Photoshop 功能一致，一般不需要使用它的这个模块，可以转由 Photoshop 来处理；图层模块用于合成图层特效和滤镜等效果，如图 2-57 所示，初学者可以直接使用预设库，对于需要进行图层特效合成的专业人士推荐使用 Photoshop 来完成此项工作。

▲ 图 2-57

13. Final Output（最终输出）

自动绘画完成后的图像可以通过"Final Output"面板进行存储，单击"Save As"（另存为）按钮即可保存为自己需要的图片格式，如图 2-58 所示。

▲ 图 2-58

二、完整的绘画流程实例

下面通过一个实例来全面掌握 Dynamic Auto-Painter 的经典绘画流程。

01 首先，选择一个细节较为丰富的图片作为绘画源，如图 2-59 所示。

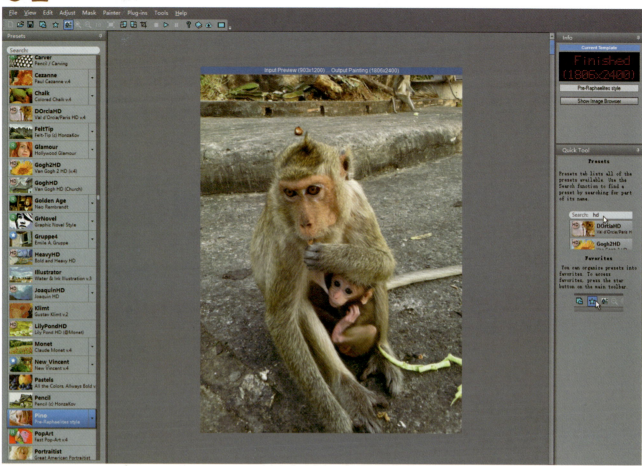

▲ 图 2-59

02 接下来选择"Pino"这个预设作为绘画风格，如图 2-60 所示。

▲ 图 2-60

第二章 自动绘画 | 037

03 在开始绘画之前需要对整个画面的细节和虚实变化做一个规划。首先，进入高级设置面板，选择"Defocus Mask"蒙版画笔为画面绘制一个聚焦区，使用"Paint Focus"（聚焦区）/"Paint Blur"（模糊区）画笔在诸如面部这些重要区域绘制一个遮罩区域，注意笔刷的"Strength"（强度）不要设置到最高，对比过于强烈的聚焦会导致整体绘画感的丢失，因此不要让背景完全模糊，如图 2-61 所示。

▲ 图 2-61

04 接下来继续在高级设置面板中使用"Detail Mask（Depreciated）"画笔为画面中需要保持细节的区域绘制出遮罩；使用"Paint Canvas"（绘制画布）画笔绘制不需要体现太多细节的区域；使用"Paint Detail"（绘制细节）画笔绘制需要添加细节的区域，这个画笔其实就是擦除使用"Paint Canvas"绘制过的区域。需要注意的是，笔刷的"Strength"不要设置得过高，这样可以让画面整体效果较为协调统一，如图 2-62 所示。

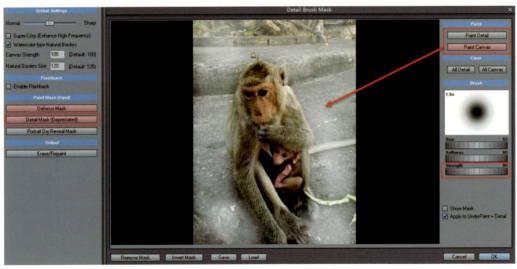

▲ 图 2-62

05 接下来使用"Portrait Dry Reveal Mask"画笔绘制需要增强笔触细节的区域，以此加强造型的结构感；"Paint Portrait"（绘制肖像）画笔用于指定细节区域；"Paint Background"（绘制背景）用于擦除细节区域，画笔的"Strength"值同样不要设置得过高，可反复测试后寻找一个合适的强度范围；最后选中"Protect during Detail Paint"（绘画进行时保持细节）复选框，如图 2-63 所示。

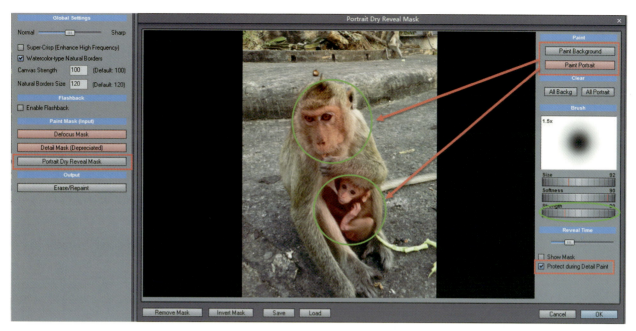

▲ 图 2-63

06 高级设置结束后,进入画家控制面板,对绘画风格取向进行设置,这一步可根据自己的需要进行控制,如图 2-64 所示。

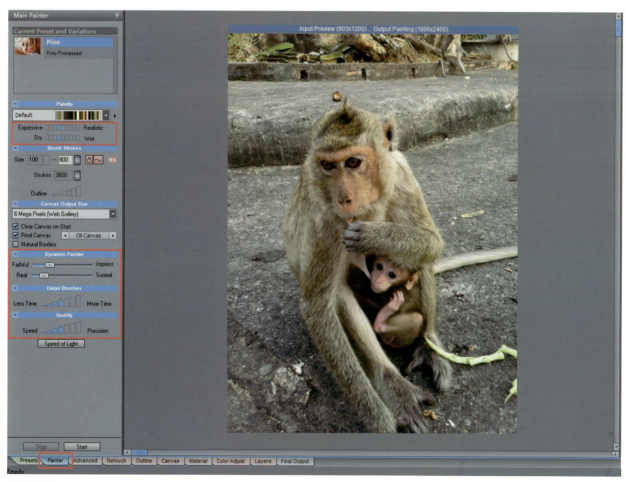

▲ 图 2-64

07 下面单击"Start"按钮开始作画，如图 2-65 所示。

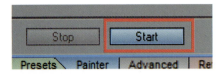

▲ 图 2-65

08 在绘制过程中如果有不满意的地方可以随时用画笔介入修饰，如图 2-66 所示。

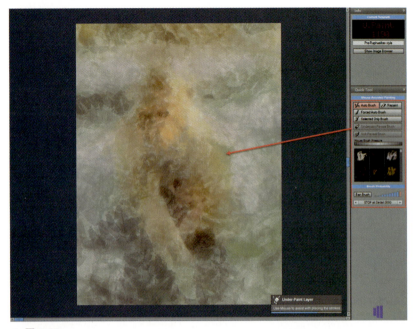

▲ 图 2-66

09 不用等绘制完成，我们可以在任何时间终止绘画，只需你满意当前的结果，如图 2-67 所示。

▲ 图 2-67

10 绘制完成后可以进入"轮廓线"面板为画面适当增加一种风格化的线条,以此强化画面结构与绘画感,如图 2-68 所示。

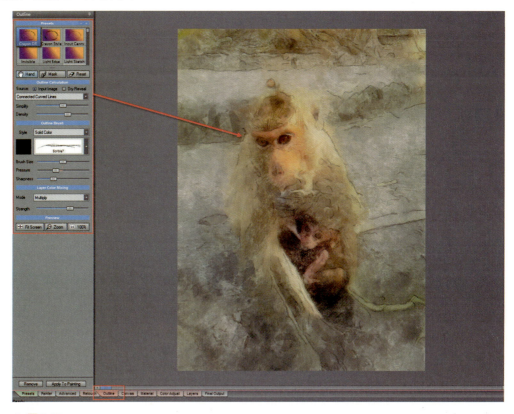

▲ 图 2-68

11 最后进入"光照和材质"面板,为画面增加一个真实的环境光,这样就得到了一个非常有立体感的笔触效果了,如图 2-69 所示。

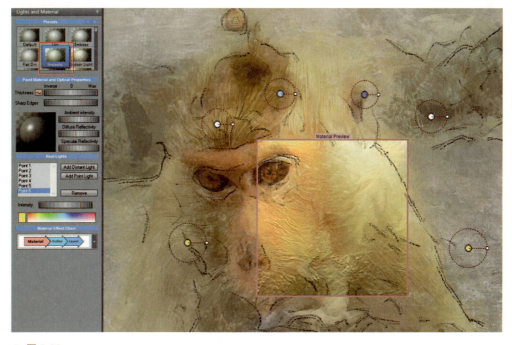

▲ 图 2-69

12 尝试运用以上流程去做更多的探索，如图2-70所示。

▲ 图2-70

三、总结

  自动绘画的出现几乎将数字绘画的门槛降到了最低点，即使是没有任何专业知识的人也能享受"画画"带来的乐趣。对于专业人群来说，这种全新的"作画"方式也变成了一种高效的辅助手段，在美术和设计领域中发挥着重要的作用，自动绘画也代表着科技与艺术在这个时代的完美结合，为我们铺设了一条激动人心且神秘的艺术之路。

第三章

VR 360 绘画

一、什么是 VR

1. 传统影像观察方式的变革

虚拟现实（Virtual Reality，VR）的出现改变了传统影像的体验方式，所谓 VR 就是指观者不再受限于观看平面化的视觉元素，即只有"长"和"宽"的平面结构，而是可以身临其境地"身处"一个全景的画面中去"体验"。VR 是现代科技发展的一种革命性视觉语言，有着不可限量的发展空间。传统视觉体验比如绘画、电影、游戏等，即使是使用 3D 软件制作的图像，观者所能体验到的视觉信息本质上仍然是 2D 的，而 VR 下的观察从 A（观察者）点观察 B（观察对象）点的方式变成了 A 点进入 B 点去"体验"的过程，从普通意义上的"看"变成了"身临其中"的感知甚至是触碰，因此它所带来的视觉感受可以说是革命性的，有着划时代的意义，如图 3-1 所示。

▲ 图 3-1

2. VR 体验媒介

随着 VR 硬件科技的快速发展，人们可以选择用于体验 VR 的硬件也非常广泛，无论是使用昂贵的专业级硬件，还是使用普通的手机，都可以享受到 VR 所带来的乐趣。对于一般用户而言，只需要一个纸眼镜和一部智能手机就能领略 VR 所带来的乐趣，如图 3-2 所示。

▲ 图 3-2 VR 观看设备

3. VR 绘画的方式

传统方式的绘画只需要在一个由长、宽构成的画布上进行即可，如果按照数学的方式来理解就是 X 轴和 Y 轴的一个平面，画面只包含 2D 信息；而 VR 绘画需要作画者在一个 3D 的球形空间下进行创作，绘画内容虽然仍然是 2D 的，但是整个画布的空间坐标却是 3D 球形的，人们称为 360 全景图像，画者仿佛身处一个球体内部进行绘画，如图 3-3 所示。

VR 图像的显示在作画过程中和平面显示状态下是不一样的，VR 观察的过程中图像由于已经包裹映射在球体上，人们看到的图像是 3D 空间的坐标，就像观察真实的景物只能看到画面的一个视野，眼睛所看到的图像是正常的，人们可以自由观察任何角度的画面。但是如果将画面完全以 2D 的方式完整显示出来得到的却是一幅"扭曲"的画面结构，这是因为图像还原为 X 和 Y 的坐标方式，这种图像方式称为 Equirectangular（等量球面投影模式）。对于画者来说并不需要去深入了解这些技术原理，绘画方式仍然是传统的过程，只不过需要在"多视点"下进行操作，如图 3-4 所示。

▲ 图 3-3

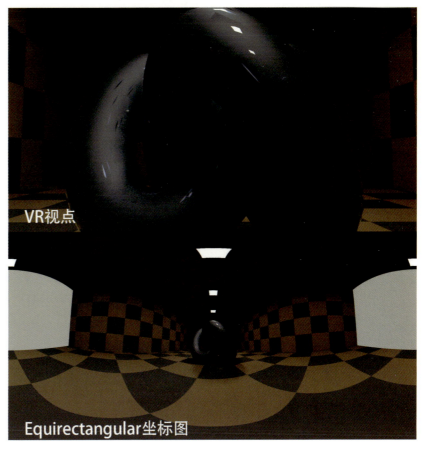

▲ 图 3-4

4. 3D 辅助空间定位

在 VR 模式下画画，犹如一个人坐在一个球体里面作画，绘画的视点不再是固定不变的，因此绘画内容不再是一个视角。人们除了要顾及画面的结构、色彩、透视等常规因素外，还要应对不断变化的视点下整个画面的完整布局、各角度视点的变化等复杂因素，因此通过 3D 软件来辅助空间定位尤为重要，这样才不会迷失在 360 画布的空间中。一般情况下人们会在 3D 软件中创建一些简单的几何体，来对画面中的物体坐标进行定位，然后通过 3D 全景摄像机进行输出，这样就能准确定位空间布局了，如图 3-5 所示。

▲ 图 3-5

二、VR 绘画流程

1. 3ds Max 空间定位辅助

在开始 VR 绘画之前，需要使用 3D 软件为所要画的内容进行空间定位，以此确定所要画的内容的各自位置，以免在作画空间中迷失，这里使用 3ds Max 2018 或以上版本来完成这个简单的流程（如果没有 3D 软件操作基础也无须担心，可以打开随书附赠中提供的"空间定位.jpg"文件来直接使用）。

01 首先启动 3ds Max 软件，如图 3-6 所示。

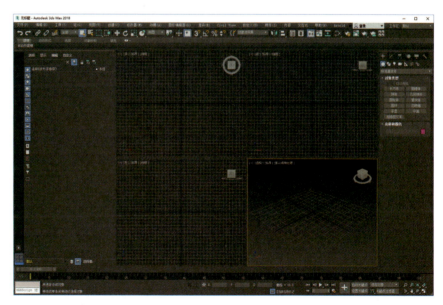

▲ 图 3-6

02 接下来选择"平面"几何体,在场景中创建一个地平面,尺寸可以根据需要掌握,如图3-7所示。

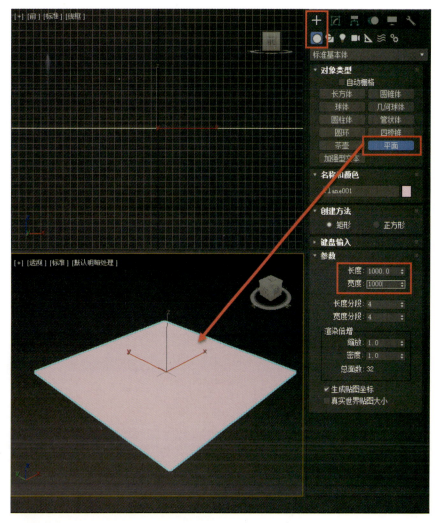

▲ 图 3-7

03 接下来选择"长方体"几何体,在地面周围创建若干个大小不一的盒子,将用于定位天空中云朵的位置。注意这些长方体要以地面中心为基准摆放在其周围,离地面中心近的可以小一些,远的可以大一些,这样就能形成一个较舒适的透视变化,如图3-8所示。

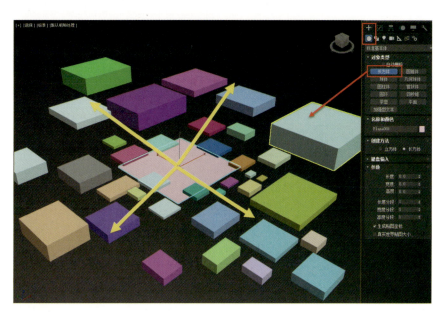

▲ 图 3-8

04. 接下来用"移动"工具选择这些长方体盒子，把它们拉到地面以上的高度，可以让它高高低低地分布在地面周围云的位置，如图3-9所示。

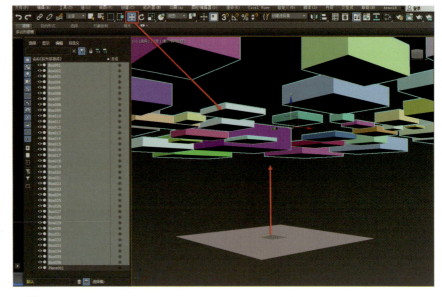

▲ 图 3-9

05. 接下来进入"摄像机"创建面板，在地面的正中心创建一个Arnold（阿诺德渲染器）VR Camera（VR摄像机），然后用"移动"工具将其移动到地面以上的位置，用"旋转"工具调节其方向为"平视"，如图3-10所示。

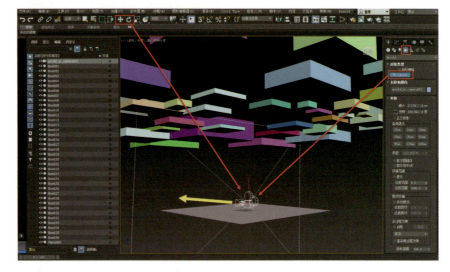

▲ 图 3-10

06. 接下来选择摄像机物体，进入"修改"面板，设置摄像机参数，将"Mode"（摄像机模式）设置为"Left Eye"（左眼单眼模式）；然后单击"视图"菜单，将透视图切换为摄像机视图，这样VR全景摄像机就设置好了，如图3-11所示。

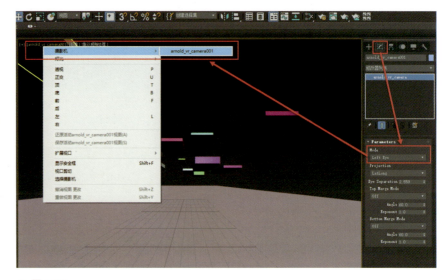

▲ 图 3-11

07 接下来打开"渲染设置"对话框,将"渲染器"指定为"Arnold",最后将渲染尺寸调整为 2048×1024 像素,然后单击"渲染"按钮,就得到了一个 Equirectangular 模式的全景图,如图 3-12 所示。

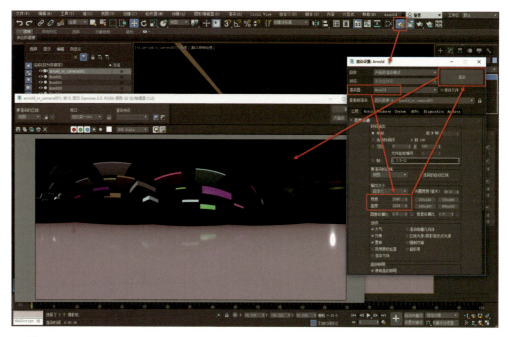

▲ 图 3-12

08 在正式输出之前需要再次增加云朵结构的数量,并调节它们的高度和大小,以此确定一个较为合适的构图感。我们可以使用"导航"工具来导航摄像机视图,但是注意导航只能起到全局查看的作用,在摄像机位置角度不变的情况下,导航结果不会影响渲染输出结果,因为在 VR 中并不存在"特定镜头",整体都是 360°的,如图 3-13 所示。

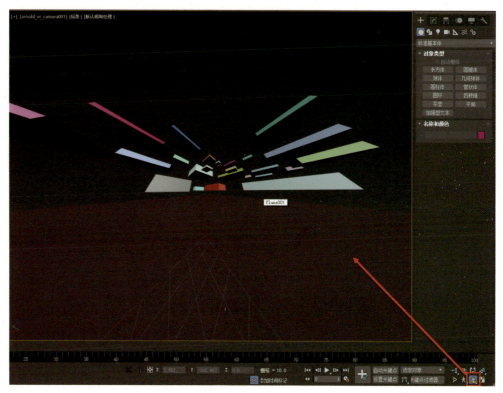

▲ 图 3-13

第三章 VR 360 绘画 | 051

09 通常情况下，为了方便绘画，尽量不要使用彩色参考图，以免影响上色过程，所以下面需要打开材质编辑器，为所有物体指定一个灰色的默认材质；然后打开"环境"选项卡为场景指定一个基本背景色，即可输出 VR 图像，如图 3-14 和图 3-15 所示。

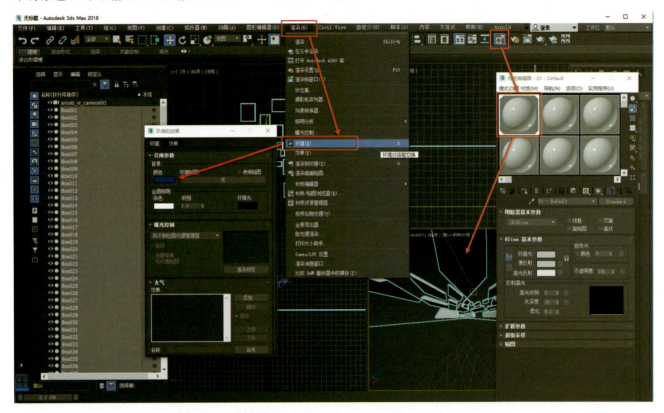

▲ 图 3-14

▲ 图 3-15

> **Tips**：VR 图像输出时如果保存为带 Alpha 通道的格式，背景可以被去除，背景色可以在后期进行修改，如图 3-16 所示。

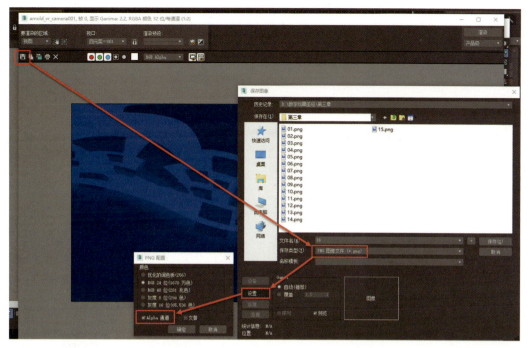

▲ 图 3-16

3D 辅助 VR 绘画是一种高效准确的空间定位手段，可以帮助我们快速地实现画面元素的布局，生成正确的多角度透视，只需要创建一些简单的几何体，就能获得足够的依据进行绘画，因此在数字绘画领域，掌握一定的 3D 制作能力也是非常必要的。

2. 开启 Photoshop 中的 VR 绘画

下面根据之前制作的全景 360 参考图在 Photoshop 中进行 VR 的创作。在使用 Photoshop 的 VR 模块之前，请确定 Photoshop 的版本是否支持 3D 功能，推荐使用 Photoshop CC 或以上版本。

 首先，启动 Photoshop 并打开刚才在 3ds Max 中输出的 VR 参考图，如图 3-17 所示。

▲ 图 3-17

02 接下来进入 Photoshop 的 "3D" 菜单，选择 "从图层新建网格" → "网格预设" → "球面全景" 命令，这样就能看到 Photoshop 自动将这个画面转化为了一个 3D 图层，也就是将这个图像 "贴" 到了一个三维的球体上，这样就完成了从 2D 空间到 3D 空间的转换，如图 3-18 所示。

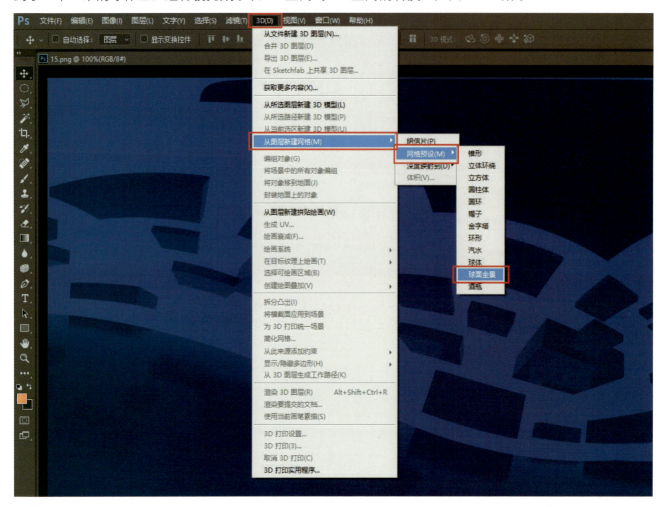

▲ 图 3-18

在一个 3D 图层中包含以下属性：

- 环境：用于设置 3D 的环境色。
- 场景：用于设置球体的表面属性。
- 当前视图：用于设置 VR 摄像机的视野。
- 球面全景图 / 球面全景图材质：用于设置所画图像的属性。
- 相机：等同于 "当前视图" 设置。
- 无限光：用于设置球体上图像的光照效果。

> Tips：3D 图层实际开启的是一个绘制材质贴图的过程，因此有很多关于材质和照明的设置，在这里只是用于在球体上作画，因此不需要对材质、灯光等属性进行设置，如图 3-19 所示。

▲ 图 3-19

CG 思维解锁：数字绘画艺术启示录 | 054

03 VR绘画的特色在于可以使用位于球体内部中心的摄像机对360°的"画布"环境进行观察和绘制,确保目前所选的项目为"球面全景图",然后按住键盘上的V键移动鼠标左键(数位笔),就能在画面中进行视点的导航了,如图3-20所示,这样就能以VR的方式进行观察了,这是最重要的快捷键操作。

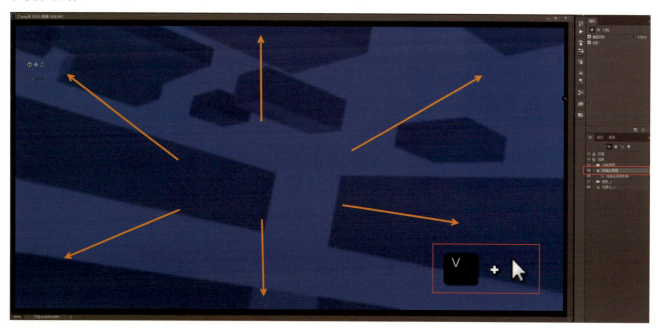

▲ 图 3-20

04 当前得到的摄像机角度非常小,视野太窄,不利于全局绘画的控制,因此需要选择"当前视图"选项,然后在"属性"面板中将"视角"范围设置到"1",这样就能将视野范围扩展至最大,如图3-21所示。

▲ 图 3-21

05 接下来需要改变 Photoshop 的 3D 绘画设置，选择"3D"→"绘画系统"→"投影"命令，将纹理绘制方式转变为每一笔的映射方式，这样所有 Photoshop 的标准画笔就都能正常工作了，如图 3-22 所示。

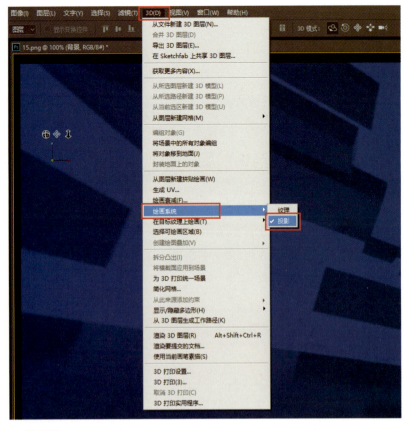

▲ 图 3-22

06 这一步可以开始作画了。选择自己喜欢的画笔，根据参考图中的模型结构就能轻松解决透视的问题，使用 V 键移动鼠标，随时观察各个角度的图像进行作画，在 360 VR 环境下绘画不再只是考虑一个视点的结构与色彩，而是要随时转换视角观察全景画面下各个位置的布局及色彩，保证"无死角"地作画，特别是整体光源的布局，需要整体观察与统一，相比传统绘画需要更多的耐心，如图 3-23 所示。

▲ 图 3-23

07 下面不断变换视点以深入刻画画面的细节,直至完成所有位置,如图 3-24 所示。

▲ 图 3-24

08 绘制完成后,选择"3D"面板中的"球面全景图材质"图层,然后在"属性"面板中单击"漫射(漫反射,固有色)"属性后的小方块,选择"编辑纹理"选项,那么 VR 状态下的图像就转换成一张 2D 的 Equirectangular 坐标图像,这样就得到了一张完整的全景图了,如图 3-25 和图 3-26 所示。

▲ 图 3-25   ▲ 图 3-26

09 Equirectangular 坐标图像的顶部与底部会有很多锯齿状色块,这是由球体的贴图坐标分布方式导致的,我们可以选择临近的颜色将它填充成纯色,也可以不做处理,VR 下不会产生锯齿,如图 3-27 所示。

▲ 图 3-27

第三章　VR 360 绘画 | 057

10 将坐标转换为 Equirectangular 方式后的图片可以直接保存为任意格式，下次需要继续绘制的时候，只需要打开这张图片重复以上步骤，继续使用"网格预设的球面全景"即可，大家可以在本书提供的素材中打开本例完成的范例文件"VR01.png"查看最终效果。

VR 绘画的流程非常简单，其流程仍然是传统的平面的绘制过程，只不过需要在"多视点"下进行，一般情况下，绘制 2048x1024 像素大小的画幅比较容易控制，如果需要绘制更高清晰度的画面，可以创建 4096x2048 像素或继续二次方递增的图像，需要注意的是 VR 的图像比例不能随意设置，必须保持长方形的构图才能获得正确的观感。

3.VR 绘画中的图层与特效运用

通过上面的实例读者已了解了在 Photoshop 中进行 VR 绘制的基本流程，接下来将深入探索关于 VR 绘画中的图层及特效的运用。

任何图像在 3D 图层转化以后，绘画基本就只能在单层上进行 VR 视角的变换，而普通图层就不能像平时一样随意创建并进行 VR 视觉的更改。下面这个实例将介绍如何运用图层为画面增加细节和特效。

01 首先，打开本书提供的透视网格参考图片"P-Grid.png"文件，然后根据上述步骤为其创建 3D 球面全景和开启投影绘画系统，这个参考图由纵横交错的网格线构成，可以满足大部分透视绘画的需求，如图 3-28 所示。

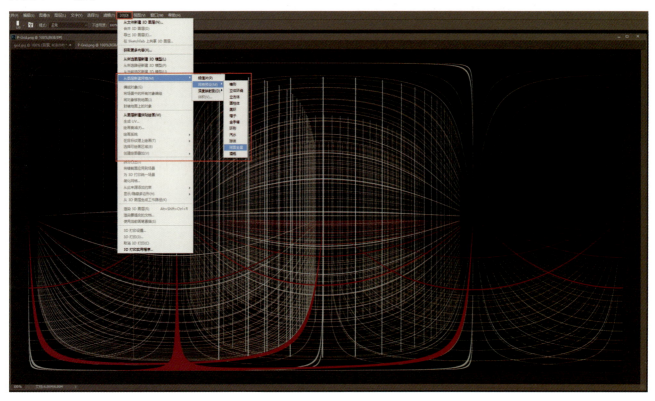

▲ 图 3-28

02 接下来根据这个参考网格开始绘制自己的图像，如图 3-29 所示。

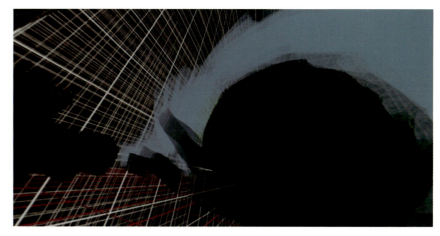

▲ 图 3-29

03 当画面进行到需要对细节进行添加的时候，可以直接将所需要合成的素材拖至主画面中。注意在叠加素材的时候，需要将视图定位在特定的视角进行合成。因为新添加的图层是不会根据 VR 视角产生变化的，只能合成到特定视角位置，如图 3-30 所示。

▲ 图 3-30

04 素材的合成可以使用 Photoshop "图层"面板中的所有功能，包括混合模式、图层不透明度、大小变化等，摆放好位置后需要合并图层将素材固定到 VR 画面中，这样就能继续改变 VR 视角了，如图 3-31 和图 3-32 所示。

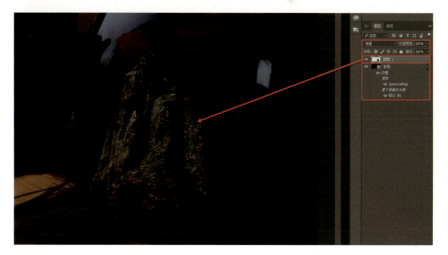

▲ 图 3-31

▲ 图 3-32

第三章　VR 360 绘画 | 059

05 对于一些平面细节的增加，可以直接使用"克隆"工具将素材克隆到"3D"图层中，这样可以快速地绘制出细节的纹理或图案，克隆时同样要注意视角的选择，不要把素材克隆到侧面的视点上，尽量以正对视角的角度进行克隆，如图 3-33 所示。

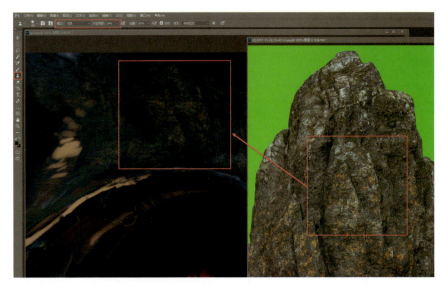
▲ 图 3-33

06 通过融合素材，再加上绘画的衔接，可以快速地在 VR 画面中得到细节的表现，如图 3-34 所示。

▲ 图 3-34

07 对于画面特效的营造，可以使用 Photoshop 的特效画笔直接绘制。注意：在绘制较大面积的特效时，笔触尺寸不要超过画面的边界。因为在投影绘画模式下，绘制有效范围只在视图区域中映射有效，超出的范围不会在画布上生成效果，如图 3-35 所示。

▲ 图 3-35

> Tips：关于 Photoshop 各类画笔的运用与创建方法请参阅作者的相关著作《WOW!Photoshop 终极 CG 绘画技法——专业绘画工具 Blur's Good Brush 极速手册（第二版）》，如图 3-36 所示。

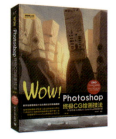
▲ 图 3-36

4.VR 绘画的测试与体验

当一幅画作完成后，通常情况下我们会使用手机平台来完成画面的测试与体验。以 iOS 平台为例，用于测试静态 VR 图像的 APP 需要使用 Mobile VR Station 这个专业 VR 观看软件来进行测试与体验，如图 3-37 所示。

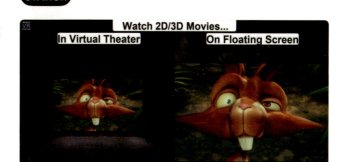

▲ 图 3-37

01 首先，将需要测试的 VR 图像导入手机，然后在 APP Store 下载并安装 Mobile VR Station 最新版，打开 APP 程序，如图 3-38 所示。

02 接下来选择"Browse Content，Files，Photos，Videos"选项进入图片库，如图 3-39 所示。

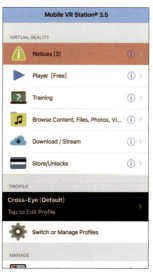

03 下面继续选择"Local Media"进入手机的照片和视频库，如图 3-40 所示。

04 找到 Photos 相册文件夹并将其打开，如图 3-41 所示。

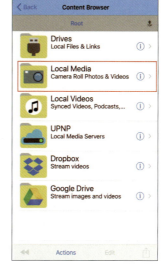
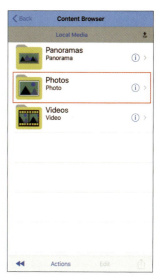

▲ 图 3-40　　▲ 图 3-41

第三章　VR 360 绘画 | 061

05 下面在照片库中找到之前导入手机的 VR 图片并打开。注意：如果照片太多，可以点击下方的"Actions"按钮，切换照片的排列方式来快速找到最新导入的图片，如图 3-42 所示。

▲ 图 3-42

06 打开图片后，我们会感觉身处一个巨大的"电影院"环境，这个就是 Mobile VR Station 的主界面，而且画面被切分为左右两个屏幕，这是因为后面需要使用 VR 眼镜来进行观察，因此画面被切分为左右眼独立屏幕，如图 3-43 所示。

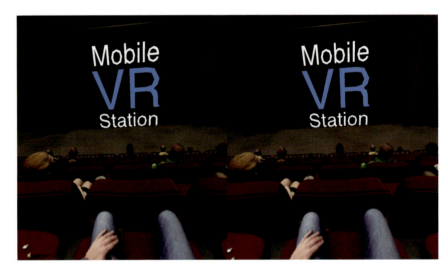

▲ 图 3-43

07 接下来打开的 VR 图像会被加载到电影屏幕位置，移动手机我们会在画面中心看到一个"十字光标"，这就是我们的视点。接下来可以在弹出的菜单中通过这个视点光标在按钮上的停留时间来点击不同的菜单，如图 3-44 所示。

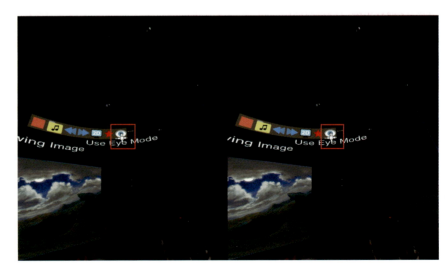

▲ 图 3-44

CG 思维解锁：数字绘画艺术启示录 | 062

08 下面通过视点光标点击"2D"这个图标,这样就进入到了全屏VR显示状态,如图3-45所示。

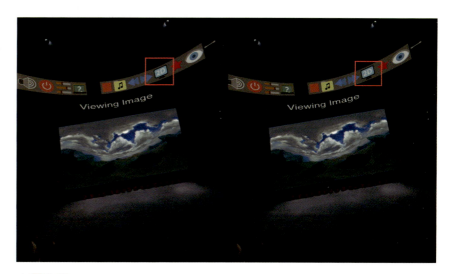

▲ 图3-45

09 在全景查看状态下需要将视点光标移动至"360/2D"坐标方式上才能让画面呈现球面的正确投射,如图3-46所示,这个APP还带有多种专业VR坐标方式,在VR电影的开发中也极为有用。

▲ 图3-46

10 接下来将视点移开菜单后菜单就会自动隐藏,或者用光标点击"小眼睛"按钮,这样就能隐藏所有菜单。将手机放在任何一种支持手机的VR眼镜前,就能畅游VR绘出的奇妙世界了,如图3-47所示。

▲ 图3-47

> Tips：某些情况下，用 Mobile VR Station 打开手机相册发现相册是空的，这是由于 Mobile VR Station 没有访问手机相册的权限，这时可以在初始化界面中的"Notices"（注意事项）中打开访问手机的提示信息，然后重启这个 APP 即可，如图 3-48 所示。

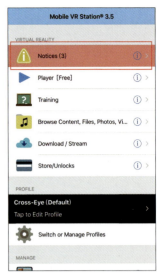

▲ 图 3-48

5. 普通图像转换成 VR 图像

VR 360 图像一般需要专业的 VR 摄影摄像器材才能获得，但是在绘画过程中经常需要使用照片或者普通图像作为基础来进行绘画，我们可以借助 Photoshop 的 Flaming Peal Flexify2 插件来快速转换普通图像为 VR Equirectangular 坐标格式。

01 首先，确保 Photoshop CC 中正确安装了 Flexify2 插件，然后载入需要转换的图像素材。注意：图像素材最好以长方形像素比为主，如图 3-49 所示。

▲ 图 3-49

02 选择"滤镜"→"Flaming Peal"→"Flexify2"命令，这样就打开了插件主界面，将"Input"（输入）和"Output"（输出）方式设置为"Equirectangular"方式，将"Latitude"（纬度）和"Longitude"（经度）设置到最大值，即可看到画面产生了扭曲。"Spin"（旋转）滑块用于控制图像的旋转，如图 3-50 和图 3-51 所示，这样普通图片就被转换成了 VR 格式的图片。

03 转换后的图像会形成上下两个白边，我们需要使用"剪裁"工具将其剪裁掉，这样就得到了可以转换 3D 图层的画面，如图 3-52 所示。

▲ 图 3-50

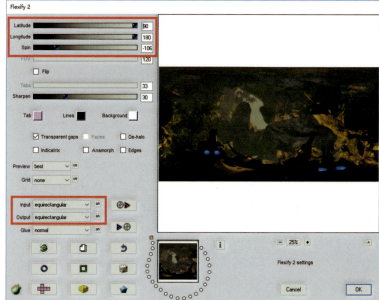

▲ 图 3-51

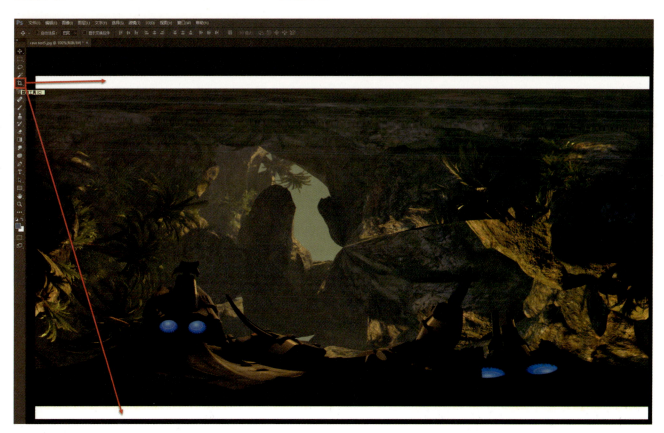

▲ 图 3-52

04. 接下来按照上述流程对这个图像进行 3D VR 图层的转换即可。由于这个画面的原始画面并不是 VR 的全景图,所以上下左右相互包裹后形成了很多接缝和不正常的像素,这个问题可以通过 Photoshop 的"画笔工具"或者"克隆工具"对其进行处理,或者使用其他素材进行遮挡。一般情况下,这种方式的转换只用于转换绘画中的大结构,小细节的处理仍需要耐心地绘制来完成,如图 3-53 所示。

第三章　VR 360 绘画 ｜ 065

▲ 图 3-53

三、总结

VR 绘画开启了数字绘画的新时代，在学习的过程中我们应该运用综合的技术来服务于绘画，无论是 2D 还是 3D 技术，都应该在绘画中结合使用，而不是局限在单一的手段和途径中，这样才可以让我们的创作过程充满乐趣与无限的可能性。

第四章

分形绘画

一、什么是分形

1. 分形的概念

分形艺术（Fractal Art）是一种有着悠久历史的图像艺术，其原理是运用数学公式来计算图形的结构与色彩变换等，通过各种数学运算的不断迭代来生成极为细致美丽的图案，这是一种科技与艺术完美结合的艺术产物，如图 4-1 所示。

通常情况下，分形图案需要运用复杂的数学程序来编写，但是对于艺术创作者来说，这几乎是不可能完成的任务，好在大量的开源与专业分形软件遍布互联网，我们只需要学会并使用这些资源，就能自由自在地畅游分形艺术的世界。

分形绘画与传统绘画有着很大的不同，甚至"画"的这个过程都几乎不存在，分形艺术的创作有以下几个特点：

- 相似性：相似性指分形的图形结构从大到小都保持着一定的相似性连接，就像分子与原子结构一样，如图 4-2 所示。

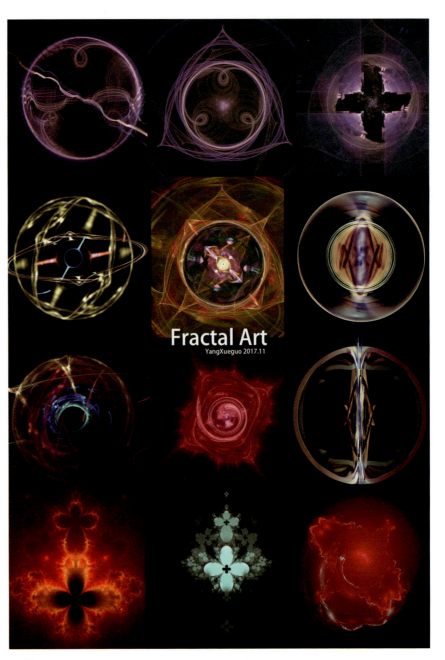

▲ 图 4-1

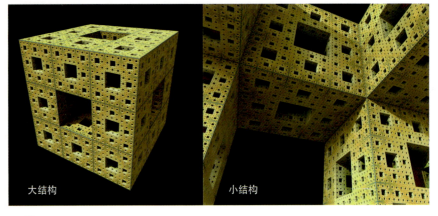

▲ 图 4-2

- 迭代性：通过复杂的数学公式的计算，可以让分形图案产生几乎无限的细节变化，迭代次数的多少决定了分形细节程度的高低。如图4-3所示为迭代次数示意图。

▲ 图4-3

- 空间性：分形图像严格来说都具备空间的变化，也就是有空间的距离变化，这个空间尺度也几乎是无限的，我们可以通过视点的变换在细小和巨大的结构间穿越，如图4-4所示。

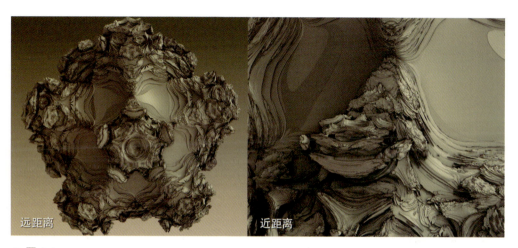

▲ 图4-4

- 混合演化性：单个数学分形公式就能产生极其细致美丽的图形，而将多个数学分形公式合并计算，我们就能得到无与伦比的图像效果，如图4-5所示。在复合型分形控制下，分形图像的构成可以产生接近无限变化的结果。

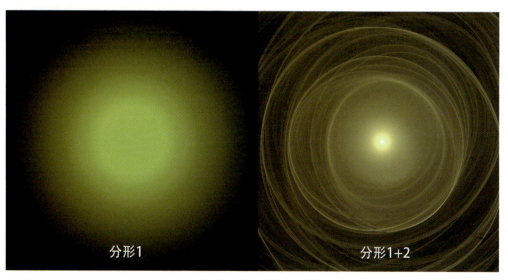

▲ 图4-5

- 探索性：分形图像的创作过程不再是传统的"我要画什么"，而是变成了"我得到了什么"，然后"去发现什么"，通过不同数学公式的运算可以得到各式各样的图形结构，我们所要做的无非是去那个世界中探索和发现某一特定的结构来获得自己想要的结果。偶然性、随机性是分形艺术的特色，当然某些特定结构的造型也是可以由无到有地去创造，关键是所采用的公式和混合的方式控制，如图4-6所示为在巨大的分形世界中游走的效果。

▲ 图4-6

- VR：在3D分形世界中，也能通过3D摄像机输出绚丽的分形图像，然后通过VR交互设备进行体验，包括静态的画面和动画，如图4-7所示为3D分形的Equirectangular输出。

▲ 图4-7

2. 分形绘画的分类

（1）2D 分形

2D 分形主要以图案类分形为主，可以通过在平面空间中创建多层迭代公式产生丰富多彩的图案效果，常用于数字绘画辅助和平面设计等。这类分形软件非常多，大多为开源的免费软件，常用的软件有 Apophysis、Chaotica、BuddhabrotMag、Chaoscope、Ultra Fractal 等，这些软件都不需要使用者具备任何数学知识就能轻易地创作出震撼人心的作品，如图 4-8、图 4-9 和图 4-10 所示分别为 Apophysis、Chaotica、BuddhabrotMag 作品。

▲ 图 4-8

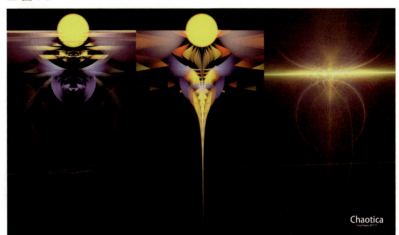

▲ 图 4-9

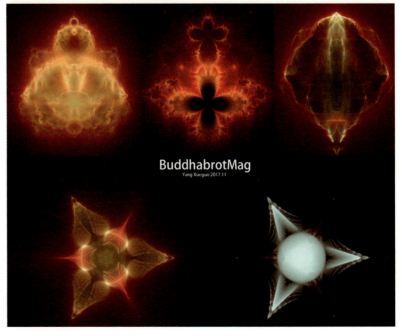

▲ 图 4-10

（2）3D 分形

3D 分形接近于普通的 3D 建模软件的工作方式，但是并不需要一个点一个面地去创造模型结构，取而代之的是利用数学公式算法去生成复合型"体积化"模型结构，然后通过摄像机、灯光系统、渲染特效等对其结构进行渲染来得到漂亮的图形，同时 3D 分形世界还提供给创作者能在空间中漫游探索的乐趣，整个探索过程除了可以输出为平面图像，还能输出 VR 图像及动画等，甚至还能将 3D 分形世界导出为 3D 点云和多边形模型结构供 3D 动画软件使用，在数字绘画、图形设计、三维建模、游戏开发、电影特效等方面应用广泛。常用的 3D 分形软件有 Mandelbulber、Mandelbulb3D、XenoDream 等，如图 4-11、图 4-12 和图 4-13 所示分别为 Mandelbulber、Mandelbulb3D、XenoDream 作品。

▲ 图 4-11

▲ 图 4-12

▲ 图 4-13

（3）其他分形方式

可以获得分形的软件除了上述介绍的几个之外，很多 2D/3D 系统也能通过各种手段实现分形或者类分形的效果，如常用的 Photoshop 和 3ds Max 等，我们可以通过模拟或者软件的扩展模块实现分形类的图像效果，如图 4-14 所示为 Photoshop 中模拟的分形图像。

▲ 图 4-14

二、如何在 Photoshop 中创建分形图案

接下来介绍如何运用 Photoshop 创建分形图案效果。虽然 Photoshop 不是专业的分形工具，但是我们可以使用一种"特殊"的方法来创建类似于分形的效果，以此来帮助我们理解分形图像形成的原理。

01 首先，打开 Photoshop（建议 CC 或以上版本），创建一个空白的画布，像素大小随意，如图 4-15 所示。

▲ 图 4-15

02 接下来新建一个图层，在这个图层中随意绘制一个图案元素，为了能够得到较为立体的层次感，还需要使用图层特效为这个图层添加一个阴影效果，如图 4-16 所示。

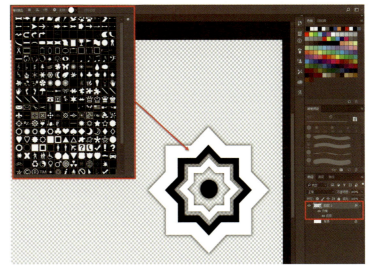

▲ 图 4-16

03 接下来将这个图层进行复制，如图 4-17 所示。

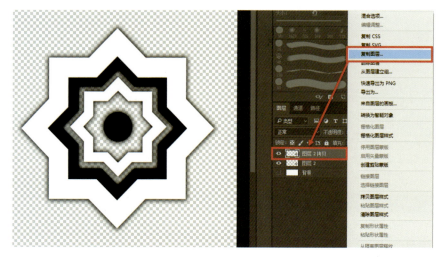

▲ 图 4-17

04. 下面选择复制出的图层，按下快捷键 Ctrl+T，这样就可以使用自由变换功能，我们可以在"位置""角度""大小"三个方面对其进行修改。注意改动的幅度不要太大，这是关键的一步，我们所改动的"变化幅度"将作为下一步"分形"变化趋势的依据。这一步将图层轻微向上移动，向左轻微旋转 15°左右，将图案轻微缩小一些，修改完成之后按下 Enter 键确定，如图 4-18 所示。

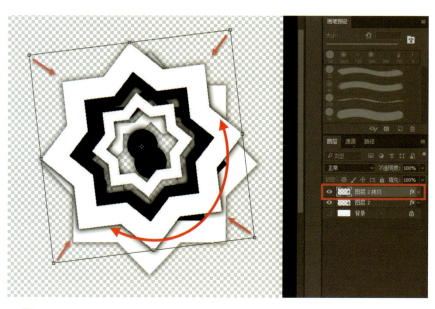

▲ 图 4-18

05 接下来有意思的步骤开始了。首先确保选定的是修改后复制的图层，按住快捷键 Ctrl+Shift+Alt 不放，然后按下 T 键，每按一次 T 键，图层就会按照我们之前所修改的偏移幅度自动复制一层，反复按下 T 键就创建出了非常美丽的图层阵列效果，这样图案就开始"分形"了，如图 4-19 所示。

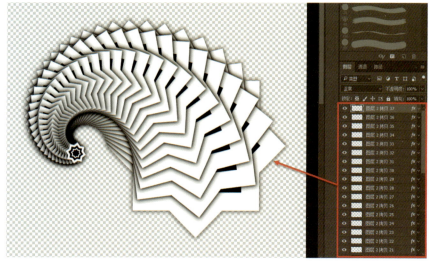

▲ 图 4-19

06 选择这些图层然后进行合并,这样这个分形结构就变成了一个单一图层,如图 4-20 所示。

07 接下来重复以上步骤,将这个合并后的图层进行复制,然后按下快捷键 Ctrl+T 进行变换趋势的制作,注意旋转时轴心点的位置很重要,旋转轴心决定了分形图案每一层的中心,轴心点设置在不同位置,最后都会以这个位置为中心呈放射状排列,值得多尝试,如图 4-21 所示。

▲ 图 4-20

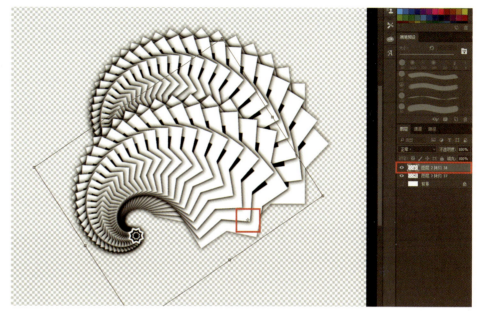
▲ 图 4-21

08 接下来继续按下快捷键 Ctrl+Shift+Alt+T 复制图层,以得到更加细致的分形结构,如图 4-22 所示。

▲ 图 4-22

09 最后重复以上过程，将图层不断进行复制以填充甚至充满整个画布，同时可以配合诸如"高斯模糊"一类的滤镜来处理出各层次之间的虚实立体感，如图 4-23 所示。

▲ 图 4-23

Photoshop 的"分形"过程非常简单，但是得到的结果却又令人激动不已，通过这个简单的实例能帮助我们了解到，分形其实就是一种图案反复"迭代"产生的阵列美感。除了上面例子中所用到的图形外，我们可以尝试使用一切图像作为分形资源，只需要按照上述步骤操作即可。如图 4-24、图 4-25 和图 4-26 所示是运用照片及各种图案创作的"分形"实例。

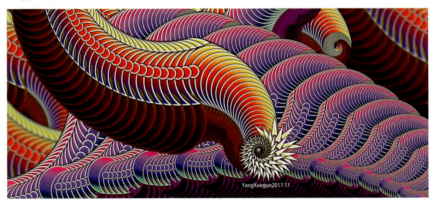

▲ 图 4-24

▲ 图 4-25

▲ 图 4-26

三、Chaotica 2D 分形

Chaotica 是一款非常专业的 2D 分形软件,也是最为流行的分形系统之一,它可以创建出各式各样的美丽炫光和平面图案,如图 4-27 所示,还能制作动画,是数字绘画、平面设计和影视特效等领域重要的组成部分,在下面的教学中我们将深入介绍使用 Chaotica 创建分形的方法。

▲ 图 4-27

1. 界面

Chaotica 的界面非常简洁,基本界面如图 4-28 所示。

① World Browser(世界浏览器):此模块用于查看分形世界中的结构列表,一般不做设置。

② Render settings(渲染设置):此模块用于控制渲染的尺寸与精度。

③ Random world generator(随机世界生成):此模块用于快速"自动"生成分形世界,或者对创作好的图像进行自动演化。

④ 预览窗口:此区域用于查看分形的效果及渲染结果。

⑤ Imaging settings(图像设置):此模块用于控制图像的色彩与亮度等。

⑥ Response curves(响应曲线):此模块用于调节分形图案的对比度。

⑦ Background colour(背景色):此模块用于设置背景色。

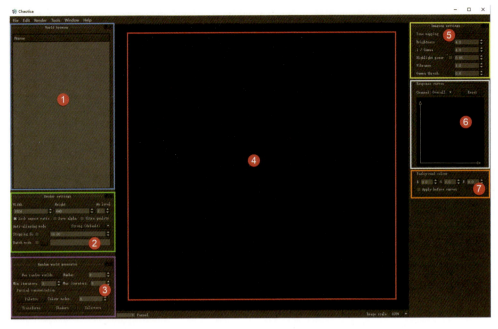

▲ 图 4-28

2. 基本操作流程

如果只是希望获得一个 Chaotica 的随机分形效果,那么 Chaotica 的使用流程将变得极为简单。

01 启动 Chaotica 后,在软件打开的同时,会弹出"随机世界"生成窗口,在这个窗口中每次都会随机生成 9 种不同的分形图案供选择,如果对生成的图案不满意,可以单击"New random worlds"(新建随机世界)按钮来重新生成 9 种图案,而且每次单击之后都不会重复,如图 4-29 所示。

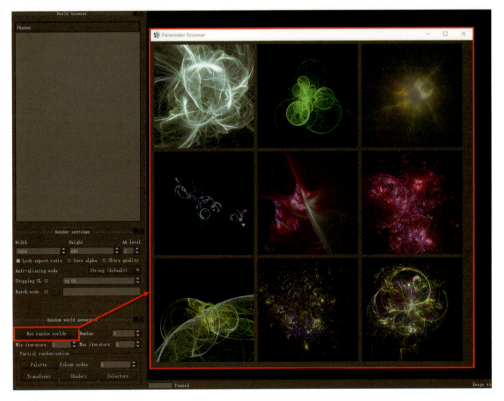

▲ 图 4-29

02 接下来在随机世界窗口选择一个自己满意的图形,主预览窗口即开始运算这个图案,我们只需要在渲染设置面板中随时更改渲染尺寸即可。注意:渲染的过程会不断地自动迭代,直到产生足够精细的画面品质,一般情况下经过两次以上迭代就能得到足够的精细度。如果需要更加精细的品质,那么就需要多等待几次迭代,我们可以通过屏幕左下方的渲染状态栏查看渲染的进度,如图 4-30 所示。

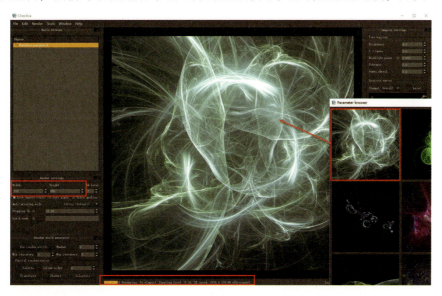

▲ 图 4-30

> Tips:渲染尺寸的大小决定了渲染的时间与计算机的运算负载,越大的画面需要的计算时间越久,在创作过程中,我们一般会将渲染的尺寸设置到最长边 500 像素以下,以保证实时刷新的速度,图案创作完成后再进行大尺寸的输出。

03 接下来将画面尺寸降低到 500 像素以内,以加快预览的刷新率。需要将"AA Level"(抗锯齿级别)设置到"1",这样画面会产生很多颗粒,但是会极大地加快预览的进程。接下来在预览窗口进行分形世界的"导航",也就是对摄像机位置进行调整。在预览画面上按住 Alt 键用鼠标拖动,即可上下左右平移视点;按住 Alt 键用鼠标右键拖动,即可放大或缩小视点;按住 Alt 键用鼠标左键和鼠标右键拖动,即可旋转视点角度,这是最常用的快捷键操作,如图 4-31 所示。

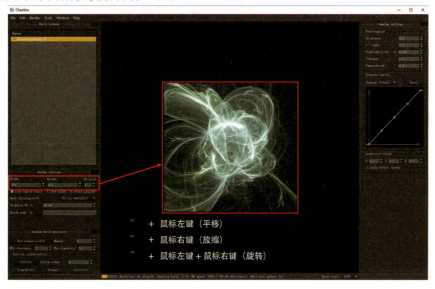

▲ 图 4-31

04. 接下来确定好需要的图案后,将渲染尺寸设置到自己需要的大小,并把"AA level"设置到 2 或以上(超过 2 以上的数值需要更多的渲染时间),然后等待渲染进度迭代到自己满意的精细度,最后在"File"菜单中选择"Save image"(保存图片)命令,即可存储为各种常用的图片格式,如图 4-32 所示。

Chaotica 的一般运用,即使没有任何专业基础的人都能轻松得到无限的分形图像资源,它就像一个分形素材库,可以随时随地创造我们在绘画或者设计中的各种视觉资源。

▲ 图 4-32

3. 在 Chaotica 中创建自己的分形

如果要在 Chaotica 中创建自己的分形作品,需要从零开始搭建分形公式,并通过各公式间的相互迭代关系来控制图形的变化。

01 首先,选择"File"→"New empty world"(新建空世界)命令,新建一个空白的世界空间,如图 4-33 所示。

02 接下来将渲染尺寸设置到 500x500 像素,将"AA Level"设置到 1,以此加快预览刷新的速度;"Lock aspect ratio"(锁定像素比)用于解除渲染尺寸的长宽比,如图 4-34 所示。

03 接下来选择"Windows"(视窗设置)→"World editor"(世界编辑器)命令,这样就开启了 Chaotica 的核心编辑面板,如图 4-35 所示。

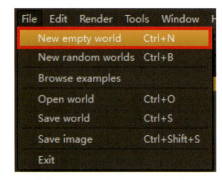

▲ 图 4-33

▲ 图 4-34

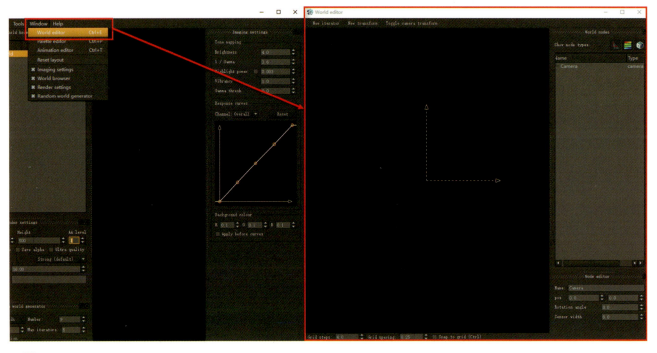

▲ 图 4-35

首先通过图 4-36 认识一下世界编辑器的界面布局。

① 分形功能节点：这个部分用于创建分形的级别节点。

② 节点坐标与编辑区：这个部分用于控制分形节点的坐标编辑。

③ 分形节点列表区：这个部分用于加载和增减分形节点，包括控制各节点的层级关系。

④ 节点属性参数区：这个部分用于控制各节点的参数变化。

04. 接下来学习分形节点搭建的方式与流程。首先单击世界编辑器中的"New iterator"（新建迭代程序）按钮。迭代程序就是一种数学公式，在这里如果单从字面上很难理解到位，简单来说就是类似于 Photoshop 图层一样的东西，我们可以理解为新建了一个"图层"，创建后会在分形节点列表中看到创建出来的"图层"名称与相关项目，同时在节点坐标编辑区会看到在中心位置生成了一个"*XY*"坐标，如图 4-37 所示。

"Iterator 1"（迭代 1）节点的列表分别包含以下结构：

- Flam3 transform（分形变换层）：这一层可以理解为图层本身，后期可以为这一层添加各种"图层"特效来增加图层的功能。
- Pre affine（图层前仿射）：这是数学上的概念，字面上很难理解它的含义，其实这个属性就是编辑区的"*XY*"坐标，当我们选择

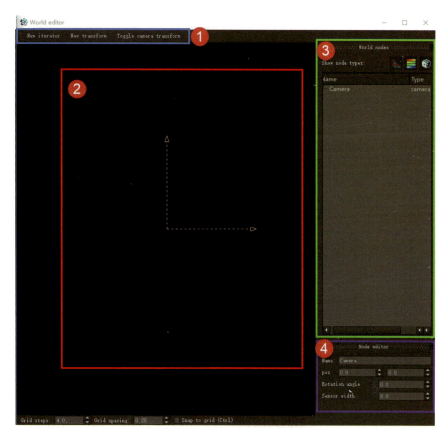

▲ 图 4-36

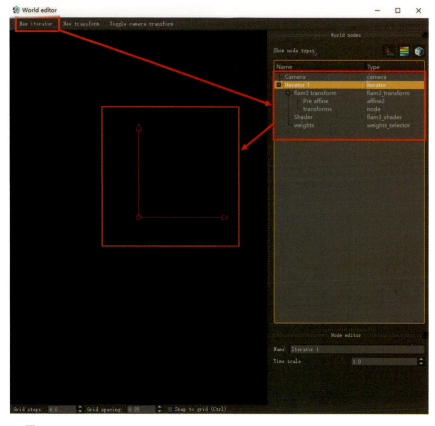

▲ 图 4-37

它的时候会看到，编辑区的坐标也一同被选择了，这个坐标可以理解为每一级分形图案的起始点，改变这个坐标点的位置、角度、大小，也就意味着改变这一级分形图案的位置、角度和大小，如图4-38所示。

- Transforms（变换）：变换属性用于加载各种分形公式，也就是产生具体图案的地方。

- Shader（色彩与光影）：这一层用于控制本迭代层的色彩。

- Weights（权重）：权重可以理解为这一层迭代的"透明度"或者多迭代层之间相互影响的程度。

上述参数单从字面上理解不太容易掌握其具体的含义，下面通过实践来进一步理解这些层级结构的运用。

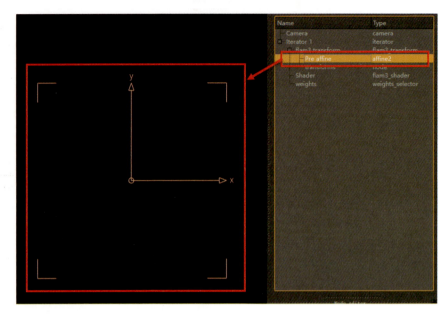

▲ 图4-38

01 首先，在没有添加任何"Transforms"的前提下是看不到任何影像的，因为虽然有当前一级迭代层，但是并未在这次迭代中创建任何分形公式，因此世界仍然是空白的。接下来在列表中选择"Transforms"层，然后在世界编辑器上方单击"New transform"（新建变形/新建分形公式）按钮，这样在"Transforms"层下就创建出了第一个分形结构，名字叫作"New variation"（新变形）。接下来选择"New variation"层，就能在下方的属性面板看到"Transform type"（变换类型），如图4-39所示。

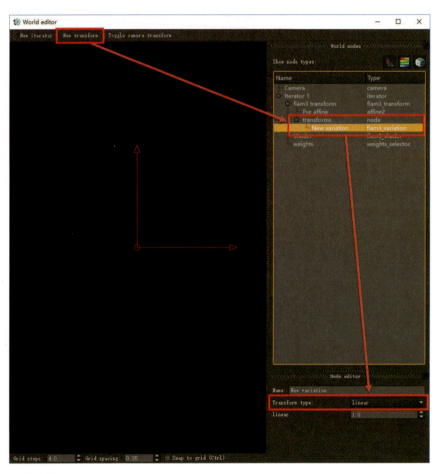

▲ 图4-39

02 接下来在"Transform type"属性面板中可以看到下拉列表中有大量的分形公式可供选择,每一种都代表一种分形结构,我们可以理解为"图案库"。这里选择"hypertile1"方式,然后就能看到主预览视图区域自动产生了圆形的图案效果,如图4-40所示。

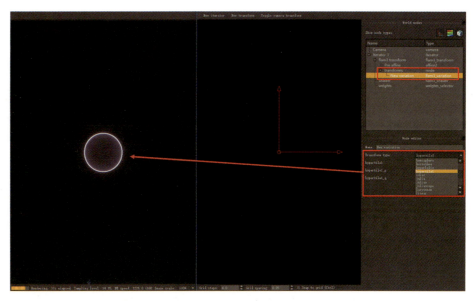

▲ 图4-40

03 接下来可以通过在属性面板中更改"hypertile1"类型的属性参数来改变图案的造型,这些参数其实就是公式背后的数学值,一边调整视图一边保持同步更新,非常直观。注意:参数的递增、递减最好以小数点进行,不要设置得过大,导致图案演化过强以致消失,如图4-41所示。

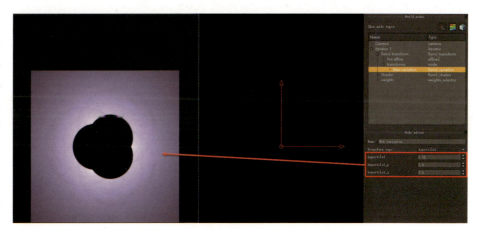

▲ 图4-41

04 接下来返回"Pre affine"层,选择它或者直接用鼠标选择编辑区的坐标轴,这样就能看到坐标被激活,出现"XY"方向的控制,直接使用鼠标移动"X"或者"Y"的箭头顶端以移动坐标轴,这样整个分形图案就又发生了同步的变化,如图4-42所示。

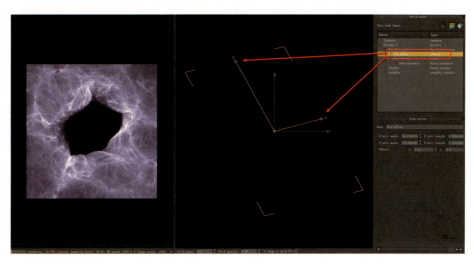

▲ 图4-42

第四章 分形绘画 | 085

05 在编辑坐标时将鼠标移动至图中绿色圆圈区域,按住鼠标左键并移动就能旋转整个坐标的角度,旋转时分形图案也同步发生演化,这就是旋转坐标的方法,如图 4-43 所示。

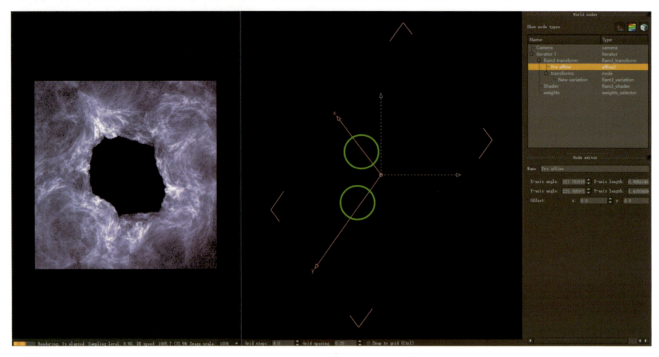

▲ 图 4-43

06 接下来学习如何为分形图案设置色彩。Chaotica 的色彩控制并不是像 Photoshop 那样使用拾色器去赋予单个颜色到某个结构,而是采用连续性的色彩渐变来参与迭代过程的,因此色彩是复合型的。选择"Window"→"Palette editor"(色板编辑器)命令,就能看到一个色彩区域控制器,通过调节"Hue curve"(色相曲线)、"Saturation curve"(饱和度曲线)、"Value curve"(亮度曲线)的曲线点就能改变下方"序列"色彩的变化,在曲线上单击还能插入新编辑点以控制色彩变化,这个序列色将局部或整体介入分形的图案结构,如图 4-44 所示。

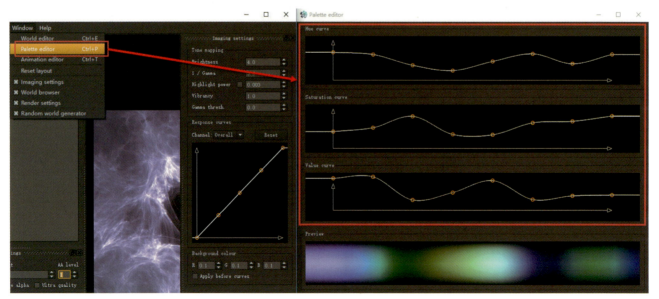

▲ 图 4-44

07 接下来回到世界编辑器中，选择"Shader"层，首先设置"Palette location"（色板定位）参数，这个数值控制当前分形结构色彩所处的序列色区域，"0"代表序列色的最左端，增加这个值，色彩则依次向右递增；"Blend speed"（混合速度）代表多迭代色彩之间的混合强度；"Opacity"代表着指定色彩的透明度，也可以理解为亮度，如图4-45所示。

08 接下来将色板设置为某一种色彩序列，然后调节"Shader"的色彩区域变化，这样就能使图案产生特定区域的色彩效果，如图4-46所示。

通过上述流程创建了一个基本的分形图像，接下来再次分析一下分形的整个过程，以帮助大家更好地理解它的整个创建思路。首先，Iterator是所有层的父层，就像一个带有多层关系的集合体，在这个大的图层下可以经由创建一个或多个transforms分形公式来确定这个迭代效果；transforms是Iterator的子层，它的作用是生成具体的图形效果，每一种分形方式都有自己的参数可以控制；Pre affine控制着Iterator层的整体位置、角度和放缩变化，但是改变Pre affine的坐标并不只是简单地改变整个分形的位置和角度等，当它的坐标结构发生变化的时候，意味着整个迭代层的演化变形也在同时发生，因为这个图形并不是一个固定不变的图案，在它背后其实是数学程序的计算，每改变一个"值"都意味着整个公式计算方式的改变，因此调节Pre affine也就意味着后台程序的"重新计算"，调节时需要理解这一点的不同。

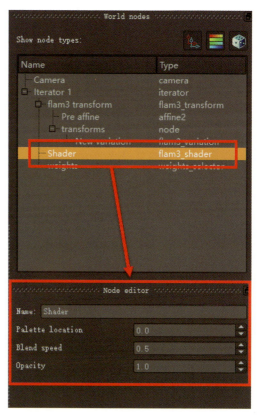

▲ 图 4-45

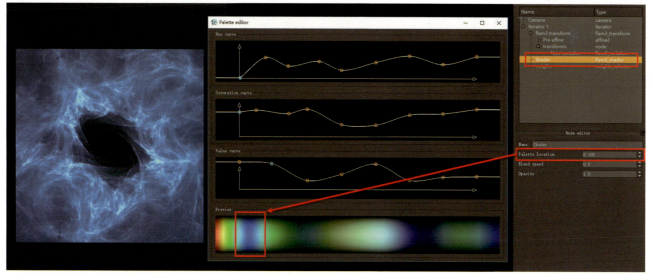

▲ 图 4-46

4. Pre affine/Post affine（前仿射/后仿射）

通过上一节可以了解到，Affine坐标系统属于分形的一个定位系统，也就是分形图案发生的位置。在Chaotica中，改变Pre affine的结构或者位置将驱动整个分形结构发生变化，对控制分形图案的构成极

第四章 分形绘画 | 087

为重要。而在某些情况下，需要保留已经分形好的图案之后，还需要对整个分形图案的位置或者角度进行控制或者对位，那么我们就需要使用 Post affine 节点来进行调节。

01 首先，创建任意一个分形图案，如图 4-47 所示。

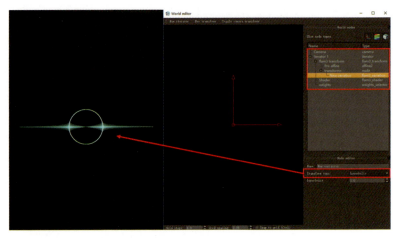

▲ 图 4-47

02 在当前这个分形图案中，我们制作了一个圆圈图案，如果选择 Pre affine 坐标进行缩放或者旋转，那么整个图案结构就会产生变化，因为我们改变的是整个公式的数值。下面选择 "flam3 transform" 节点，面板下方就会显示若干附加属性，这里单击 "Add post affine"（增加后期仿射）按钮，这样在列表中就会多出 "Post affine" 这一层，如图 4-48 所示。

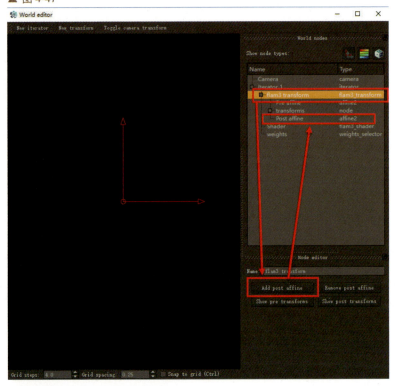

▲ 图 4-48

03 选择 Post affine 这一层我们就能在编辑窗口看到，这是一个 "虚线" 的坐标结构，当改变这个虚线坐标时，分形图案同时也发生变化，但是 Pre affine 和 Post affine 属于同一个结构的不同分区，两个都能影响图案，如图 4-49 所示。

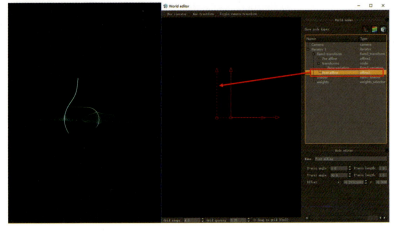

▲ 图 4-49

04. 一般情况下，我们会使用 Pre affine 控制图案的基本结构，Post affine 调节位置或旋转等变化，如果发现图像出现问题，可以直接移除 Post affine，就能恢复到初始状态，因此这是一种比较安全的调节手段，如图 4-50 所示。

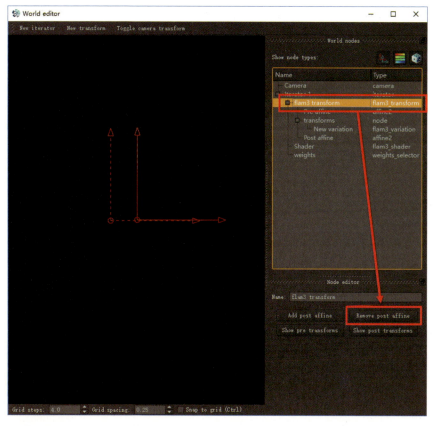

▲ 图 4-50

5. Pre transforms/Post Transforms（前变换/后变换）

在 Chaotica 中，除了可以对坐标进行前期和后期的操作之外，还能为"变换"节点增加前后期的处理，以此细化分形公式的迭代变化。

01 首先，创建一个分形迭代层，如图 4-51 所示。

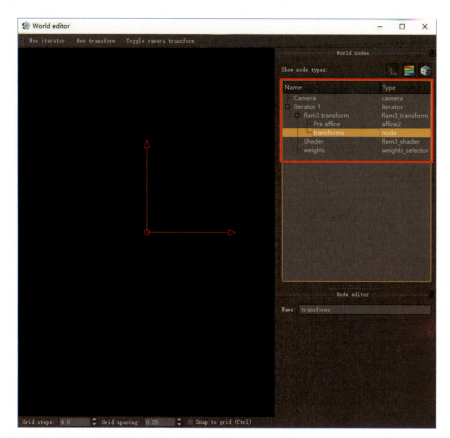

▲ 图 4-51

02 选择"flam3 transform",可以在面板下方看到"Show pre transforms"(显示前变换)和"Show post transforms"(显示后变换)两个按钮,单击其中一个按钮就能增加新的变换节点层,且增加后这两层节点将不能被移除,如图4-52所示。

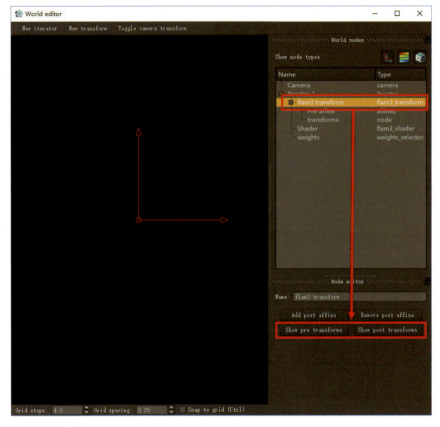

▲ 图 4-52

03 新增前、后变换层后,就能在其上继续添加新分形公式,以获得图案变化,如图4-53所示。

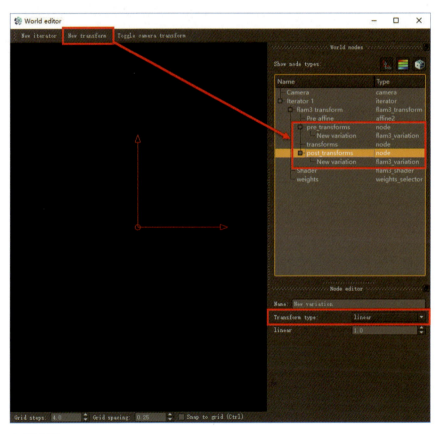

▲ 图 4-53

04. 前、中、后三个变形节点分别可以在一个迭代层中处理 3 种不同的分形效果，三个层相辅相成，依次从上往下叠加，而在每一个"transforms"层中又可以添加多个"Variation"，来获得多种分形公式的混合，这样就能混合出千变万化的图形效果，如图 4-54 所示。

> Tips：过多的 Transforms 层会导致工作流程的混乱，再加上 Affine 的坐标控制，初学者往往会迷失在整个分形结构的控制中。通常情况下，我们并不需要开启所有的 Transforms 和 Affine 层，使用普通层结构就可以满足大部分创作需要。

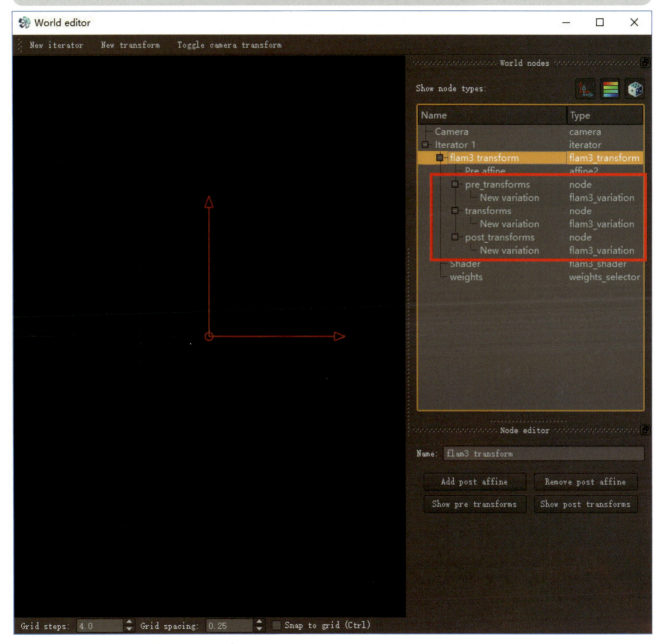

▲ 图 4-54

6. 多层迭代

多层迭代是指在一个迭代层中创建多个"Variation"或者创建多个"Iterator"层来获得复杂分形图案的过程，下面通过一个实例来理解多迭代层的应用。

01 首先打开Chaotica，然后将渲染尺寸和AA抗锯齿设置到较小的尺寸，以加快预览速度。然后打开世界编辑器，新建一级"Iterator"迭代层，为了方便区分不同层之间的关系，需要将这个层命名为"AAA"，如图4-55所示。

02 接下来选择"AAA"迭代层的"transforms"节点，为其新增一个"spherical"分形公式，这样就得到了第一个图案，如图4-56所示。

03 接下来选择"AAA"迭代层的"transforms"节点，为其再新增一个"hypertile1"分形公式，这样就在上一个图形的基础上叠加了第二个图案。两个分形公式同在一个迭代层中，那么两个图案之间产生的迭代效应就只发生在一个总迭代范围内，这里要注意分形图案的参数调节要以小数点方式递增或者递减，不要一次性给太大的值，很多漂亮图案的产生都只游离在小数点或者小数点后几位的范围间产生变化，这些参数都极为敏感，需多做实践，如图4-57所示。

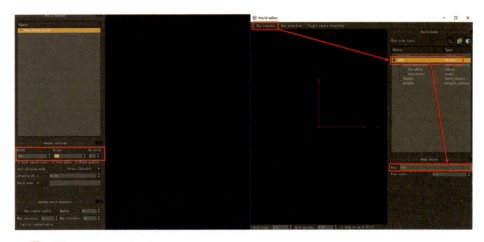

▲ 图 4-55

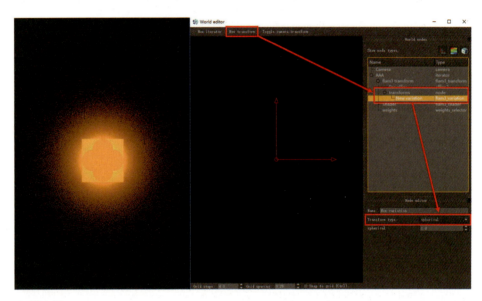

▲ 图 4-56

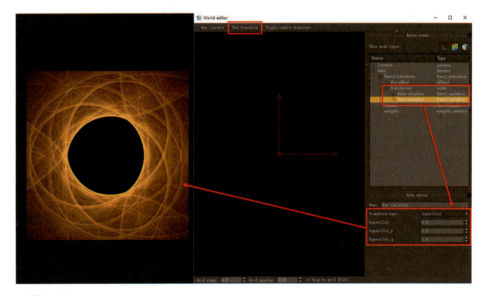

▲ 图 4-57

04. 创建第二级迭代，以将上一级迭代进行更加复杂化的处理。在世界编辑器中单击"New iterator"按钮，新建二级迭代层，并将其命名为"BBB"，同时可以看到当前图像已经发生变化，如图4-58所示。

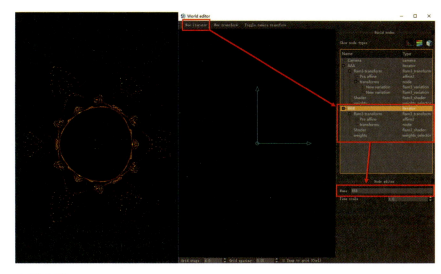

▲ 图4-58

05. 选择"BBB"层的"transforms"节点，为其添加一个新变形公式。默认情况下新建变形公式均为"Linear"（线性放缩）。linear是非常常用的一个变形公式，其作用是放缩上一级图形的结构，可以用于控制图形的收缩或者扩散，Linear的值也很敏感，一般设置到"0.1"或"-0.1"就能得到明显变化，默认值"1"很多情况下已经过量，如图4-59所示。

> Tips：二级或以上（依次从上往下排列）迭代层所进行的控制是将上一级迭代进行整体的迭代细化，控制的是整体，而单一迭代层中所包含的多个"Variation"只对当前迭代层有效，每一级都复合控制上一级，需要注意梳理清楚它们的关系。

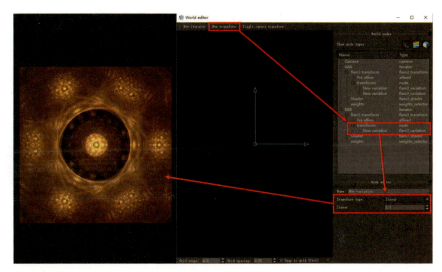

▲ 图4-59

06. 下面在"BBB层"中的"transforms"层继续添加一个"julian"分形公式并设置参数，图像就在"linear"的基础上又多了一个"julian"变化，这样"Linear+julian"两个图层的混合效果就共同参与到"AAA"层的迭代中了，如图4-60所示，后续迭代细分按照这样的方式继续进行就可以了。

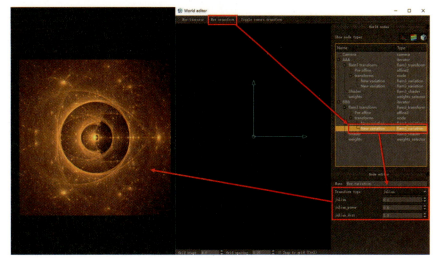

▲ 图4-60

第四章　分形绘画 | 093

07 下面对"Shader"进行设置。进入"AAA"层的"Shader"节点,将"Palette location"设置到"0.1",这样就能看到"AAA"这一层变成了其他颜色。"Blend speed"用于控制色彩之间的混合变化;"Opacity"用于控制这一层颜色的亮度,可以尝试多做测试,如图4-61所示。

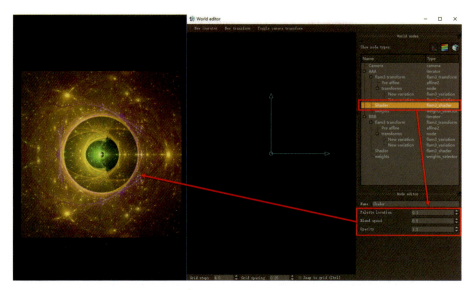

▲ 图4-61

08 接下来对"BBB"图层的"Shader"节点也做同样的设置就能改变"BBB"层的色彩,如图4-62所示。

09 接下来对每一层的"weight"(权重)进行设置。"weight"在每一层迭代中都有显示,其中,"Base weight"(基础权重)控制着当前迭代层的分形强度,值越高代表这一层迭代的参与量越大,反之则越小,可以理解为"优先性"的强弱控制。"图层名"的weight控制每一层分形公式参与到本迭代层的量可以单独设置。比如将"BBB"层的"Base weight"设置为0,那么整个"BBB"层的分形效果将会失效,或者将"BBB"层的权重在"AAA"层设置为"0",那么"BBB"层的迭代就失效,但是"AAA"层层的结构会保留,两种权重设置可以选择在不同的图层中进行控制,也可以简单地将权重值理解成图层的"透明度",如图4-63所示。

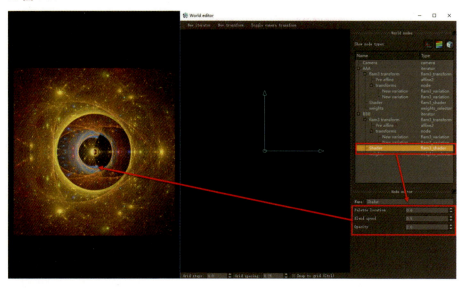

▲ 图4-62

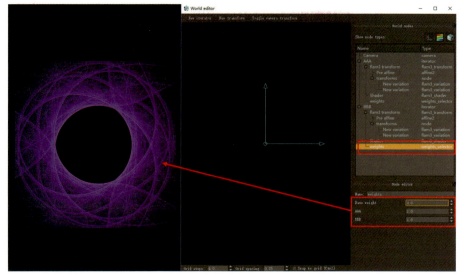

▲ 图4-63

CG 思维解锁:数字绘画艺术启示录 | 094

10 权重设置可以大范围地增减以获得"突出"或者"减弱"的结果，比如现在在"BBB"层中将"AAA"的权重增加至"10"，那么"AAA"层的图形结构就会突出很多，如图4-64所示。

> Tips：权重的设置对于图案的影响非常重要，很多有趣的效果除了使用特定的分形公式迭代之外，权重的强弱设置也具有非常重要的影响，当图层变多时，需要耐心地测试不同权重设置下对图形产生的影响，来确定最终的分形结果，同时权重的设置也会影响到色彩的变化，需多多实践。

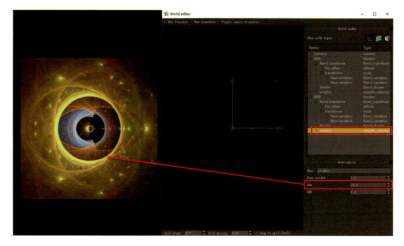

▲ 图 4-64

7. Chaotica 创作实例

下面通过一个完整的实例来深入讲解使用 Chaotica 创建图案的流程。

01 首先，打开 Chaotica，创建一个小尺寸的空世界，并将"AA Level"设置为"1"，以加快刷新速度，如图4-65所示。

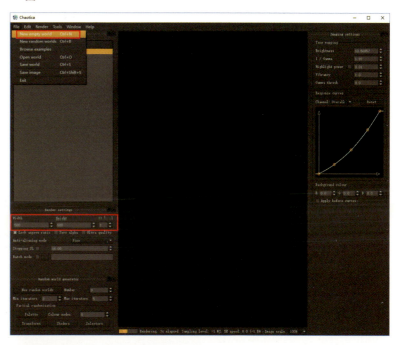

▲ 如图 4-65

02 接下来创建一级迭代层，并将其命名为"AAA"，然后新建一个"transforms"，为其添加一个名为"fan2"的"variation"分形公式，参数不变，这样就得到了第一个图案，如图4-66所示。

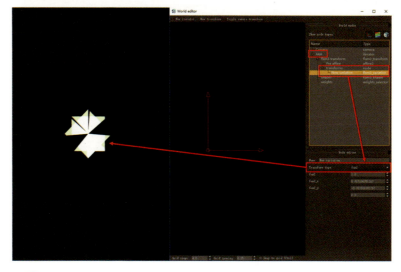

▲ 图 4-66

03 为了再丰富一下初级图案的结构,为"AAA"层增加一个"Post transforms",选择"flam3 transforms"层,然后在面板下方单击"Show post transforms"按钮增加新的变换,如图4-67所示。

> Tips:这一步也可以直接在"transforms"层添加新分形公式,添加"Post transforms"的目的在于在不影响之前"fan2"分形结果的前提下插入新的分形,在"fan2"运算出图形后"增加"一个后期效果,介入之前的分形运算,而如果直接在"transforms"层添加多个分形,则有可能各分形公式之间会产生"混合运算",某些情况下会导致图形计算消失,难以控制。当然,在合适的参数设置下,也不一定非要采用"Post transforms"方式来解决问题。

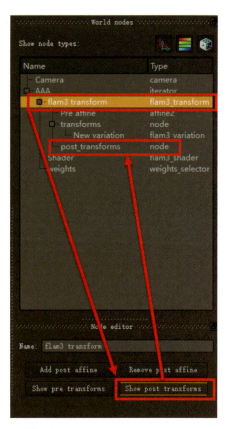

▲ 图 4-67

04 为"Post transforms"层添加一个"pulse"分形公式,参数设置参考图4-68所示,这样图案就复杂起来了。

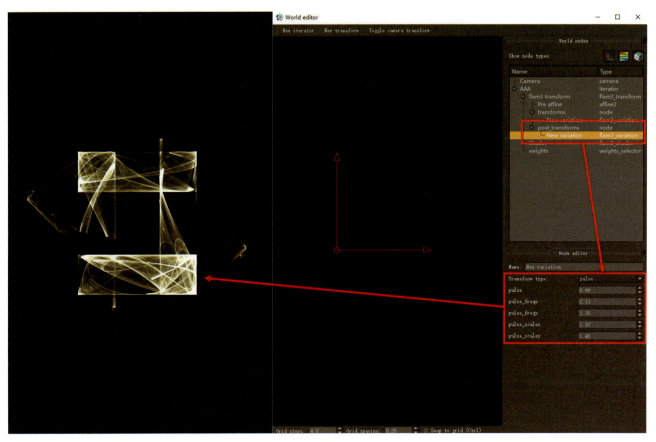

▲ 图 4-68

05 创建第二级迭代层,并将其命名为 "BBB",如图 4-69 所示。

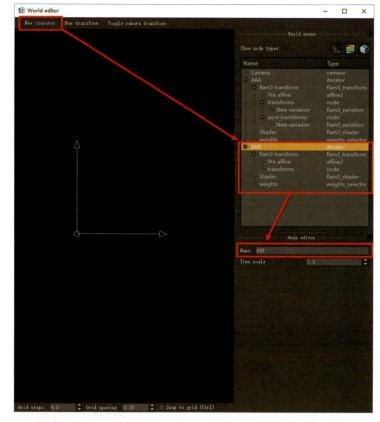

06 在二级迭代层中创建名称为 "mobius" 的分形公式,这个分形方式用于复制并旋转上一级分形结构,参数设置参考图 4-70。

▲ 图 4-69

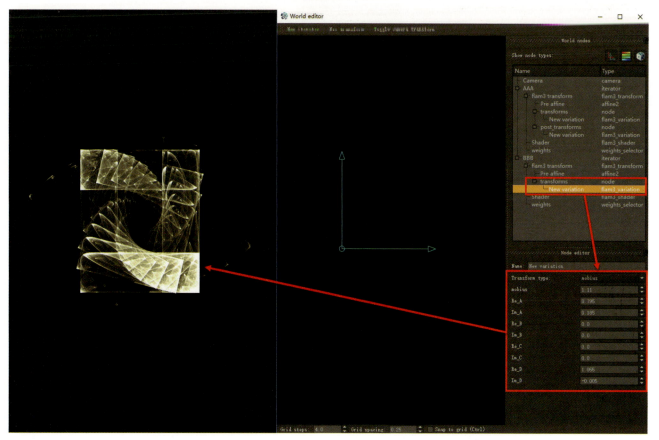

▲ 图 4-70

第四章 分形绘画 | 097

07 创建三级迭代层,将其命名为"CCC",然后在这一层添加一个"ngon"分形公式,参数设置参考图4-71所示,同时可以尝试移动"CCC"层的affine坐标来改变图形位置和变化,这样就能看到画面中心出现了一个类似"洞"的结构。

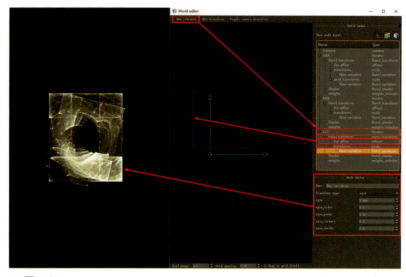

▲ 图4-71

08 再次在"CCC"层创建一个"flower"分形公式,这样在图案中心就产生了类似花朵的形状,参数设置如图4-72所示。

▲ 图4-72

09 重复以上步骤,创建第四级迭代,使用"julian"分形方式,参数设置如图4-73所示,这样就产生花朵状结构了。

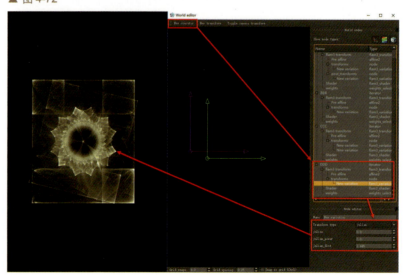

▲ 如图4-73

10 进入各层迭代的"Shader"节点,对"Palette location"的颜色进行设置,设置时可以以视觉感受为准,如果需要提高某一层的亮度,可以增加那一层的"Opacity"参数值,如图4-74所示。

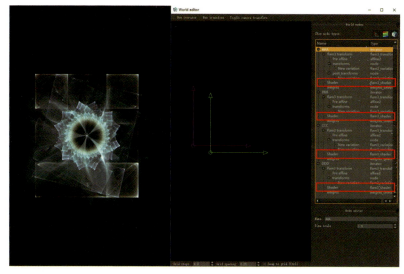

▲ 图 4-74

11 如果需要对某一层分形结构进行强化或者弱化,需要进入每一层迭代层的"weights"面板进行权重的增减设置,如果增加"DDD"层的权重,然后减弱"AAA"层的强度,那么花朵中心结构的迭代强度就得到了增强,图案结构更加突出,如图4-75所示。

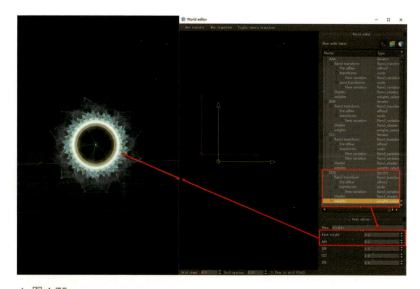

▲ 图 4-75

12 进入主面板的"Response curves"(反应曲线),调节曲线的节点就能控制图案的明暗变化。设置"background colour"(背景色)的"RGB"(红绿蓝)值就能改变背景的色彩,如图4-76所示。

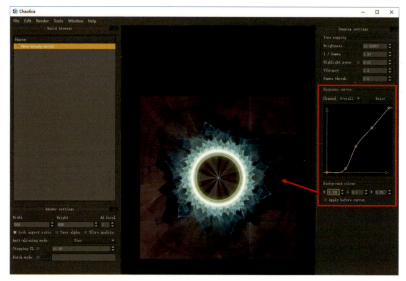

▲ 图 4-76

第四章 分形绘画 | 099

13 接下来可以尝试改变各迭代层的"affine"坐标，以改变分形结构的定位、角度及变形等，如图4-77所示。

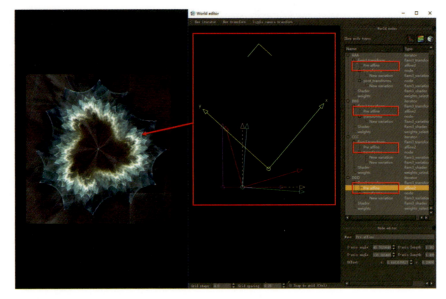

▲ 图4-77

14 最后确定所需要的图形结构后，即可增大画面尺寸和提高抗锯齿精度，输出最终图像，如图4-78所示。

15 打开本书提供的"Flower World.chaos"源文件查看本例的最终设置。

Chaotica的创作可以以比较自由的心态来进行，并不需要遵循某一种固定的方法，关于各种分形节点的运用，也不需要完全按照本书的流程来控制，可以尝试各种形式的自由组合，来实现千变万化的效果，值得多实践。

8. Chaotica 分形实例分享

在本书中提供了多个使用Chaotica创作的分形实例，大家可以打开相应的源文件研究与学习。

Magic Ball的效果如图4-79所示。

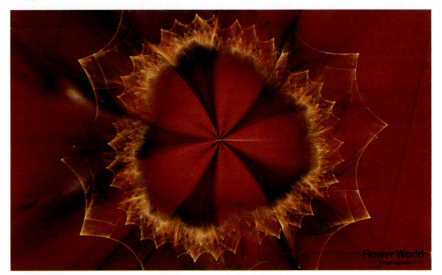

▲ 图4-78

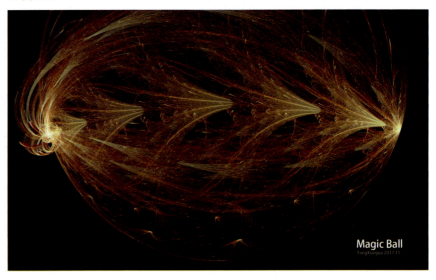

▲ 图4-79

Sun 的效果如图 4-80 所示。

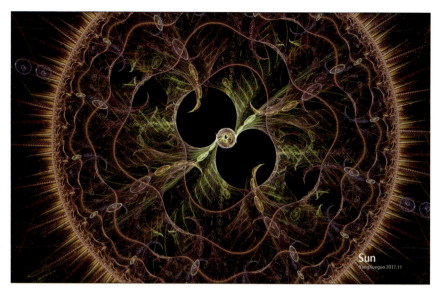

▲ 图 4-80

Beeman 的效果如图 4-81 所示。

▲ 图 4-81

Black Hole 的效果如图 4-82 所示。

▲ 图 4-82

Butterfly 的效果如图 4-83 所示。

▲ 图 4-83

Eye 的效果如图 4-84 所示。

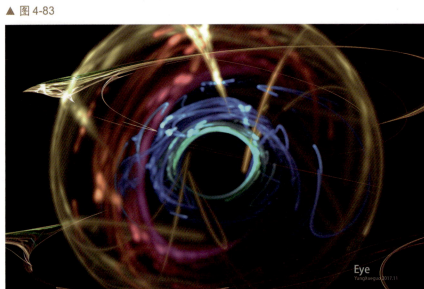

▲ 图 4-84

Plasma 的效果如图 4-85 所示。

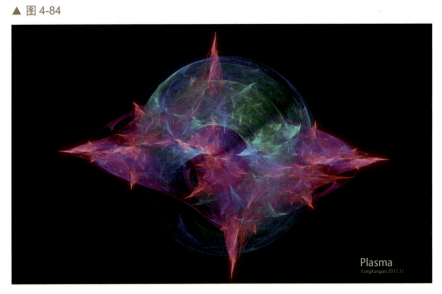

▲ 图 4-85

Creature 的效果如图 4-86 所示。

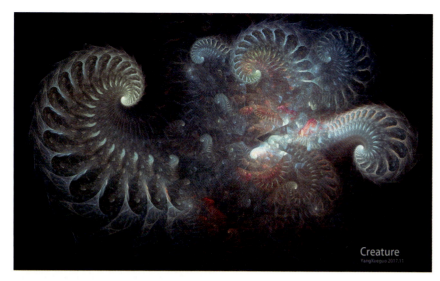

▲ 图 4-86

Go Circle 的效果如图 4-87 所示。

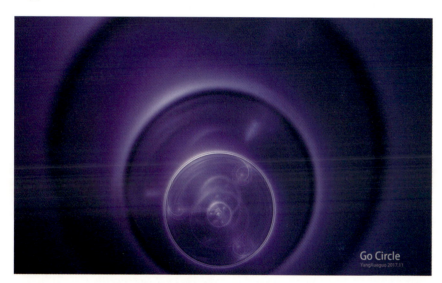

▲ 图 4-87

Leaf 的效果如图 4-88 所示。

▲ 图 4-88

Firefly 的效果如图 4-89 所示。

▲ 图 4-89

Tao 的效果如图 4-90 所示。

▲ 图 4-90

Nebula 的效果如图 4-91 所示。

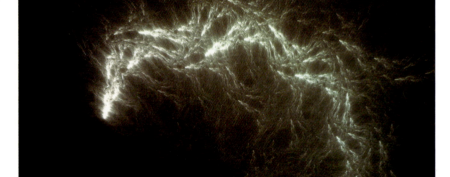

▲ 图 4-91

Mobius 的效果如图 4-92 所示。

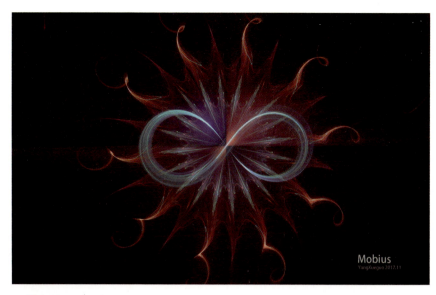

▲ 图 4-92

Mobius 2 的效果如图 4-93 所示。

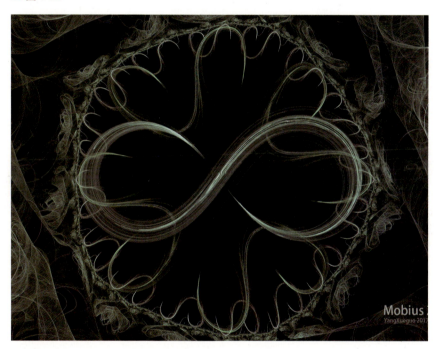

▲ 图 4-93

四、Mandelbulb3D 分形

Mandelbulb3D 是著名的开源 3D 分形软件，它通过先进的数学和图形算法，实现在 3D 空间进行迭代，来产生细致逼真的模型结构，相比传统的 3D 软件，Mandelbulb3D 并不是以点、边、面的方式来生成模型的，而是采用"体积计算"的方式来实现立体结构和材质光影等效果的，因此可以在非常快的速度下迭代出极为极致雄伟的画面。其运算的原理和 2D 分形软件类似，也是通过多公式迭代来生成混合型图形的，只不过相比 2D 分形，它需要为场景和结构增添光线、质感及空间特效来得到逼真的视觉表现，如图 4-94 所示。下面就让我们一起进入 Mandelbulb3D 的神奇世界。

▲ 图 4-94

1. 主界面

Mandelbulb3D 的界面结构比较丰富，基本上都以"模块"的方式来排列，而且它的功能还不只是创建分形图形，还能结合到许多流程中，下面主要介绍其与绘画需求相关的主要模块，这样学习起来较为清晰和容易一些，避免造成混乱，其面板的精要布局如图 4-95 所示。

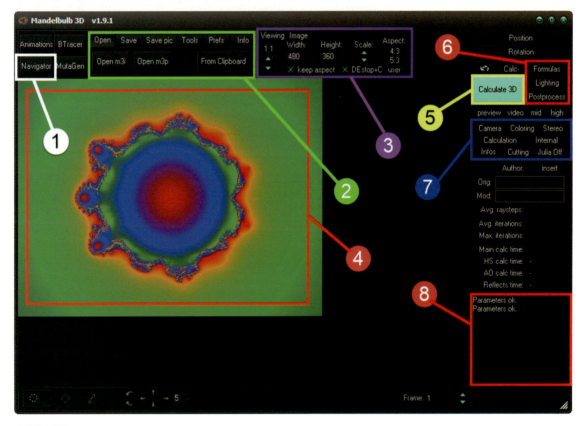

▲ 图 4-95

① Navigator（导航）：导航是 Mandelbulb3D 最为重要的模块之一，其功能是"探索"和"变异"控制，在此模块中我们可以尽情飞跃到场景的任何一个角落，对镜头画面进行定位，同时也是控制各迭代公式间变形混合的主要模块。

② 文件管理区：这个模块用于控制 Mandelbulb3D 的文件存储与输出，以及用户设置等。

③ 图像尺寸控制区：这个模块用于指定图像大小。

④ 分形预览区：这个模块用于预览和最终文件渲染显示。

⑤ Calculate 3D（解算 3D 结构）：这个按钮用于渲染当前视图中的分形结构。

⑥ 分形图形控制区：这是 Mandelbulb3D 的核心模块，用于创建迭代公式及处理灯光和后期等效果。

⑦ 系统控制区：这个模块用于配置 Mandelbulb3D 的系统。

⑧ 信息反馈区：这个区域用于查看软件工作状态，当迭代公式创建错误时需要在这里查看错误提示信息。

2. 子界面

在 Mandelbulb3D 中，各主模块都包含若干子模块，重要的子模块如下：

- Formulas（迭代公式）面板：这个模块用于添加和混合各式各样的迭代图形公式，如图 4-96 所示。

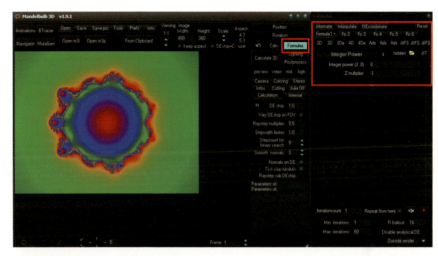

▲ 图 4-96

- Lighting（灯光）面板：这个模块功能比较复杂，除了对场景进行光照控制之外，还能在这里对色彩、材质、空气、背景等因素进行控制，是塑造画面表现的重要模块，如图 4-97 所示。

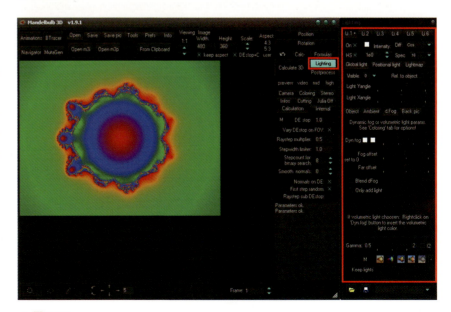

▲ 图 4-97

- Post process（后期处理）：这个模块用于处理画面的后期特效，如计算深度信息、景深效果等，如图4-98所示。

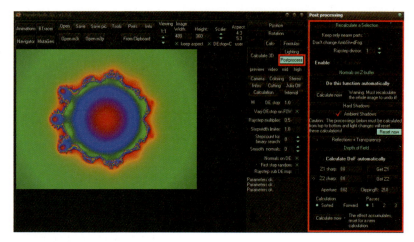

▲ 图4-98

- Navigator（导航，或称探索）：这个模块也属于子模块，可以在独立的面板中控制图形变化，以及摄像机运动，如图4-99所示。

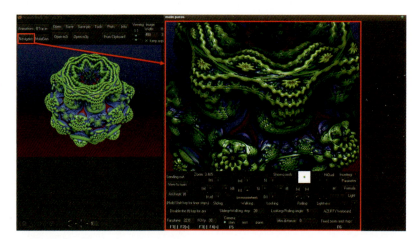

▲ 图4-99

- Themes（主题）：Mandelbulb3D提供了很多种界面主题，可以根据个人的喜好选择，如图4-100所示。

▲ 图4-100

3. Mandelbulb3D 基本制作流程

下面通过一个简单的小实例来学习 Mandelbulb3D 的基本流程。

01 首先，打开 Mandelbulb3D，本实例使用的版本为 V1.9.1，界面为灰色，如图 4-101 所示。

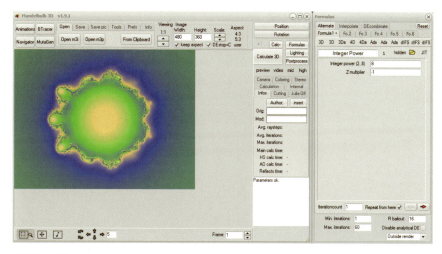

▲ 图 4-101

02 界面中有一个彩色的 2D 图形显示，这个就是默认状态下的分形结构，在没有进行 3D 解算之前，它并不具备任何立体感。在右边打开的"Formula"面板中，"Formula 1"（分形迭代 1）的分形图形公式为"Integer Power"，这就是当前图形的公式，如图 4-102 所示。

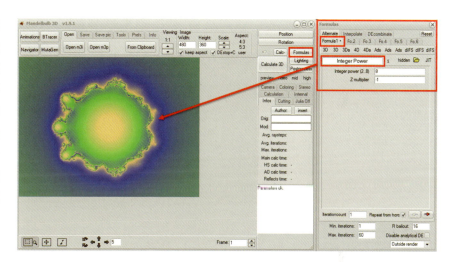

▲ 图 4-102

03 接下来单击"Caculate 3D"按钮，对 2D 画面进行解算，这样就能看到 2D 画面被渲染为 3D 立体效果了，如图 4-103 所示。

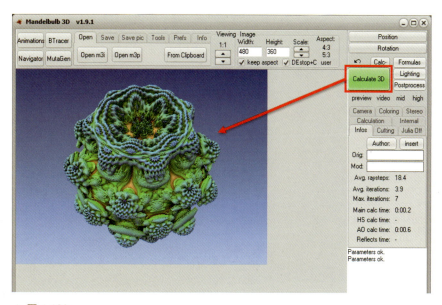

▲ 图 4-103

第四章　分形绘画 | 109

04. 接下来单击"Navigator"按钮,打开"导航"面板,在这个面板中可以使用鼠标交互地对摄像机进行控制,也可以使用面板中提供的按钮对画面进行控制,如图 4-104 所示。

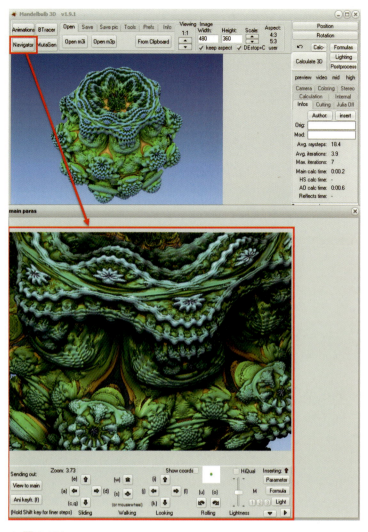

▲ 图 4-104

"导航"面板的操控方式分为鼠标交互和菜单交互。直接使用鼠标左键单击导航画面,可以左右摇移变换摄像机角度,以改变视图视角;滚动鼠标中键可以对摄像机进行推拉,也就是在画面中行走,这样就能漫游于整个分形世界。如果采用箭头按钮进行导航,可以参考图 4-105 所示的说明。

- Sliding:上下左右滑动,也就是摄像机平移。
- Walking:前后行走,也就是摄像机的纵深控制。
- Looking:上下左右观察,也就是摄像机角度的变化。

以上视点的控制需要多加练习才能熟练地控制摄像机的变化。

▲ 图 4-105

05 在"导航"面板中,当探索到一个自己喜欢的区域或者结构时,可以单击"导航"面板中的"View to main"(将导航视点传送到主画面)按钮,将确定好的视角发送回主画面,这样再次单击"Calculate 3D"按钮就能在主视图区渲染出和导航面板一致的画面,如图4-106所示。

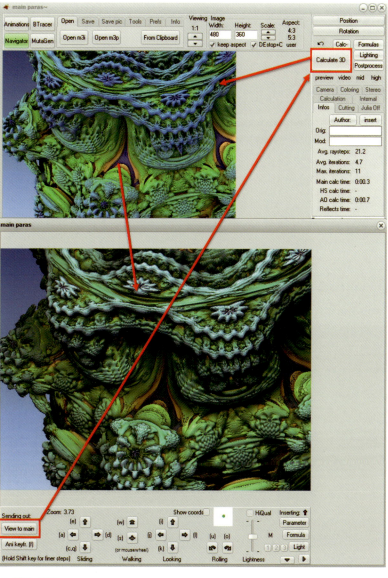

▲ 图 4-106

06 渲染结束后,就可以开启"Lighting"(光照控制)面板,通过拖动"Global light"(全局照明)选项卡中的"Light Y angle"(Y轴角度)和"Light X angle"(X轴角度)滑块来改变全局灯光照明的角度变化,如图4-107所示。

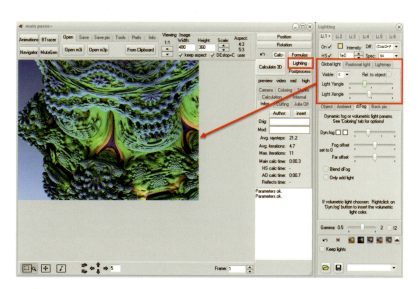

▲ 图 4-107

第四章 分形绘画 | 111

07 当前的主画面比较小,是由于在调试过程中需要快速解算,以方便观察结果。我们可以单击右侧面板的"preview"(预览尺寸,较小)、"video"(视频尺寸)、"mid"(中等尺寸)、"high"(高精度输出)3个按钮来决定需要渲染的图像尺寸,当所有参数都确定好后,可以单击"high"按钮进行高精度输出,注意观察面板上方的"Image"(图像控制)选项区域的像素比,如果需要更大尺寸的输出,可以人为加大画面的尺度,取消选中"keep aspect"(锁定像素纵横比)复选框,可以输入自定义的画面尺寸,如图4-108所示,确定好后单击"Calculate 3D"按钮进行渲染解算,渲染速度和计算机的CPU速度相关。

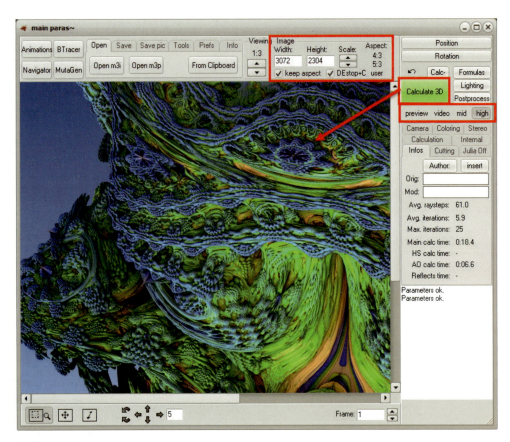

▲ 图 4-108

08 渲染完成后可以进入文件管理区域,选择"Save pic"(保存图片),单击"PNG"或者"JPEG"按钮保存当前画面,如图4-109所示,至此即完成了一个用Mandelbulb3D制作分形图案的基本制作流程。

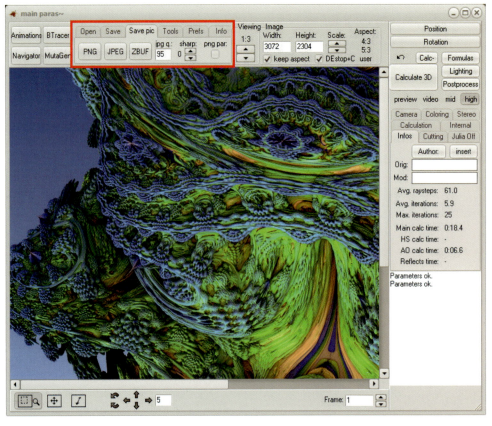

▲ 图 4-109

4. Mandelbulb3D 混合计算方式

在 Mandelbulb3D 中，分形迭代也是通过一级、二级、三级等图形迭代方式来完成各种造型的混合运算的。打开 "Formula" 面板，我们可以看到有三种分形混合方式，分别是 "Alternate"（交替式）、"Interpolate"（插入式）和 "DE combinate"（DE 融合式），如图 4-110 所示。

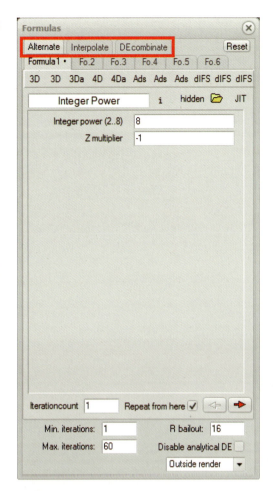

▲ 图 4-110

- Alternate：一级迭代图形依次和后六级迭代图形发生混合计算，运算结果较为平均，多级图形均能混合，如图 4-111 所示。

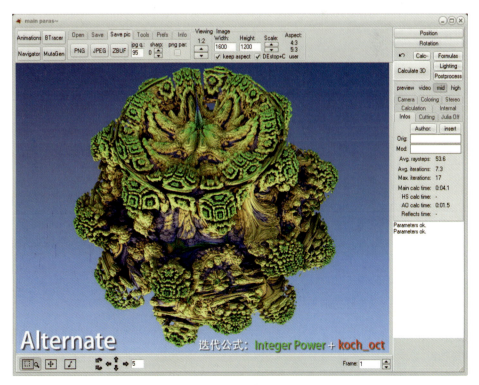

▲ 图 4-111

- Interpolate：一级迭代插入二级迭代运算方式，插入方式可以得到较大幅度的凹陷形变，如图 4-112 所示。

▲ 图 4-112

- DE combinate：一级迭代融合后续交替混合的六级迭代运算方式，这种方式可以相对保持住各级图形的基本结构，但是必须通过多级混合才能产生效果，不能单级别工作，如图 4-113 所示。

以上三种迭代混合方式从字面上理解非常抽象，但是使用时并不需要遵循某一种特定要求来考虑，可以根据迭代混合后的视觉结果来决定采用哪一种方式更为理想，在创作时需反复测试不同方式以获得自己想要的结果。

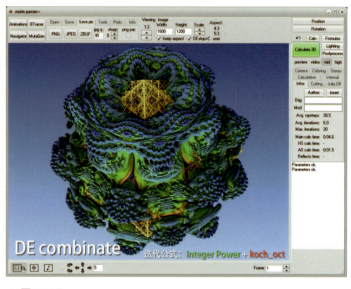

▲ 图 4-113

5. Mandelbulb3D 分形迭代类型

Mandelbulb3D 包含非常丰富的迭代图形类型，这些类型的名称也比较抽象，大致分类如图 4-114 所示。

▲ 图 4-114

Formula 1，Fo.2，…，Fo.6（分形迭代 1 ~ 6 级）：我们可以依次在不同级别中指定不同迭代公式来混合出复杂的图形，但是通常情况不需要混合过多的级别，过多图形参与运算会导致大量细碎结构的产生。

- 3D：这类分形图形叫作"escapetime" 3D 分形结构，属于标准分形图形，用于生成具体图案，也可以用于混合迭代，如图 4-115 所示。
- 3Da：这类分形图形叫作"escapetime" 3D 快速解算分形结构，属于快速解算标准分形图形，用于生成具体图案，也可以用于混合迭代，如图 4-116 所示。

▲ 图 4-115

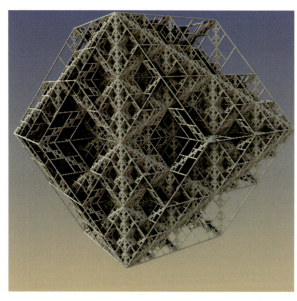

▲ 图 4-116

- 4D：这类分形图形叫作"escapetime" 4D 分形结构，属于标准分形图形，用于生成具体图案，也可以用于混合迭代，如图 4-117 所示。
- 4Da：这类分形图形叫作"escapetime" 4D 快速解算分形结构，属于快速解算标准分形图形，用于生成具体图案，也可以用于混合迭代，如图 4-118 所示。

▲ 图 4-117

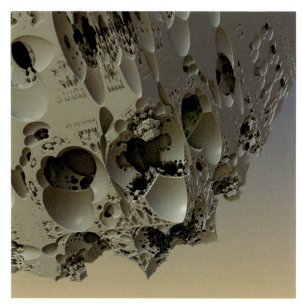

▲ 图 4-118

- Ads：这类分形结构属于"变形"类迭代公式，专门用于变换标准分形结构，属于混合专用型迭代公式，如图 4-119 所示。
- dIFS：这类分形结构属于"形状"类迭代图形，用于生成具体化的图形结构，如几何体等，这类图形不能用于混合"escapetime"类图形，只能混合"dIFS"类图形，如图 4-120 所示。

▲ 图 4-119　　　　　　　　　　　　　　　　　▲ 图 4-120

- dIFS（右端第三个）：这类"dIFS"是"dIFS"类变形专用控制公式，专门用于混合"dIFS"标准图形产生混合变形效果，如图 4-121 所示。

Mandelbulb3D 的分形公式可以按照自由的方式进行组合搭配，但是需要注意不同类型分形公式的组合，一般 3D、4D 可以混用；Ads 用于混合入 3D、4D 公式进行变换，dIFS 类型的公式只能结合 dIFS 类型的公式，一旦结合 3D、4D 类公式就会出错。当确定好一种分形方式后，我们可以直接单击"Calculate 3D"按钮进行解算渲染，以此查看这个分形公式的效果，如果需要删除某一级分形公式，可以在选择它的名称后按下键盘上的删除键，然后按 Enter 键来删除这个级别，如图 4-122 所示。

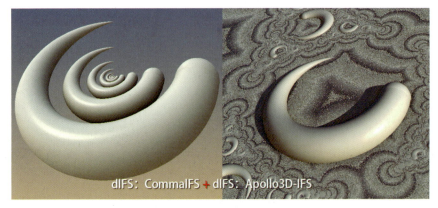

▲ 图 4-121　　　　　　　　　　　　　　　　　▲ 图 4-122

6. 混合分形实例 01

下面通过一个综合实例来学习利用 Mandelbulb3D 创建混合型分形的过程。

01 首先，打开 Mandelbulb3D，默认情况下"Formula1"一级分形方式为"Integer Power"方式，直接单击"Calculate 3D"按钮进行渲染解算，如图 4-123 所示。

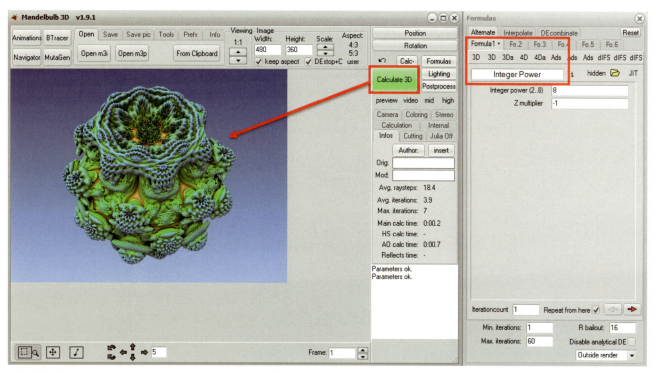

▲ 图 4-123

02 "Integer Power"分形公式有自己的参数可以对分形数值进行更改，以此改变造型，但是每次更改都需要单击"Calculate 3D"按钮刷新后才能看见结果，非常不方便。我们可以打开"Navigator"（导航）面板来导入目前的设置，然后在其中交互地进行控制。接下来在"Navigator"面板中单击"Parameter"（参数导入）按钮，就能导入主面板的分形内容，这是最常用的按钮之一，可以在任何时间导入主面板的各种分形相关设置，如图 4-124 所示。

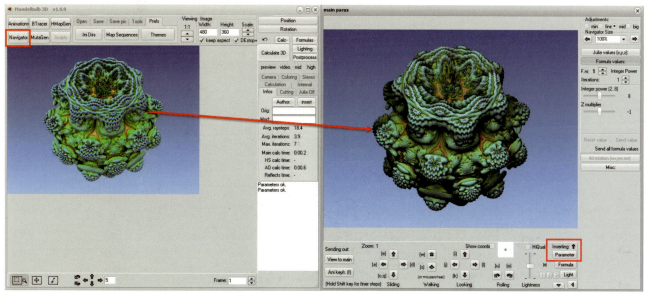

▲ 图 4-124

第四章　分形绘画 | 117

03 在"导航"面板中,单击右下角的小三角按钮,就能展开各级分形的参数设置,其中"F.nr:1"为确定要调节的分形公式级别,"1"为一级,以此类推,调节前要确定好所处的混合级别是哪一级;级别右方为公式的名称;"Iteration"(迭代复杂度)可以控制当前分形图案的复杂度,默认为"1",一般不需要更改;下方是这个公式的各种参数滑块,拖动滑块就能看到分形图案在窗口中的实时变化;如果参数设置有误可以单击下方的"Reset value"(重设)按钮,恢复所有默认数值。这是分形创作中最为重要的调节方式,如图4-125所示。

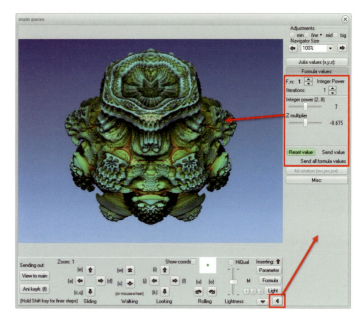

▲ 图 4-125

04 下一步请勿关闭"导航"面板。然后进入"Formula"面板,为当前结构指定第二级分形迭代。在"Fo.2"选项卡中指定"3Da"类的"DodecahedronIFS"公式,然后返回"Navigator"面板,单击"Parameter"按钮,这样导航画面就同步更新了,如图4-126所示。

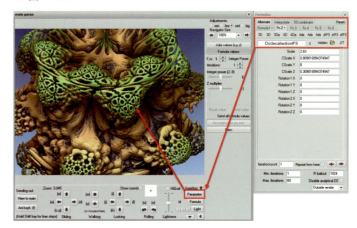

▲ 图 4-126

05 接下来可以在"导航"面板中直接滑动二级迭代分形"Dodecahe-dronIFS"的各种参数滑块来进行图形的实时演变。每一种分形公式的参数设置都不一样,常见的有移动、旋转、放缩、演化等,我们可以通过导航视图的实时更新来观察每一个参数的变化,如图4-127所示。

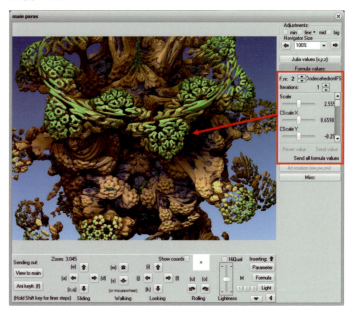

▲ 图 4-127

06 接下来按照上述步骤加入"Quad3Db"方式的三级迭代,注意每更改一个设置后不要忘记单击"导航"面板中的"Parameter"按钮,进行视图的同步刷新,如图4-128所示。

▲ 图4-128

07 接下来在"导航"面板中使用鼠标交互或者通过"导航"按钮确定一个需要输出的摄像机角度,然后单击"View to main"按钮,这样导航设置就同步发送回主面板视图了,如图4-129所示。

Tips:在使用"导航"按钮控制摄像机时按住Shift键进行控制可以放慢视图变化的速度,以此获得更加精准的控制。

▲ 图4-129

08 现在可以关闭"导航"面板,返回主面板单击"Calculate 3D"按钮,对主视图进行渲染。再打开"Lighting"(灯光)设置面板对全局照明属性进行更改。Mandelbulb3D一共支持6种光源的照明,我们可以看到"Li.1~Li.6"个灯光选项,其中"On"(开关)控制着灯光的开/关;"拾色器"控制着灯光的颜色;"Intensity"(强度)控制灯光强度;"Diff"(固有色)控制灯光影响物体固有色的方式;"Spec"(高光)控制灯光在物体上产生的高光的强度,我们可以通过箭头按钮或者数值对其进行增减控制,如图4-130所示。

Tips:通常情况下,全局灯光不要开启太多,以免丢失影子,造成画面立体感的缺失。

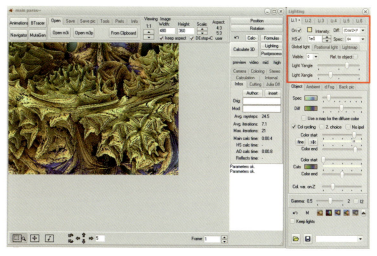

▲ 图4-130

第四章 分形绘画 | 119

09 在"灯光"面板中对图形的表里属性和色彩进行设置。进入"Object"（物体）面板，我们可以看到有"Spec"（物体表面高光）和"Diff"（物体固有色）两个滑块，用于控制物体的光泽和色彩，单击它们的渐变色彩按钮可以打开"渐变色控制"面板来更改分形图案的高光色和固有色；使用鼠标右键单击渐变色下方的小色块，即可打开"颜色"对话框对颜色进行指定；拖动小色块即可改变色彩出现的位置，如图 4-131 所示。

▲ 图 4-131

10 可以在"灯光"面板中对物体色彩分布模式进行更改，首先设置"Col cycling""2.choice""No ipol"分布模式；其次拖动"Color start"和"Color end"滑块，分别用于控制渐变色阶的起始色和结束色位置；再次单击"Fine"按钮（用于产生随机色彩波动）或">||<"按钮（用于自动适配图形末端结构）。最后如果获得了一个自己满意的色彩搭配效果，可以在"灯光"面板下方单击"保存"按钮，保存为材质预设，就能在任何图形中随时在列表中载入这个色彩方案，如图 4-132 所示。

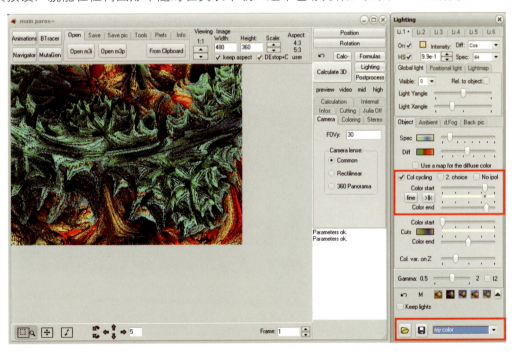

▲ 图 4-132

CG 思维解锁：数字绘画艺术启示录 | 120

11 进入"灯光"面板的"Ambient"(暗部,环境光)设置界面,在这里,"Amb"色块与滑块分别用于控制分形结构的暗部色彩与强弱,其中第一个色块用于暗部区域顶部的色彩控制,第二个色块用于暗部区域底部的色彩控制;"Depth"(深度)用于控制空间的背景色,其中第一个色块用于空间背景顶部的色彩控制,第二个色块用于空间背景底部的色彩控制;这两个选项右侧的滑块用于控制这些颜色的强弱,但是要注意,"Depth"滑块的值增高以后,背景色会出现在场景的结构中,也就是产生了雾气效果,对于体现场景结构的"空间感"非常有用,若取消选中"Far depth fog"(远方深度雾气)复选框,那么雾气将会更强烈地影响近距离的结构,如图4-133所示。

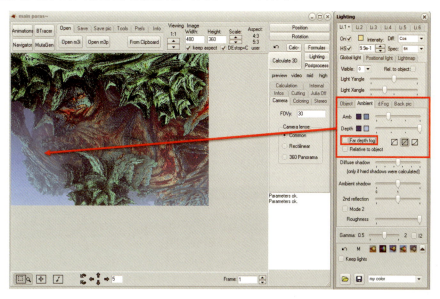

▲ 图4-133

12 进入"灯光"面板的"d.Fog"(动态雾气)设置界面,这里是为画面增加动态雾气的控制区,其中"Dyn.fog"(动态雾)用于控制分形结构边缘产生的雾气效果,类似于辉光特效,其第一个色块用于指定雾气衰减区的色彩,第二个色块用于指定雾气中心区的色彩,滑块用于控制雾气浓度;"Fog offset"(雾气偏移)和"Far offset"(远方偏移)滑块用于控制雾气的位置变化。动态雾气属性除了可以为画面增添奇幻的神秘感,还能进一步烘托各结构之间的层次关系,如图4-134所示。

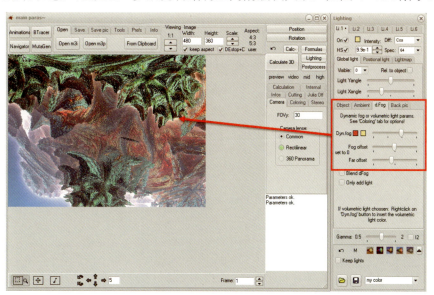

▲ 图4-134

13 最后进入"灯光"面板的"Back pic"(背景图)设置界面,在这里可以载入图片作为场景的背景,同时还提供简单的图片编辑功能,方便进行背景图的合成。选中"Background image"(背景图)复选框,即可弹出图片选择窗口,如图 4-135 所示。

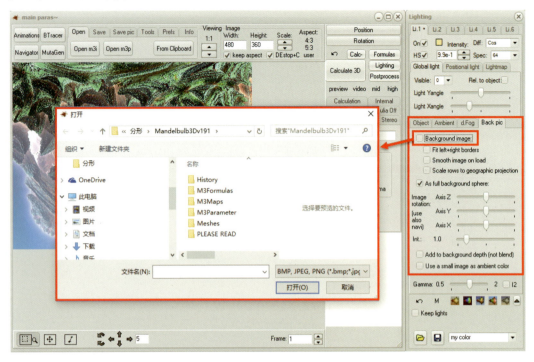

▲ 图 4-135

14 如果渲染当前场景,就会发现虽然有灯光设置,但是场景中只有一层物体凹陷部位的"漫反射"阴影,并没有物体间相互投射的"直射"投影,因此需要单击"Postprocess"(后期处理)按钮来开启 Mandelbulb3D 的直射投影功能。打开"Post processing"面板,找到"Hard Shadow"(硬投影)选项,选中"Calculate H.S. automatically"(自动解算硬投影)复选框;如果觉得投影边缘太过锐利,可以选中"Softer H.S."(柔化阴影)复选框,然后提高"Radius"(柔化半径)数值,来获得柔和的投影边缘;最后单击"Calculate 3D"按钮,就能看到画面中出现了各结构间的直射投影,如图 4-136 所示。

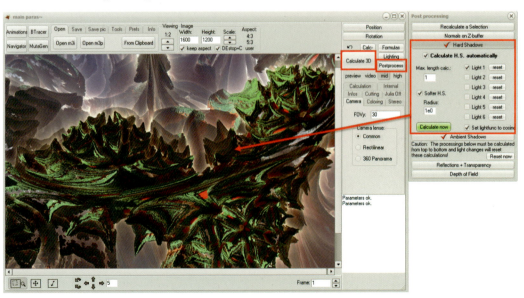

▲ 图 4-136

通过以上步骤我们完成了一个相对完整的 Mandelbulb3D 创作流程，其中涉及的参数比较多，学习时尽量多加练习，将每一个环节实践到位，这样才能在创作中把握住每一步效果的实现。

7. 混合分形实例 02

下面将通过实例继续深入介绍使用 Mandelbulb3D 创建分形的方法。

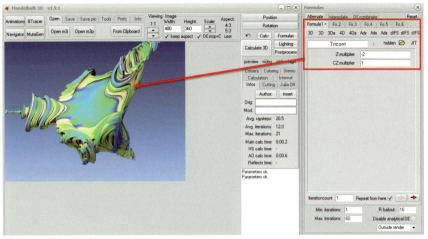

▲ 图 4-137

01 首先，打开 Mandelbulb3D，然后创建第一级分形迭代，在"3D"分形列表中选择"Tricom"迭代公式，然后单击"Calculate 3D"按钮渲染解算，这样就得到了一个基础扭曲结构，如图 4-137 所示。

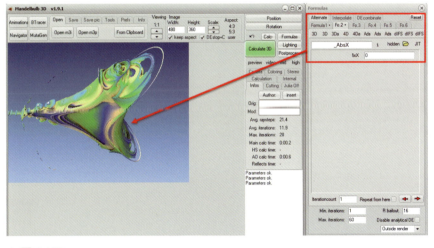

▲ 图 4-138

02 接下来创建二级迭代，在二级迭代面板中创建"Ads"类的"_AbsX"变形迭代，然后解算，这样就产生了二次的细节变化。当前分形结构看上去像一个具有科幻效果的飞船，如图 4-138 所示。

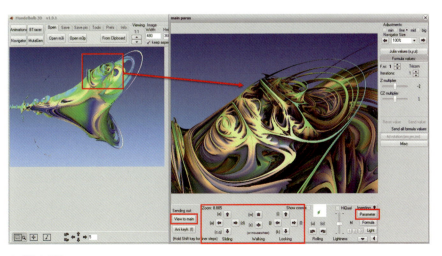

▲ 图 4-139

03 下面进入"导航"面板，探索一个细节较为美丽的区域，确定后可以单击"View to main"按钮输送视图到主画面，这样就完成了一个简单的分形结构，如图 4-139 所示。

04 这时渲染解算主画面，然后打开"灯光"控制面板。在这个面板中有几种常用的灯光预设，单击最后一个纯色预设，这样整个结构就变成了单色，如图4-140所示。

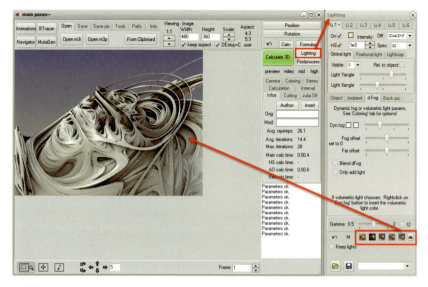

▲ 图 4-140

05 接下来学习如何使用局部灯光来对场景进行照明。默认情况下，整个场景有一个全局照明灯，它是一个无限大的照明系统，就像太阳和地球的关系一样，只有方向可以控制；当我们开启"灯光"面板中的"Positional light"（局部位置光）选项后，"Li.1"全局照明即关闭，接下来需要创建局部光来对场景进行照明，如图4-141所示。

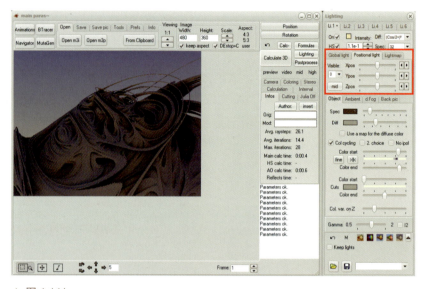

▲ 图 4-141

06 分形世界非常广阔和复杂，单靠参数输入很难定位灯光在某一特定位置位置发生作用，因此在"灯光"面板中提供一个"mid"（居中定位）按钮，单击这个按钮后，就可以再次单击视图中的任意位置放置这个光源，如图4-142所示。

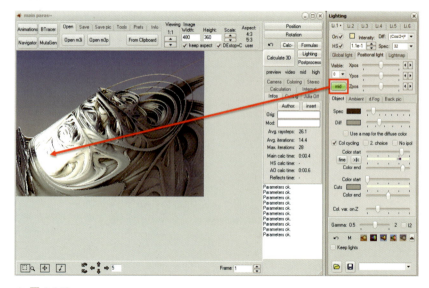

▲ 图 4-142

07 放置灯光后，可以返回"灯光"面板通过"Xpos""Ypos""Zpos"位置滑块进行微调，以重新定位灯光的位置。灯光色彩与亮度调节可以在"Li.1"选项卡中控制，如图4-143所示。

> Tips：使用灯光的"Xpos""Ypos""Zpos"滑块定位时，视图中的灯光会同步更新，但是某些情况下会出现漏光或者位置看上去不正常的情况，需要单击"Calculate 3D"按钮重新渲染。

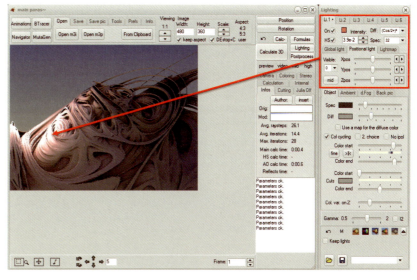

▲ 图 4-143

08 接下来打开二级灯光选项，开启第二个光源并对其进行调节与定位，如图4-144所示。

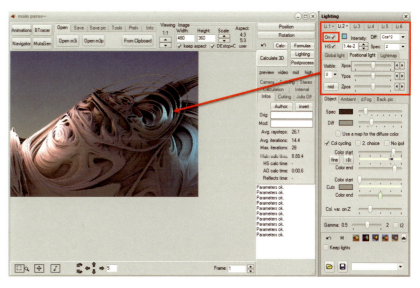

▲ 图 4-144

09 如果需要看见灯光物体的形状，可以在"灯光"面板中设置"Visible"（可见）大小来显示出类似于灯泡一样的光源外形，如图4-145所示。

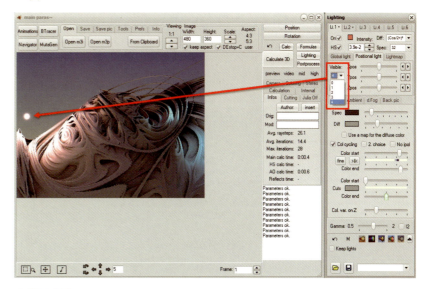

▲ 图 4-145

第四章 分形绘画 | 125

10 下面讲解如何创建体积光特效。进入"d.Fog"面板,其中有两个提示信息,一个是"Dynamic fog or volumetric light params.See 'Coloring' tab for options!"意思是"去色彩控制面板设置动态雾或体积光";另一个提示是"If volumetric light choosen:Rightclick on 'Dyn.fog' button to insert the volumetric light color."意思是"如果指定好了体积光属性,那么在动态雾名称上单击鼠标右键插入这个特效"。这两个提示是一个操作流程,如图4-146所示。

▲ 图4-146

11 接下来进入主面板的"Coloring"(色彩控制)面板,单击"Dyn.fog on it"按钮为所选灯光切换雾气方式为"体积光"方式;然后返回"灯光"面板,在"Dyn.fog"名称上单击鼠标右键,选择"Insert volumetric light color"(插入体积光色彩)命令,这样就为灯光1开启了体积光特效,如图4-147所示。

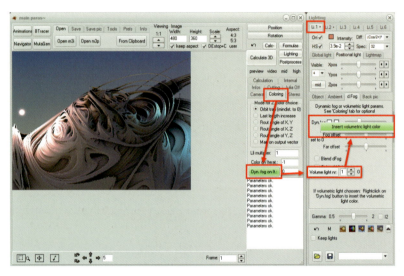

▲ 图4-147

12 接下来单击"Calculate 3D"按钮渲染当前场景,然后返回"灯光"面板继续控制"Dyn.fog"的颜色和强度滑块,就能看到体积光出现了,如图4-148所示,如果还要为其他灯光创建体积光特效,重复以上步骤即可。

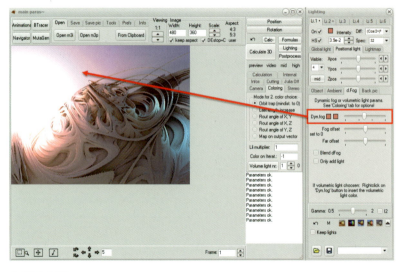

▲ 图4-148

13 接下来重新定位一下灯光的位置，让体积光处于有物体遮挡的区域，然后打开后期面板选中直射投影，最后单击"Calculate 3D"按钮渲染当前场景，就能看到体积光被遮挡后所产生的光束了，如图4-149所示。

Tips：体积光的调节虽然是实时反馈的，但是调节完毕后应该单击"Calculate 3D"按钮对其进行重新解算以获得正确的效果。另外，全局光的体积光开启方式和上述步骤一致；在"导航"面板中不支持体积光预览。

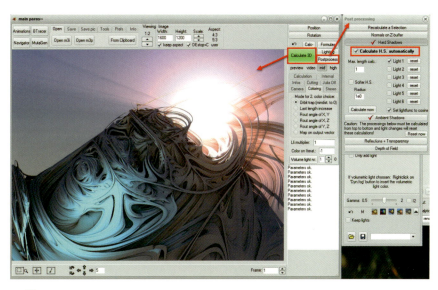
▲ 图4-149

14 创作完成后，可以将场景保存为.m3p文件格式，下次就能打开继续探索了，大家也可以直接打开本书提供的"Shine.m3p"文件查看本例最终设置，如图4-150所示。

▲ 图4-150 本例最终效果

8. 混合分形实例03

下面这个实例将尝试创建一个较大规模的分形场景。

01 打开Mandelbulb3D，在一级分形迭代面板创建"3Da"类的分形公式"ABoxMod1"，这是一个结构巨大的分形，因此默认情况下摄像机在分形结构内部看不到具体图形的生成，如图4-151所示。

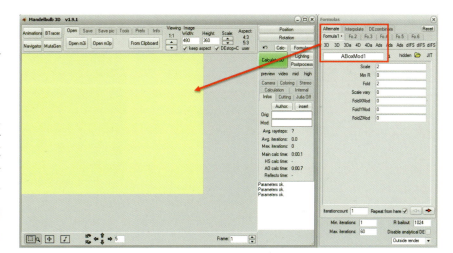
▲ 图4-151

第四章 分形绘画 | 127

02 创建二级分形。在二级分形处创建"3Da"类的"Sierpinski3"分形公式，然后打开"导航"面板读入场景，就能看到画面中出现了巨大的高楼状结构，图中橘黄色区域看上去比较奇怪，这是分形结构的"剪切面"，是由于和摄像机位置相交形成的，可以通过改变相机位置进行修正，如图4-152所示。

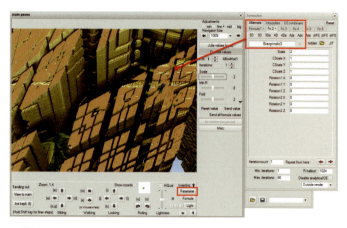

▲ 图 4-152

03 下面在"导航"面板中对一级和二级分形进行参数的调节，同时在画面中导航探索，去搜寻自己感兴趣的结构，不要错过有意思的地方，如图4-153所示。

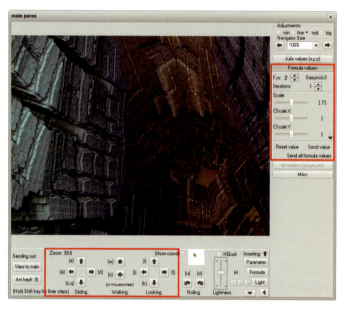

▲ 图 4-153

04 在"导航"面板中打开"Julia mode"（茱莉亚模式）。Julia（Julia集）是由法国数学家Gaston Julia和Pierre Faton研究出的一种"复变函数迭代"公式，是一种典型的分形方式，可以生成极为复杂的分形结构，开启这个模式可以将各级迭代进行更为复杂的运算，以获得更加令人惊叹的细节，如图4-154所示。

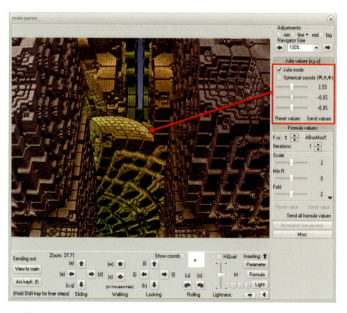

▲ 图 4-154

05 接下来一边修改各级分形参数一边继续探索场景。如果在导航过程中出现远方结构丢失的情况，可以通过增加"导航"面板的"Far plane"（远切平面）来扩充世界范围，增加"FOVy"（摄像机视野）可以扩大摄像机视野范围，设置完成后可以将导航结果发回主视图，如图 4-155 所示。

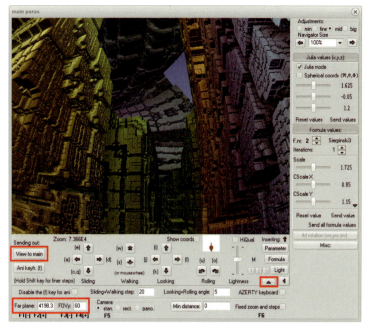

▲ 图 4-155

06 在"灯光"面板中进行颜色的指定，除了可以使用渐变色对分形结构进行上色之外，还能在"颜色"面板中选中"Use a map for the diffuse color"（使用图片作为固有色）复选框，将图片色彩转换到分形物体上，如图 4-156 所示。

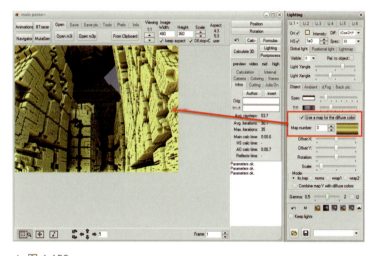

▲ 图 4-156

07 进入"灯光"面板中的"Ambient"设置界面，增加"Depth"的强度，将远处的结构放置在"Depth"色下，这样远景就更"远"了，和近距离的结构形成了良好的层次关系，如图 4-157 所示。

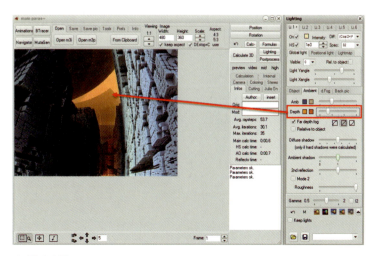

▲ 图 4-157

第四章　分形绘画 | 129

08 接着设置全局光,改变灯光角度和色彩,以符合画面的氛围,如图 4-158 所示。

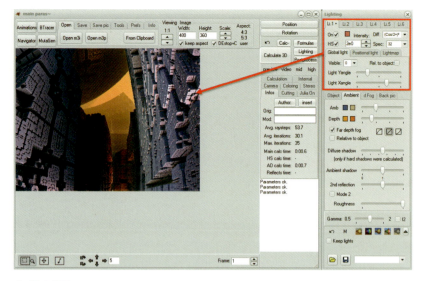

▲ 图 4-158

09 也可以尝试只使用局部光源对画面进行照明,可以开启多个灯光进行配合,如图 4-159 所示;同时还可以加入体积光特效,以增强画面的表现力,确定好自己想要的结果后即可渲染输出大尺寸画面。

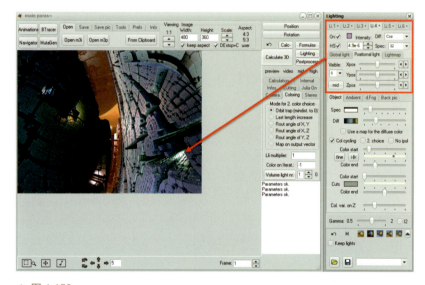

▲ 图 4-159

10 要想查看最终设置,可以打开本书提供的范例文件"Space01.m3p",如图 4-160 所示。

▲ 图 4-160

9. Mandelbulb3D 反射、透明与景深处理

下面通过一个实例来学习使用 Mandelbulb3D 创建反射、透明折射及镜头景深效果的方法。

01 打开 Mandelbulb3D，创建一级分形为"dIFS"类的"YinYangIFS"分形迭代，然后打开"导航"面板，将其"Scale"参数设置为 1.375，这样就得到了一个分形太极结构，如图 4-161 所示。

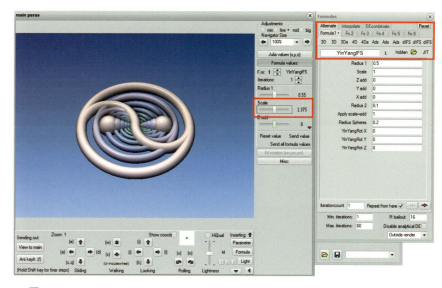

▲ 图 4-161

02 将导航设置传送回主界面，打开"后期处理"面板，找到"Reflection + Transparency"（反射与透明）选项，然后选中"Calculate R.（+T.）automatically"（自动计算反射）复选框，最后单击"Calculate 3D"按钮进行渲染，就能看到物体上产生了反射效果，如图 4-162 所示。

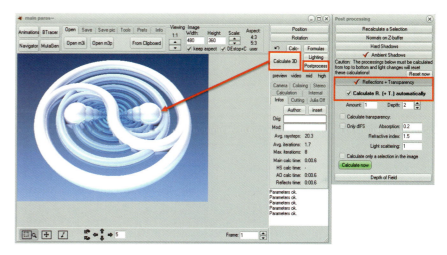

▲ 图 4-162

03 由于当前反射效果较强，可以通过降低"Amount"（反射量）和"Depth"（反射深度）来控制反射的强度及反射深度，如图 4-163 所示。

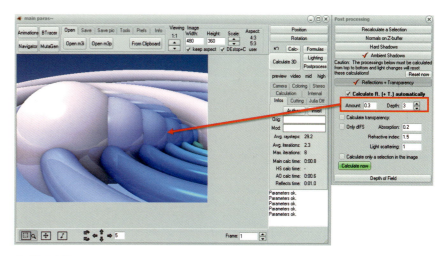

▲ 图 4-163

第四章 分形绘画 | 131

04 将反射的"Amount"设置为"1",然后选中"Calculate transparency"(解算透明)复选框,最后单击这个面板中的"Calculate now"按钮,这样就能看到物体变成了玻璃的质感,如图4-164所示。透明参数设置中的"Absorption"(吸收)用于控制透明物体色彩的亮度;"Refractive index"(折射率)用于指定不同的透明质感,如物理模式下一般玻璃为1.6、水为1.333、钻石为2.417等;"Light scattering"(灯光散射)用于控制透明物体的进光量。

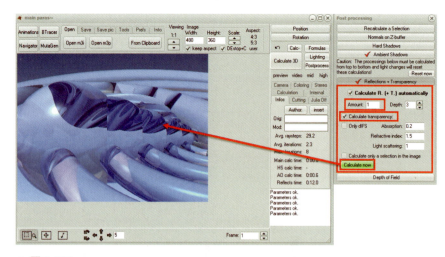

▲ 图 4-164

05 接下来关闭所有反射和透明设置,然后打开"Depth of field"(镜头景深)面板,选中"Calculate DoF automatically"(自动解算景深)复选框,就会看到两个"Get Z"按钮。单击"Get Z1"按钮,然后在视图中的分形结构上单击,指定聚焦的第一个距离,单击"Get Z2"按钮,在视图中指定第二个位置,这样两个"Get Z"之间的区域就会形成清晰区,如图4-165所示,其他位置则出现虚焦效果;"Aperture"(光圈)值越大,虚焦的效果越强烈,如图4-166所示,设置好后单击"Calculate 3D"按钮解算结果。景深效果在表现微观结构时尤其有用,可以产生极其强烈的镜头美感。

Tips:"后期处理"面板中的"Calculate now"按钮一般用于渲染完成后对后期特效的解算,这样就无须整体再次渲染一遍。

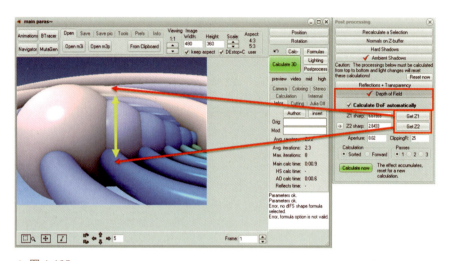

▲ 图 4-165

▲ 图 4-166

10. Mandelbulb3D VR 360 输出

Mandelbulb3D 的 VR 360 输出非常简单，在任意分形场景中，只需要进入摄像机模块，将摄像机模式设置为"360 Panorama"（360 全景），即可渲染输出 Equirectangular 坐标图像，如图 4-167 所示。

▲ 图 4-167

11. Mandelbulb3D 典型实例分享

下面分享一些 Mandelbulb3D 源文件，大家可以自行研究与学习，以加强对 Mandelbulb3D 的理解与掌握。大家可以在本书随书附赠中查看。

Chaos.m3p 的效果如图 4-168 所示。

▲ 图 4-168

Alien planet.m3p 的效果如图 4-169 所示。

▲ 图 4-169

第四章　分形绘画　| 133

Canyon 的效果如图 4-170 所示。

▲ 图 4-170

Scientific abstraction.m3p 的效果如图 4-171 所示。

▲ 图 4-171

Love.m3p 的效果如图 4-172 所示，解算速度较慢。

▲ 图 4-172

Crazy land.m3p 的效果如图 4-173 所示。

▲ 图 4-173

Dream city.mp3 的效果如图 4-174 所示。

▲ 图 4-174

五、分形与数字绘画的结合

通过对分形创作技术的学习,我们掌握了一种精美绝伦且极具独特风格的图形创作方式,在绘画的创作过程中,可以通过结合这种随机性极高的艺术来帮助我们打开创作思路,提升作品的艺术个性,以及辅助完成各种特殊效果的营造等,是一种极其特殊和高效的视觉效果辅助手段。在下面的实例分析中,将介绍它们和 Photoshop 结合的创作过程。

1. 实例分析 01

01 创作初期,首先通过 Chaotica 生成某种分形结构,不一定是某种特定性的结构,可以按照随机效果来决定下一步该如何创作,这也是分形创作的有趣之处,从想好再画变成了画好再想,如图 4-175 所示是随机生成的一个类似星云的背景图。

▲ 图 4-175

02 从随机生成的这个场景来看,刚好是一种宇宙主题的风格,那么接下来的创意就以星球为主,在 Photoshop 中通过绘画或者素材合成来添加这些元素,如图 4-176 所示。

▲ 图 4-176

03 目前场景比较空，我们通过分形结构来获取一个角色创建的依据，通过图中随机所生成的图像，可以考虑使用局部结构来作为创意的基础，如图4-177所示。

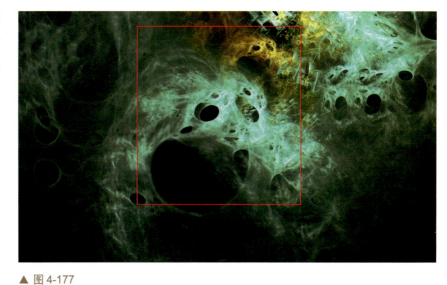

▲ 图 4-177

04 接下来根据这个基础结构绘制出一个角色造型，这样就能随心所欲地去表达，而不会陷入某一种思维模式中，让创作过程更加有趣和自由，如图4-178所示。

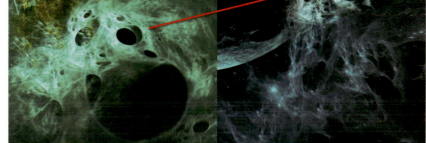

▲ 图 4-178

05 接下来深入刻画细节，我们可以沿着分形结构来处理结构变化，这样可以更好地将手绘元素融合到自然分形结构中，如图4-179所示。

▲ 图 4-179

第四章 分形绘画 | 137

06 再继续创建一些分形元素来丰富画面的特效，将其以图层方式叠加到底层画面中，如图4-180所示。

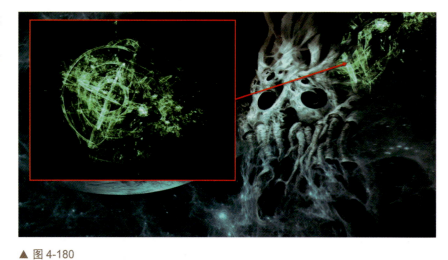

▲ 图4-180

07 接下来融合更多元素，如图4-181所示。

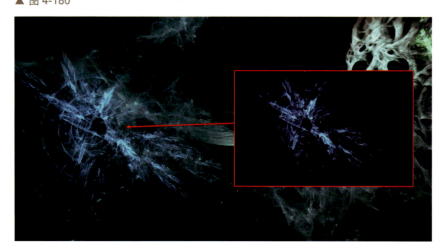

▲ 图4-181

08 接着绘制前景山地结构，以丰富画面的层次关系，如图4-182所示。

▲ 图4-182

09 最终完成整个画面，如图 4-183 所示。

10 大家可以打开随书附赠中提供的 "Light Storm.psd" 源文件进行研究和学习。

▲ 图 4-183

2. 实例分析 02

下面通过这个实例的快速流程来重复以上创作过程。

01 在 Chaotica 中创建随机分形结构，并思索创意，如图 4-184 所示。

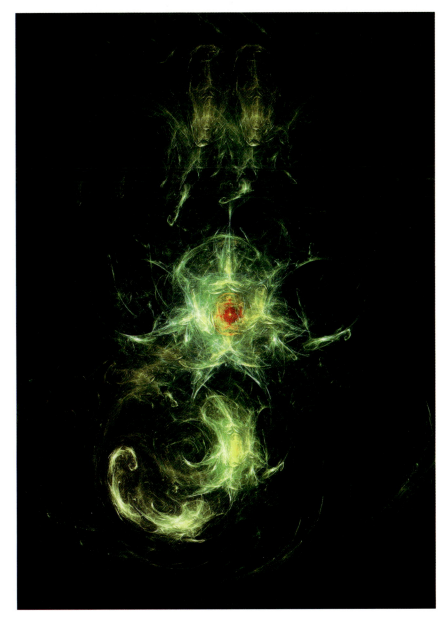

▲ 图 4-184

02 根据分形结构的走势来设计和绘制场景内容，如图 4-185 所示。

▲ 图 4-185

03 深入刻画细节，如图 4-186 所示。

▲ 图 4-186

04 继续创建随机素材叠加背景，如图 4-187 所示。

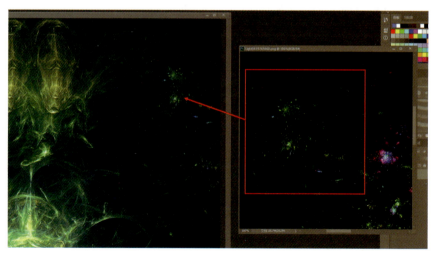

▲ 图 4-187

05 绘制主要角色结构,注意绘画元素和分形结构的配合与融合,如图4-188所示。

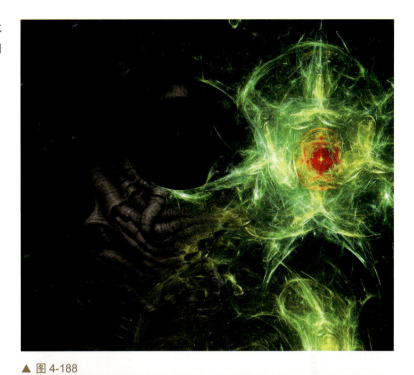

▲ 图4-188

06 继续深入刻画主细节,如图4-189所示。

▲ 图4-189

07 继续合成分形特效,如图4-190所示。

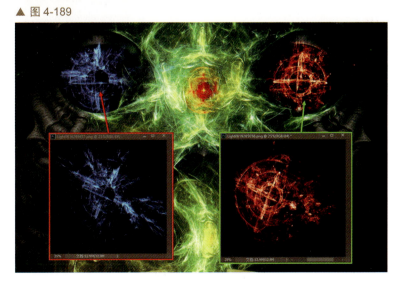

▲ 图4-190

08 继续绘制画面配景，如图 4-191 所示。

▲ 图 4-191

09 完成的效果如图 4-192 所示，大家可以打开随书附赠中提供的最终文件"Cat planet.png"进行查看。

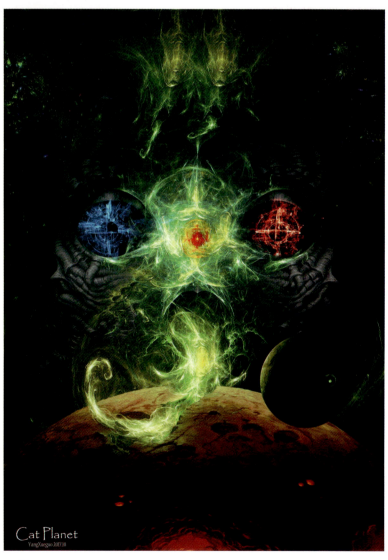

▲ 图 4-192

如图 4-193 所示的这个实例也是通过同样的创作方式实现的。

▲ 图 4-193

3. 实例分析 03

下面通过实例快速分析 Mandelbulb3D 创建的分形元素在绘画中的结合使用。

01 首先，使用 Mandelbulb3D 创建出一些独立的分形结构，如图 4-194 所示。

▲ 图 4-194

02 然后使用 Mandelbulb3D 创建一个随机性基础场景，注意独立元素的光照方向要和场景统一，如图 4-195 所示。

▲ 图 4-195

03 接下来绘制远方的背景结构，如图 4-196 所示。

▲ 图 4-196

第四章　分形绘画 | 143

04. 使用画笔修饰画面，一方面添加新结构，另一方面用画笔处理三维部分不自然的过渡衔接等，如图4-197所示。

▲ 图 4-197

05. 合成独立分形元素到主画面，如图4-198所示。

▲ 图 4-198

06. 继续合成各种元素以丰富构图，不自然的地方使用笔刷或者擦头进行修饰，如图4-199所示。

▲ 图 4-199

07 使用 Chaotica 生成各种 2D 分形光效素材，以对特效部分进行合成，采用"增亮"图层叠加模式就能产生发光的效果，不需要的地方直接使用擦头擦除即可，如图 4-200 所示。

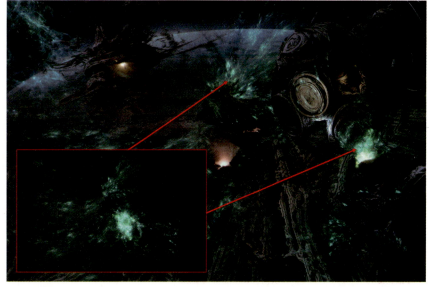

▲ 图 4-200

08 继续深入合成和绘制细节，如图 4-201 所示。

▲ 图 4-201

09 完成的效果如图 4-202 所示。大家可以打开随书附赠中提供的"Temple of God.psd"文件查看最终效果及制作过程。

▲ 图 4-202

第四章　分形绘画 | 145

通过上述分享过程我们学习了一种"随机性"的创作过程,通过随机分形来确定一幅作品的风格与主题,在日常的创作中可以深入研究这种有趣的创作方式,对于提升绘画的技法和思维都有着重要的意义,学习时一定要循序渐进,勇于尝试。

4. 分形在 Painter Image Hose 绘画中的运用

Painter 是一个专业的数字绘画软件,其主要功能和 Photoshop 类似,在常规的绘画过程中,两个软件都能很好地完成从传统绘画模拟到各类型数字绘画等工作,比如油画、国画、水彩画、特效绘画等,都是以创建不同形式的画笔来实现不同绘画效果为主的。但是在 Photoshop 中,一直以来缺失的一个重要模块就是关于使用"Image Hose"(图像印章画笔)进行绘画的功能,Image Hose 是直接截取图像信息并转变为画笔作画的模块,即直接使用具体图像的形状及色彩进行作画,在 Photoshop 中我们只能截取图像的灰度信息(Alpha)作为画笔的结构,而在 Painter 中,除了可以截取图像的灰度信息,还可以截取图像的色彩信息(如图 4-203 所示)作为画笔,这个功能在结合分形及其他元素进行作画过程中极为重要。同时,还可以运用 Painter 的"声音控制"模块将音乐节拍用于画笔的属性控制,根据乐曲的节奏产生相应的笔触效果,非常有趣。通过对 Photoshop、Painter Image Hose 画笔、音乐控制、分形 4 种方式的有效结合,可以获得非常丰富且有趣的全新创作体验。

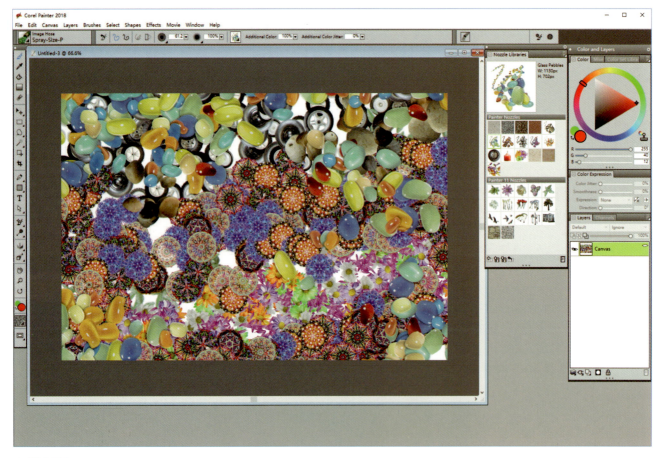

▲ 图 4-203

(1)创建单个 Image Hose 画笔实例

接下来这个实例将介绍如何将分形元素导入 Painter 并创建 Image Hose 画笔工具。

01 首先使用分形方式创作一些结构较为完整的图像素材或者使用随书附赠中"Image Hose 笔刷素材"文件夹中提供的"10.png"文件。使用 Photoshop 打开这个图片,如图 4-204 所示。

> Tips:导入图像的大小决定了 Image Hose 画笔的尺寸,过大的图像会降低画笔运行效率,1000 像素左右的图像较好,过大的像素需要降低,根据需要来设置。

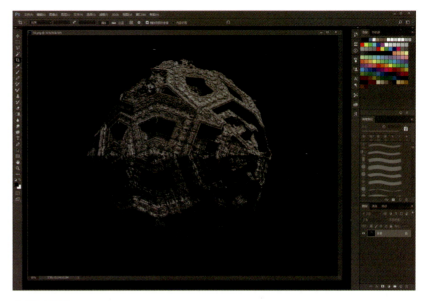

▲ 图 4-204

02 接下来双击"背景"图层,使其变成普通图层,然后选择黑色背景并删除,这样就只留下了分形结构,然后将这个图片保存为 PSD 格式的图像,如图 4-205 所示。

▲ 图 4-205

03 打开 Painter(本例以 Painter 2018 为例),在"文件"菜单中选择"存储"命令,打开刚才保存的这张 PSD 图像,系统会自动将其变为一个图层,如图 4-206 所示。

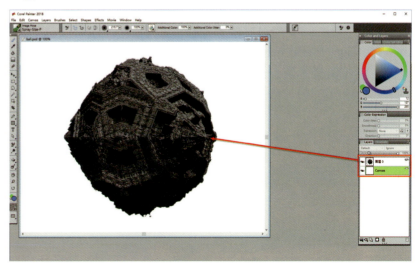

▲ 图 4-206

第四章 分形绘画 | 147

04. 接着在"layer"（图层）面板中选择"图层0"，按下快捷键Ctrl+G将其划分为一个组，如图4-207所示。

▲ 图 4-207

05. 选择"Windows"→"Media Library Panels"→"Nozzles"命令，打开"Nozzles"（图像印章库），这就是画笔的造型库，如图4-208所示。

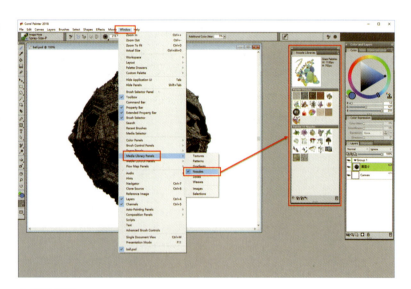

▲ 图 4-208

06. 选择"Group 1"图层组，在"Nozzles"库面板的菜单栏中选择"Make Nozzle From Group"（从图层组制作图像印章）命令，这样就将当前层转换为了一个Nozzle图像，如图4-209所示。

▲ 图 4-209

CG 思维解锁：数字绘画艺术启示录 | 148

07 选择"文件"→"存储为"命令,将这个转换完的图像保存为 RIF 格式,如图 4-210 所示。

▲ 图 4-210

08 在 Painter 中新建一个画布,尺寸任意;然后在画笔库中选择"Image Hose"画笔,笔触形式使用"Linear-Size-P Angle-B",如图 4-211 所示。

▲ 图 4-211

09 返回"Nozzle"库面板,在工具栏中选择"Load Nozzle"(载入印章画笔),打开刚才保存的 RIF 格式的图片,这样就可以直接在新画布中绘制出这个分形图案了,如图 4-212 所示。

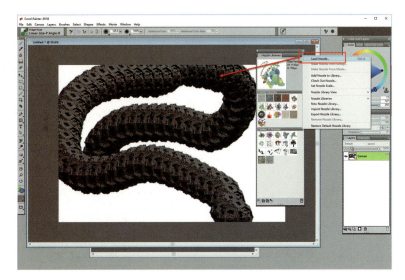

▲ 图 4-212

第四章　分形绘画 | 149

10 转化为 Nozzle 画笔后可以保留原始图像的所有信息，在绘画中可以通过这个方法得到各种具体图像的结构与色彩，无论是绘制具体图形，还是绘制纹理及特效都极为有用。但是当前画笔的排列方式不够自然，可以使用笔触预设或者在画笔面板中对间距、尺寸、角度等属性进行控制，具体设置和在 Photoshop 中是一样的，如图 4-213 所示。

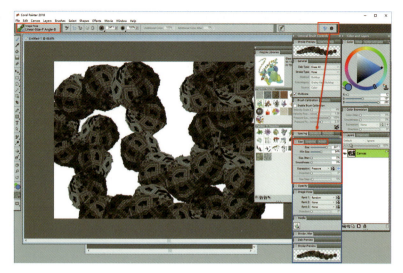

▲ 图 4-213

11 在 Nozzle 库面板中选择工具栏中的"Add Nozzle to Library"（添加到预设库）命令，就能将这个画笔保存到库中，方便随时调用，如图 4-214 所示。

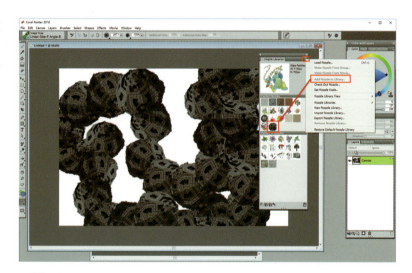

▲ 图 4-214

（2）创建多重 Image Hose 画笔实例

下面学习创建多重 Image Hose 画笔。

01 首先，在 Photoshop 中拼接一组多重分形图像，注意每一个图像要成为一个独立的图层，如图 4-215 所示。

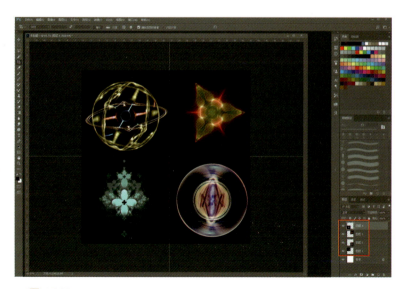

▲ 图 4-215

02 接着需要去除所有图层的黑色背景，只保留图像的具体结构。我们可以将当前分层图保存为一个 PNG 副本，并在 Photoshop 中再次打开这个 PNG 图片将其进行去色处理，然后适当提高一些黑色背景的对比度，将其复制粘贴到分层图像的 Alpha 通道，如图 4-216 所示。

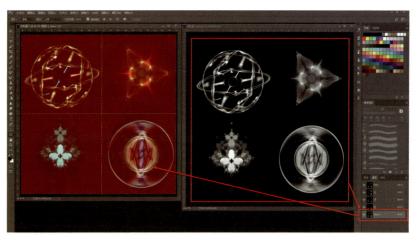

▲ 图 4-216

03 按住 Ctrl 键单击分层图像的 Alpha 通道，这样就能同时选中所有图形的白色区域，然后按下快捷键 Ctrl+Shift+I 进行反选，依次删除各层的黑色区域，这样就完成了抠像，最后将这个图像保存为 PSD 格式的文件，如图 4-217 所示。

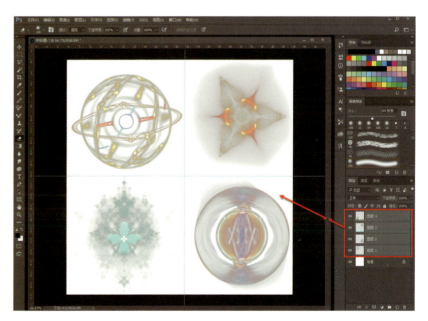

▲ 图 4-217

04 返回 Painter，打开刚才保存的 PSD 文件，将所有分形图层组合成组，然后指定图层组为 Nozzle 图像，如图 4-218 所示。

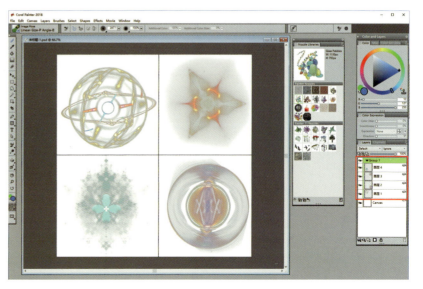

▲ 图 4-218

第四章 分形绘画 | 151

05 通常情况下，透明多层图像指定为 Nozzle 图像后会留下很多黑边，需要使用纯白色画笔或者方形图形工具进行擦除，以保证图形的结构不被黑色线条破坏，清理干净后将这个图像保存为 RIF 格式的文件，如图 4-219 所示。

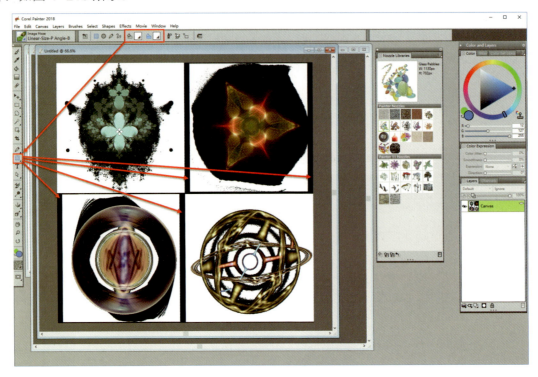

▲ 图 4-219

06 选择"Image Hose"画笔，在"Nozzle"库面板中载入刚才保存的 RIF 文件就能得到随机分布的多重 Image Hose 画笔，如图 4-220 所示。

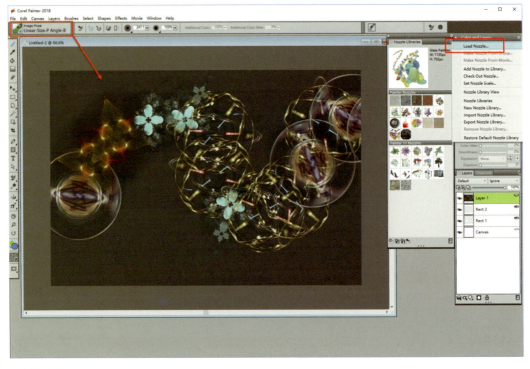

▲ 图 4-220

07 多种图案的排列方式可以在笔刷设置面板的"Image Hose"下找到,如图 4-221 所示。

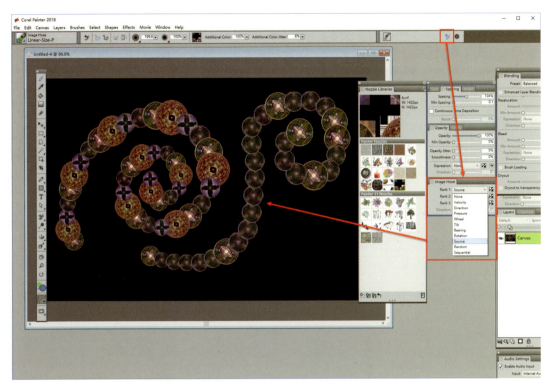

▲ 图 4-221

08 通过以上方式可以转换任何图形为 Image Hose 画笔,在各种类型的艺术创作当中运用这种独特的方式可以获得无与伦比的画面表现,如图 4-222 所示。

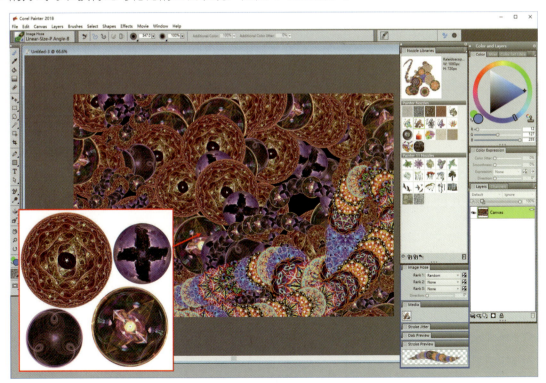

▲ 图 4-222

（3）Image Hose 画笔的音乐控制实例。

在接下来的实例中将介绍如何结合音乐控制模块来对 Image Hose 画笔进行绘画上的控制。

01 在 Painter 中，有一个音频输入模块，选择"Window"→"Audio"→"Audio Setting Panel"命令，开启这个面板。如果选中"Enable Audio Input"（开始音频输入）复选框，即开启了声音输入功能；"Input"（输入方式）有"Microphone"（外部话筒）和"Internal Audio"（计算机内部声音）两种；话筒方式，即我们可以使用话筒来输入声音，如话语、音效、歌曲等，我们可以一边歌唱一边画画；计算机内部声音，即使用任意音乐播放器播放的声音或歌曲来对绘画进行控制，如图 4-223 所示。

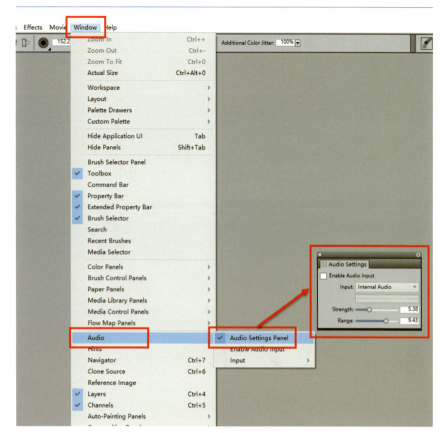

▲ 图 4-223

02 在 Painter 的画笔及色彩等设置面板中，很多参数都有"Expression"（表达式控制）模块。通常情况下，表达式控制会以数位笔的压感、倾斜度、角度、方向等方式来控制笔触的变化，在其右侧有一个"小喇叭"图标，单击后变为蓝色，即开启了音频控制，声音或乐曲的节拍轻重及节奏变化可以直接影响到这个属性，如图 4-224 所示。

▲ 图 4-224

03 找到随书附赠中提供的原创音乐专辑"Sudden",其中提供了9首不同风格的原创乐曲,我们可以使用自己喜欢的音乐播放器来播放这些曲目,如图4-225所示。

04 接下来一边播放音乐一边开启Painter的声音输入控制。声音控制面板中的"Strength"(强度)滑块用于控制输入声音的强度,调节时要根据具体乐曲观察音量槽的色彩变化,绿色节奏清缓,红色节奏强度高,即在控制画笔的某一属性时绿色为小数值,红色为大数值;"Range"(值区域)用于限制数值的整体范围,即最小和最大值的总量;Strength的变化落差越大,笔刷的属性变化就越明显,Range值越高,笔刷的变化幅度也越高,如图4-226所示。

▲ 图 4-225

05 接下来以笔刷尺寸调节为例学习音乐节拍控制的基本方法。首先播放"Sudden"这首曲子,进入"Size"(笔刷尺寸)控制面板,将"Size"设置为"150"左右;将"Min Size"(最小尺寸)设置为"5%"左右。然后开启声音控制,将"Strength"设置为"2.18"左右,将"Range"设置为"9.43"左右,表达式可以选择"None"(无);当乐曲进行到30秒至1分钟这个阶段时,匀速地在画布上运行画笔就会看到画笔的尺寸随着音乐节拍的轻重产生了自动的大小分布,如图4-227所示。

▲ 图 4-226

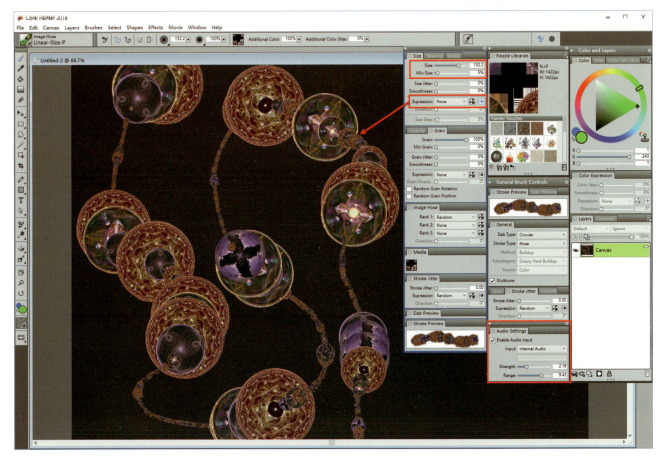

▲ 图 4-227

第四章 分形绘画 | 155

06 将画笔尺寸适当降低,然后开启"Stroke Jitter"(笔触抖动)的声音控制,继续播放音乐进行绘制就能看到画笔在重节拍处产生了分散效果,如图 4-228 所示。

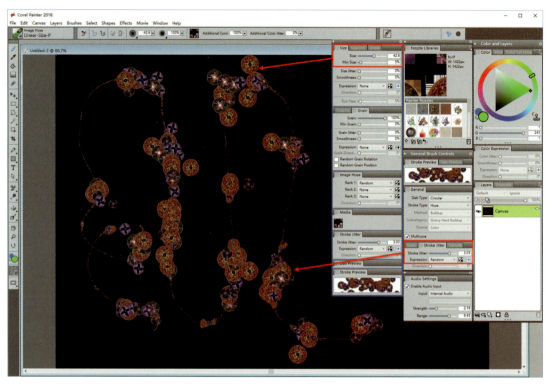

▲ 图 4-228

07 在"Opacity"(不透明度)面板开启音频和"Random"(随机)双重控制,绘画时音乐节奏弱的位置笔触透明度会自动降低,同时整体也随机产生了透明度变化,如图 4-229 所示。

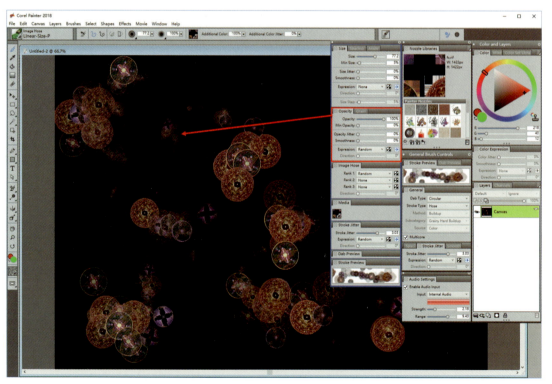

▲ 图 4-229

08 掌握以上控制技术后就可以随心所欲地创建任何类型的 Image Hose 画笔进程结合音乐的创作了，如图 4-230 所示。

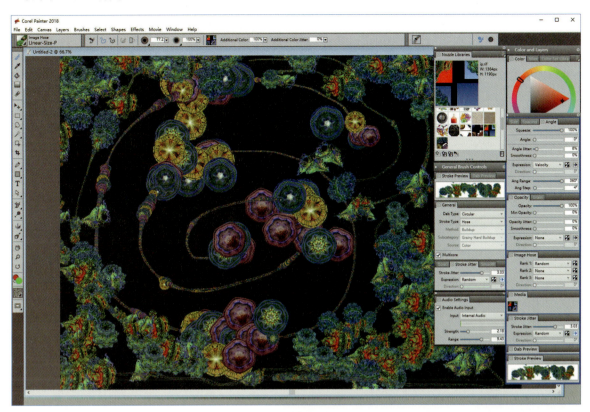

▲ 图 4-230

六、总结

　　分形是一种极为有趣的图像塑造方式，在我们日常的绘画创作当中，可以将它作为一种独特的手段结合到各种类型和各种风格的创作当中，可以为作品带来无与伦比的独特性与创造性。我们需要积极开动脑筋，开放思维，大胆地去进行各种创作实践，为创作带来无限的可能性。

第四章　分形绘画 | 157

第五章

数字绘画与3D技术

一、数字绘画中的 3D 技术

　　3D 技术在数字绘画中一直扮演着一个非常特殊的角色,传统意义上的数字绘画几乎与它"无关",这是传统思维模与技术下的一般认识。随着图形科技的迅猛发展,"绘画"这个过程已经不再只是被传统插画、概念设计、原画等领域独占,其运用已经发展到了各行各业及各种流程当中,其表现形式与实施途径也多种多样,如动画电影设计、游戏设计、建筑景观表现、产品开发等,甚至对绘画的学习及创作辅助等 3D 技术都发挥着自己独特的优势,对于提升创作品质、加快创作效率有着不可替代的重要作用,如图 5-1 所示。

▲ 图 5-1

二、3D 辅助技术分类

1. 3D 角色虚拟辅助技术

（1）Anatomy 360

Anatomy 360 是数字绘画创作过程中非常有用的一种参考素材创建技术，运用 3D 软件来生成逼真的辅助性模型，以此解决绘画中关于透视与构图、人物结构、人物姿势、场景布局、光影色彩等难点问题，灵活地运用此项技术，可以极大地提高数字绘画的速度，弥补绘画能力的不足，同时还能运用此项技术研究光影与色彩，以及透视解剖等问题，使之成为一种高效的学习手段，如图 5-2 和图 5-3 所示为 Anatomy 360 虚拟模特系统，用于参考人体结构与光影。

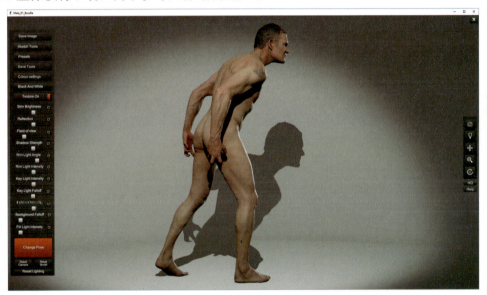

▲ 图 5-2

▲ 图 5-3

（2）Design Doll

Design Doll 是深受画家们喜爱的一款专门用于姿势模拟的 3D 参考系统，可以自定义各种人体姿势，在角色创作过程中极为有用，尤其是非写实风格的人物，如图 5-4 所示。

▲ 图 5-4

（3）Poser

Poser 是专业的 3D 人物、动物、姿势、服装、表情、发型等设计制作软件，这个系统提供了非常广泛的人体模型结构，然后通过非常简单的操控来让艺术家自定义自己需要的角色原型，同时在动物创建和其他方面也有着不错的功能，其生成的 3D 结构可以直接用于 3D 相关创作，也可以作为数字绘画中的参考素材包来使用，如图 5-5 所示。

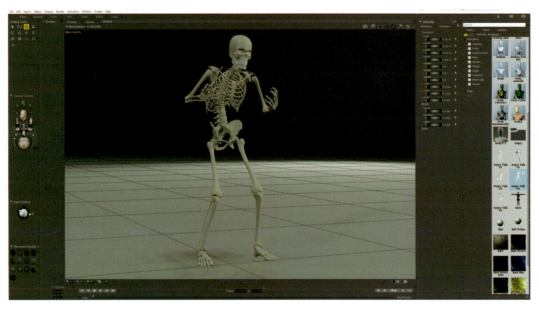

▲ 图 5-5

2. 3D 场景虚拟辅助技术

3D 场景虚拟辅助技术指通过场景类生成系统，帮助人们快速创建逼真的自然景观元素，其中包含较为复杂的技术手段，如各类地形生成系统、各类植被生成系统、实景捕捉系统等。无论是在数字绘画还是在电影游戏的创作当中，3D 场景虚拟技术属于一种极为重要的辅助手段之一，灵活运用此项技术可以极大地提高绘画或者各类 3D 创作的质量与效率，如图 5-6 所示为通过 3D 场景虚拟技术实现的画面效果。

▲ 图 5-6

（1）World Machine

World Machine 是专业的地形模拟软件，当需要绘制或者创建壮丽的山川地貌时，使用它可以快速地随机生成带有逼真地貌纹理结构的山峰或者峡谷，而且还能输出各种类型的地形贴图。对于场景绘画来说，如何正确地理解地形地貌特征，研究其形成的规律，包括不同地形的结构特征等，都起到了极为重要的帮助作用；对于纯 3D 制作，它生成的地形结构可以直接使用，其逼真的结构与纹理可以快速地塑造出精美绝伦的 3D 场景，极大地加快了人们的创作效率，如图 5-7 所示为通过 World Machine 辅助生成的场景绘画。

▲ 图 5-7

（2）Flora3D

Flora3D 是一个快速植物仿真系统，使用它可以快速地生成各种植物 3D 模型，在数字绘画辅助中，使用它可以创建各式各样的植物画笔；在 3D 制作中，可以直接使用它生成的植物模型进行场景仿真，如图 5-8 所示为使用 Flora3D 创建的 Photoshop 植物画笔。

▲ 图 5-8

（3）PhotoScan 3D 照片重构

PhotoScan 可以帮助人们轻而易举地将现实中的元素还原为 3D 模型结构，然后运用这些元素服务于绘画或者 3D 影视和游戏制作。重构后的元素可以在后期重新定义视角和照明，而我们所需要的扫描设备只是一部可以拍照的智能手机。这是一种革命性的图像反求技术，无论是大型的场景，还是生活中的小物件，理论上都可以通过照片重构变成可用的 3D 模型，运用面极为广泛，如图 5-9 所示为通过 PhotoScan 重构技术创建的逼真地形场景。

▲ 图 5-9

3.PBR 绘画技术

（1）Substance Painter

PBR（Physically Based Rendering）物理绘图是现今极为重要的一种新型绘画技术，其技术原理是通过物理化的方式来对 3D 模型进行上色，绘画过程不再只是对色彩进行绘制，还能对物体的反射、折射、半透明、发光等属性进行绘画处理，以此得到接近真实世界的视觉效果。PBR 绘画在电影及游戏或实时交互等领域有着重要的作用，其代表软件 Substance Painter 的出现定义了一种全新的作画理念，通过传统影像处理和现代新技术的结合，可以让我们的创作手段达到一个前所未有的高度，如图 5-10 所示为通过 Substance Painter PBR 绘画实现的高品质画面表现。

▲ 图 5-10

（2）实时 3D 引擎

传统方式的 3D 图像渲染输出是一个漫长而不直观的过程，例如，在 3ds Max 或者 Maya 中，为了得到高品质的画面往往需要付出大量的精力去研究学习和长时间的渲染等待，包括 3D 分形这一类图像也是如此。如今随着游戏产业的高速发展，出现了"引擎"和"实时"的概念，图像的获得不再是传统的方式，大量的系统开始构建在"GPU"（计算机图形处理器）这样的运算方式上，也就是图像显卡运算取代了"CPU"（计算机核心处理器）运算方式，"实时渲染"即"所画即所得"，在大量的 PBR 绘画过程中我们都会采用"引擎"作为输出的主要平台，如大名鼎鼎的"Unreal"和"Unity3D"，在数字绘画领域也需要结合引擎来对无论是 3D 软件创建的模型元素还是 PBR 绘制的效果进行实时渲染输出，以在最快的时间内获得自己想要的图像元素。在结合数字绘画这个领域中，常用的实时渲染引擎为 Marmoset Toolbag，如图 5-11 所示。

▲ 图 5-11

三、3D 技术相关的基础概念

在学习具体的 3D 应用技术之前，需要对 3D 相关的概念进行梳理，以帮助大家更好地理解 3D 技术的工作方式及运用流程。

1. 模型

在 3D 世界中，模型是由点、边、面构造而成的立体结构，由于在计算机世界中并不存在真正意义上的"曲面"，因此如果要获得比较圆润的模型，就需要大量的直线网格来作为模型结构的基础，如图 5-12 所示为低面（网格数）模型与高面模型。

▲ 图 5-12

通常情况下,模型结构是由"三角面"构造而成的,但是在其他情况下,模型也可以是由"四边面"或者"多边面"构造而成。在实际运用中,我们会以"四边面"模型为主要标准,这是因为在 3D 流程制作中,四边面模型可以获得比较规整和圆润的细节造型,尤其是需要制作动画的模型结构,如图 5-13 所示。

▲ 图 5-13

模型的网格数决定了模型的细节程度,但是越密集的网格,计算机的运算负载会越高,一般达到百万级别的网格数,计算机的运行效率就会明显下降,如果达到千万级,配置较低的计算机就容易停止响应或者死机,严重影响制作,因此模型的面数在不影响视觉的前提下必须合理控制,如与视点距离较远的模型可以使用低面,较近距离的使用高面,合理分配,如图 5-14 所示。

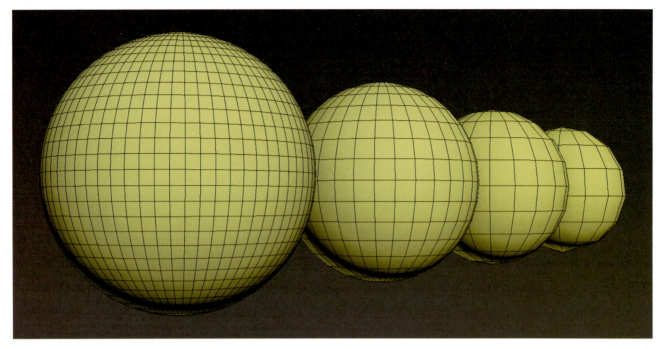

▲ 图 5-14

2. 拓扑结构

生成模型的手段多种多样,可以是多边形建模方式、3D 雕刻方式或者照片扫描重构方式。在创建模型的过程中,我们往往会因为细节的需要不断地增加模型的网格数来获取足够的信息量,尤其是照片重构方式的模型,系统会根据扫描的需要自动创建足够多的网格来还原物体结构。这不但会造成计算机运行效率的降低,还会产生很多构造不合理的布线,因此在实际制作过程中,需要对模型进行合理化布线控制,称为结构的"拓扑"。拓扑一方面可以对高面数模型进行合理化布线,一方面可以降低网格的数量,以此达到合理化运用,如图 5-15 所示为高面数模型拓扑为低面数模型。

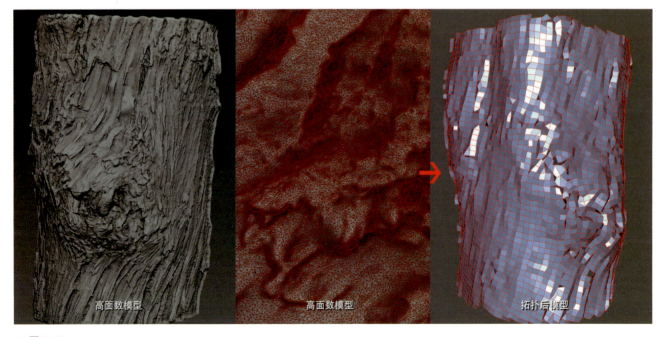

▲ 图 5-15

3. UV

当模型创建完毕后需要赋予模型色彩和纹理，但是 3D 空间和 2D 图像之间并不能直接产生联系，因此需要经过一个特殊的 3D 转 2D 的过程，称为"UV"，其原理是将 3D 立体结构在"U"（横向）和"V"（纵向）展开铺平，然后将 2D 纹理投射在其上，最后再还原为 3D 立体结构，这样 2D 图像就能"贴"到 3D 模型上了，因此这是非常重要的一个中间环节，专门用于定位 2D 图像到 3D 模型结构，这个过程称为"UV 展平"或者"UV 拆分"，如图 5-16 所示为 3D 模型 UV 拆分与贴图绘制示意图。

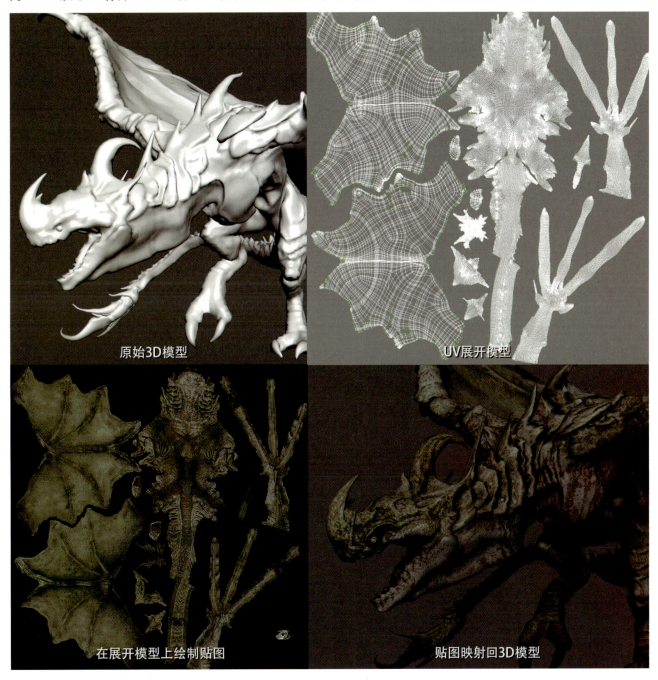

▲ 图 5-16

4. 贴图与 PBR 材质

3D 模型最终效果的品质由其材质表现来决定，材质效果的塑造又和不同贴图"通道"的处理有关，可以这样理解，材质是由一系列不同贴图共同组合完成的结果，其遵循一定的物理原则，因此对于各种贴图通道的理解和运用直接关系到最终画面的效果，如图 5-17 所示为不同贴图通道组合下的材质变化。

▲ 图 5-17

（1）Diffuse/Albedo/Base Color（漫反射 / 无光影贴图 / 基础色）贴图

Diffuse/Albedo/Base Color 基本属于同一种贴图，它描述的是一个物体在没有直射光情况下所反映出来的基本色，在绘制或者生成这类贴图的时候需要注意，除了要准确地描绘物体的基本色之外，还需要在使用图片素材进行合成的时候去除所使用素材上的光影结构，保证输出的是只包含单纯色彩信息的图像，如图 5-18 所示。

▲ 图 5-18

（2）Roughness（粗糙度）贴图

Roughness 贴图定义的是物体表面的反光与反射，这个贴图必须是一个"灰度"图像，也就是只有黑白关系。在这个贴图中，黑色代表光滑，白色代表不光滑，灰色处于中间，因此 3D 模型看上去光滑与否，取决于在绘制这个贴图的时候黑白关系控制得好坏。Roughness 所指的光滑在实时渲染模式下会自动产生反射效果，也就是高光与倒影，所以如果想得到的是一个完全反光的质感，只需要把这个贴图处理成纯黑色即可，如图 5-19 所示为 Roughness 贴图控制物体反光变化示意图。

（3）Normal（法线）贴图

Normal 贴图从字面上不太好理解其具体的含义，这是一种特殊的彩色图像，如图 5-20 所示为法线贴图示意图，其色彩结构分别由 4 种颜色所构成，每一种色彩负责遮蔽或显示灯光效果，比如红色区域受光照亮后，绿色和蓝色负责遮蔽光照形成阴影，这样在模型上就形成了"假"的照明区域，产生了"假"的结构特征，这就是法线贴图的工作原理。

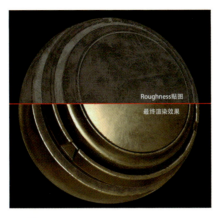
▲ 图 5-19

▲ 图 5-20

法线贴图是模拟还原光照结构的重要贴图类型，在将高面数模型转换为低面数模型后，由于网格数量降低，模型上的很多细节会丢失，如果将这些细节结构转换为法线贴图，那么在低面数的模型上也能正确还原这些细节，这样就能保证图像最终的细节品质了。除此之外，在绘画时采用法线贴图这种原理来进行绘画，可以在不增加任何网格的前提下

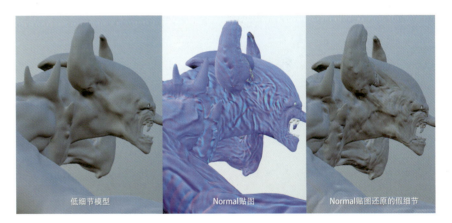
▲ 图 5-21

为模型增添足够多的细节，以保证计算机在高效率工作的同时还能提升模型的细节表现，在各种引擎实时渲染的过程中，法线贴图具有极其重要的作用，如图 5-21 所示为 Normal 贴图还原出的"假"光照细节。

（4）Height/Displacement（高度/置换）贴图

Height/ Displacement 贴图用于定义真实的深度信息，其贴图格式为"灰度"图像，一般为 16 位的色彩深度。在 Height/ Displacement 贴图控制下，白色代表"凸起"，"黑色"代表下陷，"灰色"处于中间，在这三个色彩控制下模型会产生真实的凸起和下陷变化，以此获得真实的模型结构的变化。Height/ Displacement 贴图常用于表现近距离物体的极致细节，相比 Normal 贴图所生成的"假细节"，Height/ Displacement 产生的凹凸起伏是真实的模型结构变化，在电影级的制作中极为重要，如表现有足够细节的地形、生物表面结构、逼真的植物外表、浮雕效果等，可以最大限度地提供足够的细节，但是其计算速度较慢且所耗费系统资源较多，在绘画应用中可以酌情运用，如图 5-22 和图 5-23 所示。

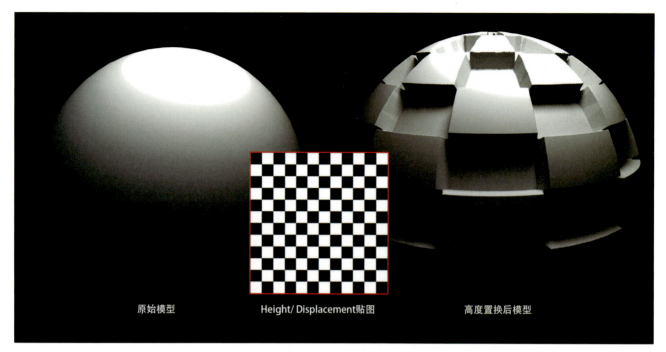

▲ 图 5-22

▲ 图 5-23

（5）Metalness（金属光泽）贴图

Metalness 贴图用于控制物体表面是否产生金属质感，这也是一种"灰度"控制贴图。在这个贴图中，"白色"代表产生金属化光泽，"黑色"代表无金属光泽，"灰色"处于中间，金属化的质感其实就是削弱"固有色"，强烈地突出暗部和高光反射。这个贴图常用于表现金、银、铜、铁等金属质地，如图 5-24 所示。

▲ 图 5-24

（6）Emissive（发光）贴图

Emissive 贴图用于表现发光的材质效果，这个贴图支持 RGB（红绿蓝）三色通道，如果将贴图设置为"黑色"，表示没有发光；如果将其设置为其他色彩，则产生相应色彩的发光效果，常用于表现诸如火焰、爆炸、灯光、电弧、魔法、岩浆、恒星等，是塑造特殊视觉效果的重要贴图类型，如图 5-25 所示。

▲ 图 5-25

四、3D 流程应用基础

接下来将对 3D 流程应用中涉及的技术及基本软件做一个系统的认知与学习。

1. Anatomy 360

Anatomy 360 是一个 3D 人体解剖学交互软件，它使用 3D 扫描人体来作为参考素材，因此可以获得极其逼真的人体结构和肢体姿势，配合可调的动态灯光系统，可以把它当作一个虚拟的摄影棚来对人物进行研究，无论是绘画练习，还是作为绘画原型参考，都是一个非常不错的选择。

Anatomy 360 的界面与操作非常简单，几乎不用花时间学习就能立刻掌握它的运用，如图 5-26 所示。

① 图像存储与灯光色彩管理模块。

② 材质与灯光调节模块。

③ 姿势切换。

④ 重置模块。

⑤ 视图调整模块。

⑥ 预览视图。

Anatomy 360 每个程序包只支持一个角色，我们可以通过视图调整模块移动、选择、缩放以控制角色的构图，如图 5-27 所示。

通过姿势控制模块可以切换不同的姿势，如图 5-28 所示。

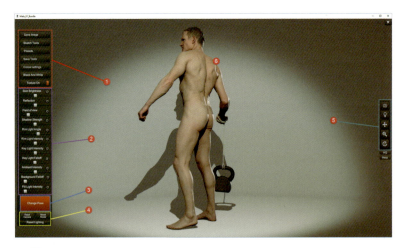

▲ 图 5-26

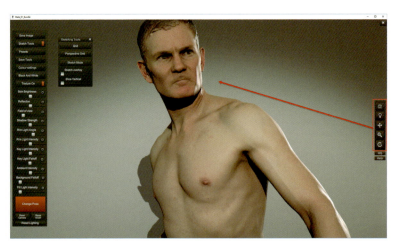

▲ 图 5-27

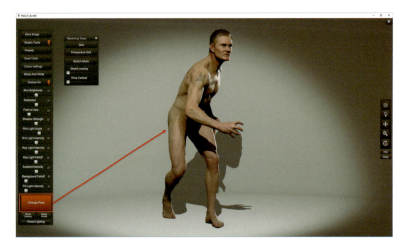

▲ 图 5-28

进入灯光预设模块可以选择不同的布光组合模式，如图 5-29 所示。

▲ 图 5-29

进入色彩控制模块可以对灯光的色调进行控制，可以单独为灯光设置色彩，也可以使用渐变色预设来影响全局光照，对于研究光色搭配很有帮助，如图 5-30 所示。

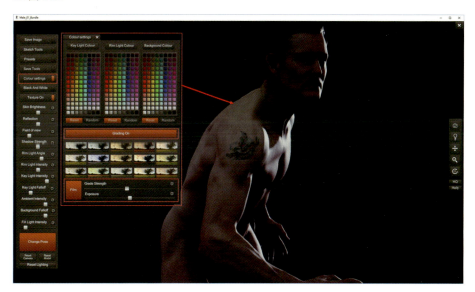

▲ 图 5-30

进入素描控制模块，可以将 3D 写实画面显示为轮廓线，对于线条的参考非常有帮助，如图 5-31 所示。

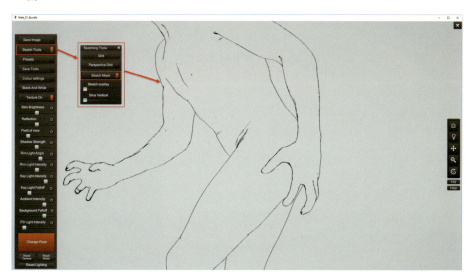

▲ 图 5-31

运用主灯光控制模块可以对角色的照明方位和灯光强度进行自定义控制，这样可以自己调节出需要的照明效果进行参考，如图5-32所示。

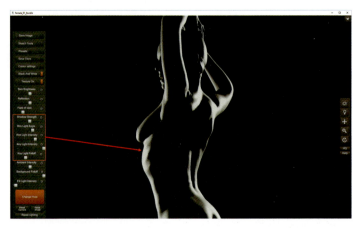

▲ 图 5-32

Anatomy 360 提供了一种虚拟交互式的人体结构参考模式，为角色绘画的学习和辅助提供了强有力的帮助，可以在不借助任何真实模特的前提下对人体结构进行研究。同时，对于理解灯光和色彩的原理也具有良好的作用，灵活运用这个工具可以大大加强我们的绘画技能。登录 http://anatomy360.info 可以购买更多的资源包来扩充人体库，如图5-33所示。

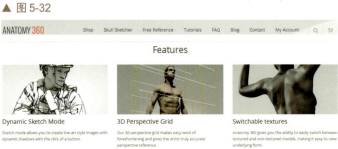

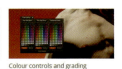

▲ 图 5-33

2. DesignDoll

DesignDoll 也是在绘画过程中非常常用的一个角色参考系统，它主要面向卡通类角色设计，其最大的特点是可以自定义角色的形体构造和姿势，它采用先进的骨骼系统来驱动参考模型，因此可以像玩游戏一样对人物的各个部位进行操控，来得到形体和姿势变化，其基本界面布局如图5-34所示。

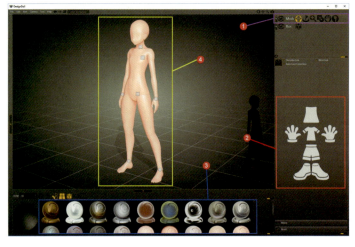

▲ 图 5-34

①核心模块区：这里主要用于选择控制身体部位及坐标定位等模块。

②属性调节面板：针对①区选择的模块来进行调节。

③材质预设模块：这里提供了很多材质预设，可以按照需要来选择。

④视图预览与交互控制区：这里除了预览功能之外，最重要的是可以交互控制人体姿势。

选择①区的姿势模块，会看到一组人体部位选择图标，单击选择任意部位，预览视图中的人偶就会自动显示出可以调整的坐标，如图 5-35 所示。

直接使用鼠标拖动这个坐标点就能改变人物姿势，拖动时可以发现，人偶的整体结构会随着这个部位的移动发生各关节之间的联动效应，这就是内建骨骼系统的作用，可以帮助用户协调各部位姿势，以保持整体动作的和谐，如图 5-36 所示。

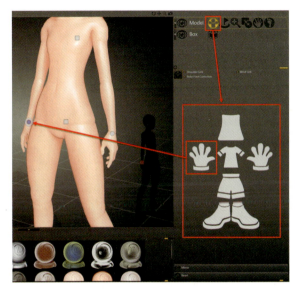

▲ 图 5-35　　　　　　　　　　　　　　　▲ 图 5-36

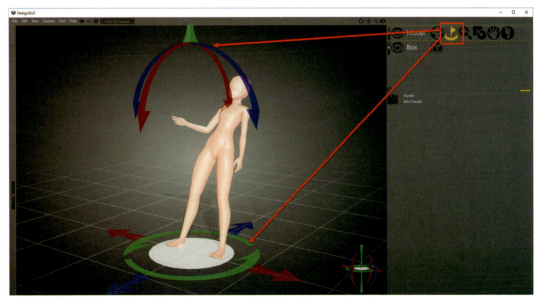

▲ 图 5-37

进入坐标系统控制模块，可以看到有两个巨大的坐标处于人体头顶与地面，这两个坐标系统用于控制人体的整体角度与位置变化，比如需要制作躺倒的人物姿势，那么就需要旋转头顶的坐标，如图 5-37 所示。

第五章　数字绘画与3D技术 | 177

进入骨骼控制模块，可以看到人偶内部的骨骼线，选择任意一根骨骼，就会弹出操控坐标轴，用户可以通过移动和缩放这个坐标轴来改变人物关节结构，如设计奇异的生物体等，如图5-38所示。

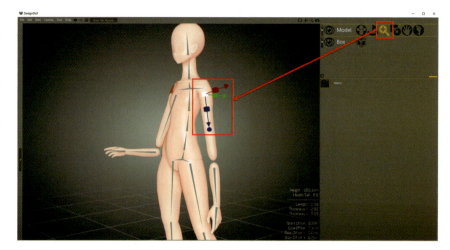

▲ 图 5-38

接下来进入人偶脸型与体型控制模块，用户可以针对人物性别、体型，选择相应的模块进行增减，以得到各种不同的角色形象，如图5-39所示。

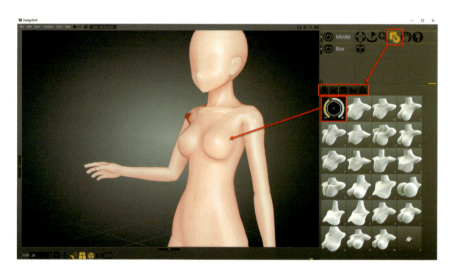

▲ 图 5-39

进入手掌调节模块，可以通过指头控制滑块调整手指的变化，注意左右手的选择，如图5-40所示。

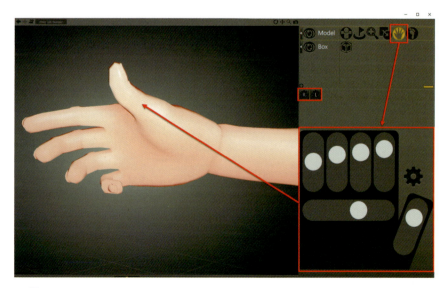

▲ 图 5-40

CG 思维解锁：数字绘画艺术启示录 | 178

继续在手掌模块单击"齿轮"按钮，可以进入更加细化的手掌控制面板，可以针对每一根指头的细节进行调整，如图 5-41 所示。

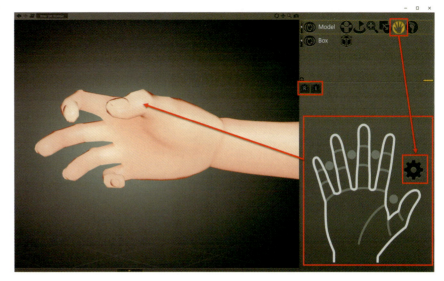

▲ 图 5-41

脚掌的调节控制和手掌是一样的，如图 5-42 所示。

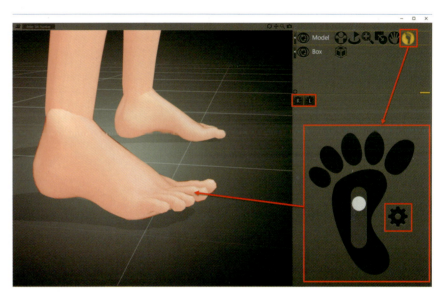

▲ 图 5-42

进入"盒子"模块，可以在视图中创建简单的盒子来作为场景或者道具的参考，如图 5-43 所示。

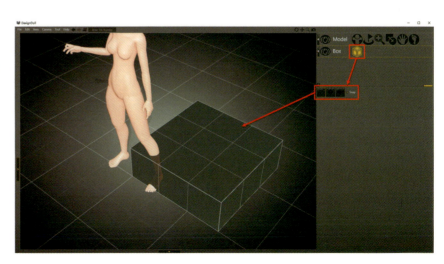

▲ 图 5-43

第五章　数字绘画与 3D 技术 | 179

在姿势模块中，除了选择图标进行控制之外，也可以直接单击并按住鼠标右键拖动人偶模型的模型部位进行姿势的调整，选择手掌和头部模型后，还能以旋转坐标的方式进行精准的调节控制，非常方便，如图5-44所示。

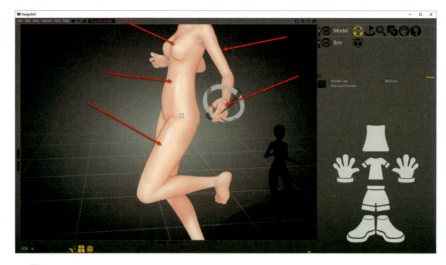

▲ 图 5-44

DesignDoll的视图控制非常简单，按住鼠标右键可以进行镜头的旋转，按住鼠标中键可以平移视图，滚动鼠标中键可以推拉摄像机；打开视图左边的摄像机视图控制，可以创建多角度摄像机来对设置好的角色进行观察，如图5-45所示。

DesignDoll的出现为喜爱绘画的人解决了人体姿势绘制的难题，是初学者进行数字绘画创作的一个强有力的辅助工具。

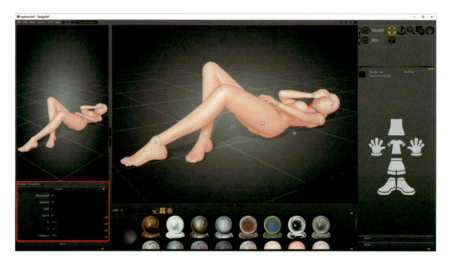

▲ 图 5-45

3.Poser Pro11

Poser是一个老牌的多功能综合专业人物、动物创建工具，除了可以编辑各种角色、场景、道具等外，还可以创建动画角色。其基本控制方式和DesignDoll一致，在绘画辅助中，一般只涉及使用它的角色生成和姿势模块。

Poser Pro提供的资源库非常的丰富，首先需要在软件中登录官方在线市场模块购买和下载自己需要的角色（包含大量免费资源），然后才能在软件中进行控制，如图5-46所示。

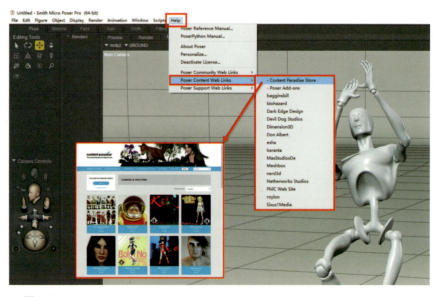

▲ 图 5-46

Poser 的界面非常简单，总体和 DesignDoll 类似，可以参照如图 5-47 所示来了解。

①工具栏：用于调节姿势和体型的工具集。

②视图控制区：用于控制摄像机视图变化。

③灯光控制区：用于场景照明。

④摄像机预览视图区：用于实时姿势调节与反馈。

⑤参数化人体属性调节区：用于调节选中部位的姿势等。

⑥资源库区：用于人体模型、道具、姿势等资源包的载入与管理等。

⑦显示风格预设区：用于显示不同的画面风格。

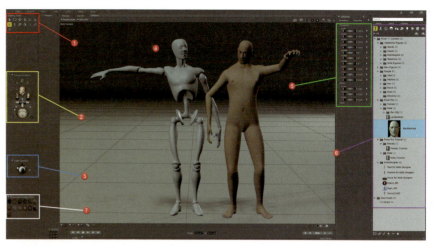

▲ 图 5-47

通常情况下，Poser Pro 开启后的默认体型是一个人偶，可以用鼠标选择人偶的任何部位（选中后以红色轮廓线显示），选中的部位可以使用工具栏中的移动、旋转、缩放、扭曲等工具来实时地进行姿势的调节，如图 5-48 所示。

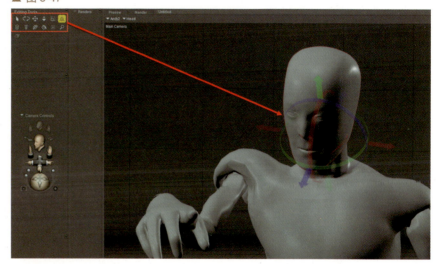

▲ 图 5-48

用户可以选择任何部位，然后进入参数控制区控制姿势变化，如图 5-49 所示。

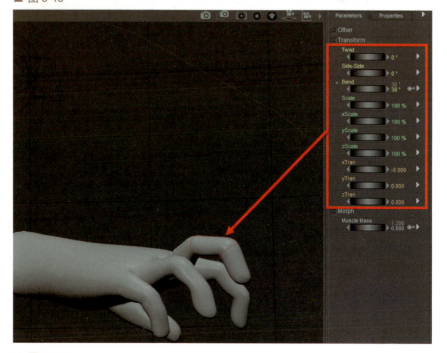

▲ 图 5-49

第五章　数字绘画与 3D 技术 | 181

在资源库中，可以在体型模块上双击，载入软件自带或者购买下载后的模型库资源，这样就能在场景中进行多角色编排，在绘制一些复杂的大场面作品的时候非常有帮助，不需要的模型结构只需要选择任意身体结构，按下键盘上的 Delete 键即可，如图 5-50 所示。

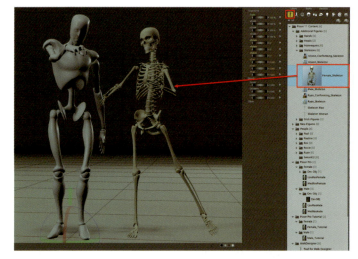

▲ 图 5-50

Poser Pro 自带的骨骼运动学系统可以方便地帮助用户实现任何真实人体姿势的操控，如腾空或落地等常见姿势，都可以自动产生各关节间的协调变化，如图 5-51 所示。

▲ 图 5-51

不同风格的灯光与显示风格设置可以帮助用户更好地了解素描或色彩结构。在创作不同风格的作品时，用户可以根据具体需要来调节，如图 5-52 所示。

以上 3D 类辅助系统都属于操控简单，但是功能实用的软件，在具体的创作过程中，可以根据不同软件的特点选择出合适的与自己的创作流程相结合，以此加快创作的效率。同时对于绘画的学习与练习，这些先进的工具也提供了一种便捷、高效的途径。

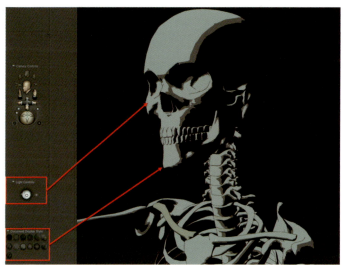

▲ 图 5-52

CG 思维解锁：数字绘画艺术启示录 | 182

4. Flora3D

Flora3D 是一个短小精干的植物生成系统。植物绘画一直是数字绘画中比较难掌握的内容之一，使用 Flora3D 可以在极短的时间内创建出各式各样的植物模型，然后利用 Photoshop 或者 Painter 笔刷创建功能将这些植物图像转化为画笔，这样就能轻松应对这个难题。

Flora3D 的界面非常简洁，大致区域划分如图 5-53 所示。

① 工具栏：主要用于控制视图。

② 植物库列表区：用于选择植物库列表。

③ Statistics（参数统计）模块：用于显示植被信息和控制植物结构的数值。

④ Scheme（植物层级结构）模块：用于自定义创建植物模型。

⑤ Description（描述）模块：用于显示文字信息

⑥ 视图预览区。

接下来通过一个实例来学习使用 Flora3D 创建植物的基本方法。

01 首先，选择"打开集合"命令，在 Flora3D 的自带植物库中选择一种类型的植物，如图 5-54 所示。

02 这个是一个植物模型包，单击列表中的任意名称，右侧视图即开始读入，计算并显示出这个植物模型，如图 5-55 所示。

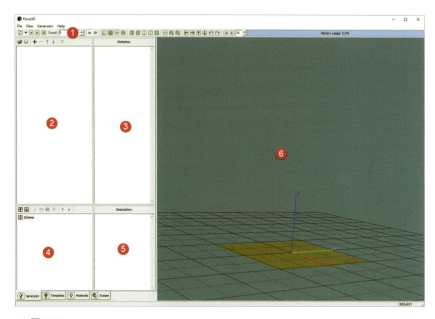

▲ 图 5-53

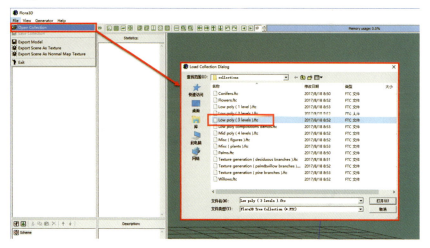

▲ 图 5-54

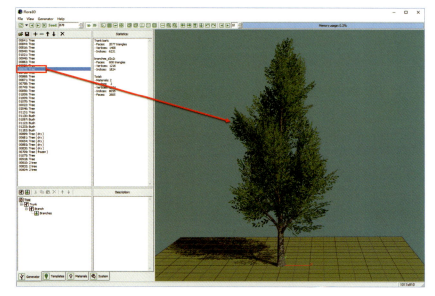

▲ 图 5-55

03 接下来可以使用鼠标对视图摄像机进行控制，按住鼠标左键进行移动可以旋转摄像机，滑动鼠标中键可以推拉摄像机，按住鼠标右键进行移动可以平移摄像机，这样就能控制构图，如图 5-56 所示。

▲ 图 5-56

04 为了能将植物导入 Photoshop 并转换为画笔，需要将视图旋转至平视图，然后将背景色修改为纯白色，如图 5-57 所示。

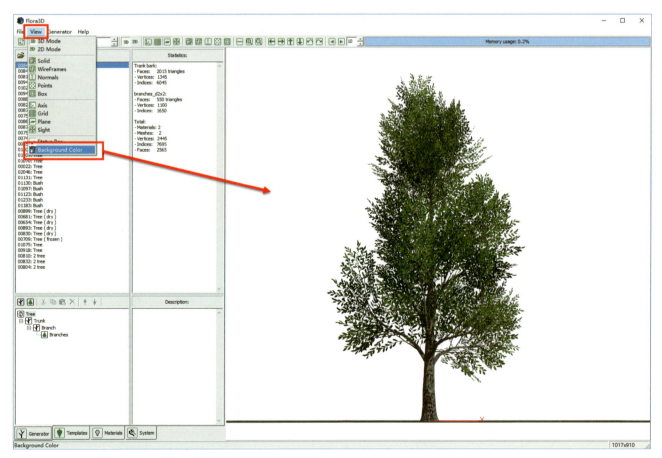

▲ 图 5-57

05 将整个视图保存为一张PNG格式的图片，这样就能在photoshop中将其打开了，如图5-58所示。

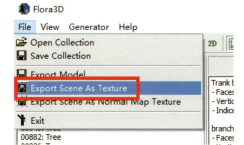

▲ 图 5-58

06 在Photoshop中打开这张图片，适当裁剪地面和不需要的结构，然后选择"编辑"→"定义画笔预设"命令，这样就将这一植物转化为画笔了，如图5-59所示。

▲ 图 5-59

07 下面对画笔属性进行设置，使其符合绘画的需要，这样就能运用这支植物画笔进行创作了，如图5-60所示。

▲ 图 5-60

第五章　数字绘画与3D技术 | 185

08 重复以上过程就可以将任意植物模型转换为笔刷来使用,如图 5-61 所示。

▲ 图 5-61

09 在 Flora3D 中,一般直接使用资源库就能满足大部分植物绘画的需要。如果想创建自定义的植物模型,可以遵循以下步骤:首先找到"Scheme"面板,选择"Scheme"选项后单击鼠标右键,选择"Add Branches"(添加树枝)命令,就能看到视图中生成了一个基本的树干结构,如图 5-62 所示。

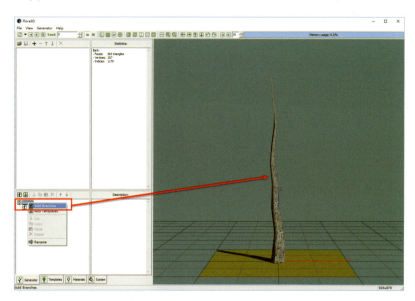

▲ 图 5-62

10 接下来选择"Trunk"(树干),然后打开属性面板就能对树干结构进行参数化控制,这些参数的调节都是实时化反馈的,非常直观,如图 5-63 所示。

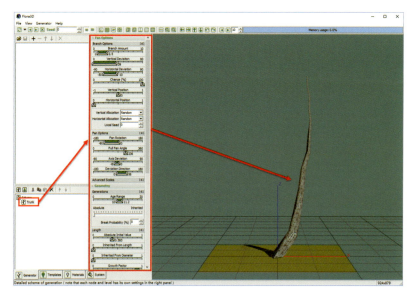

▲ 图 5-63

11 再次选择"Scheme"选项添加第二个树干,这样就得到了两个树干。从层级结构来看,两个"Trunk"是独立的,并没有依托关系,如图 5-64 所示。

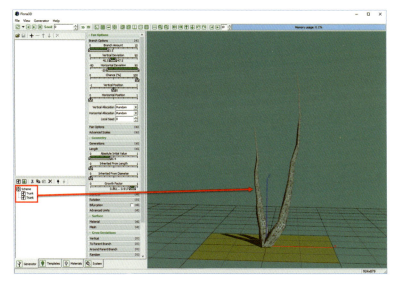

▲ 图 5-64

12 选择第一个"Trunk",单击鼠标右键,选择"Add Branches"命令,添加新的树枝结构,这样就在树干上生成了树枝,这个层级是第一个"Trunk"的附属层级,是整体依附在第一个树干上的,如图 5-65 所示。

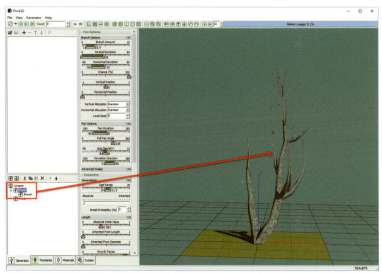

▲ 图 5-65

13 重复以上步骤,为第二个树干添加树枝,如图 5-66 所示。

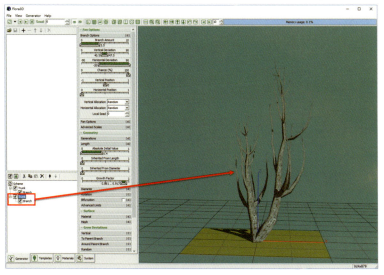

▲ 图 5-66

第五章 数字绘画与3D技术 | 187

14 选择第一个树枝结构，单击鼠标右键，选择"Add Templates"命令，添加树叶模板，这样就在第一组树枝上生成了树叶结构，如图5-67所示，然后对第二组树枝也进行同样的操作。

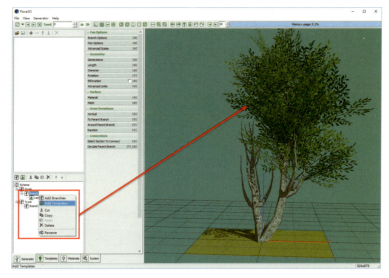

▲ 图 5-67

15 接下来选择第一个"Leaves"（树叶）选项，在其参数设置面板中可以更改它的模板类型来得到另外一种树叶结构，同时调节尺寸参数来控制叶片大小，如图5-68所示。

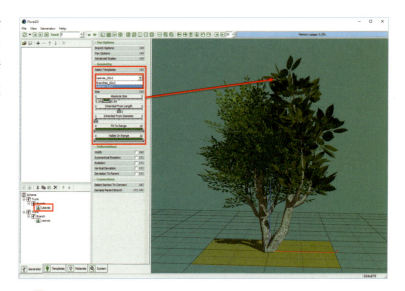

▲ 图 5-68

16 Flora3D的基础应用非常简单，不需要花太多的时间就能快速得到绘画所需要的素材。除了生成笔刷之外，还可以直接使用Flora3D生成的素材来对绘画作品进行合成。合成时，需要对植物的灯光进行设置，以符合画面匹配的需要。进入Flora3D的"System"（系统设置）面板，就能找到它的照明控制，如图5-69所示。

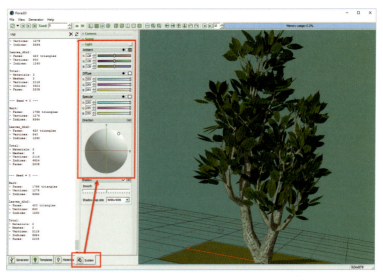

▲ 图 5-69

17 创建完成植物后，可以在工具栏中找到"Seed"（随机种子）控制，输入任意数值就能将创建好的模型进行随机生成控制，这样就能从一个模型随机生成各式各样不重复的植物结构了，如图 5-70 所示。

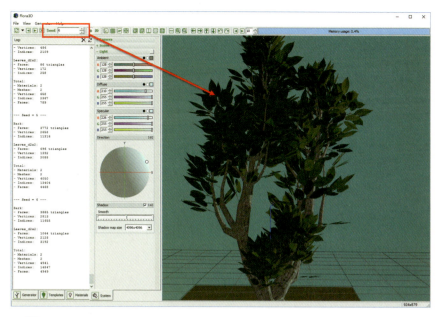

▲ 图 5-70

18 Flora3D 创建的元素在绘画中的合成如图 5-71 所示。

19 Flora3D 结合 Painter 的"Image Hose"画笔制作的植物画笔如图 5-72 所示。

▲ 图 5-71

> Tips：Image Hose 笔刷制作请参阅第 4 章的内容。

五、总结

通过前面专业的基础概念和 3D 基础运用等知识的学习，相信读者已经了解了 3D 技术在绘画中的意义与作用，本章所涉及的应用仅仅是常规 3D 辅助绘画的过程，在后续章节中将深入讲解专业 3D 工具在一般数字绘画及 3D PBR 绘画中的应用。

▲ 图 5-72

第五章　数字绘画与 3D 技术 | 189

第六章

World Machine

一、World Machine 简介

World Machine 是专门的地形山脉生成系统，有着悠久的开发历史，它是目前在电影、游戏和绘画辅助中有着重要作用的一个专业工具。World Machine 采用先进的"节点流程"式编辑系统，不同于常规软件中"层"的概念，节点流程将每一种功能集成到相应的节点中，然后采用"非线性"的连接方式将各功能节点进行组合，从而得到最终的结果，在使用 World Machine 创建地形的时候，需要有相对较强的逻辑思维能力来考虑不同地形的创建方式，如图 6-1 所示就是像"电路板"一样的流程节点。

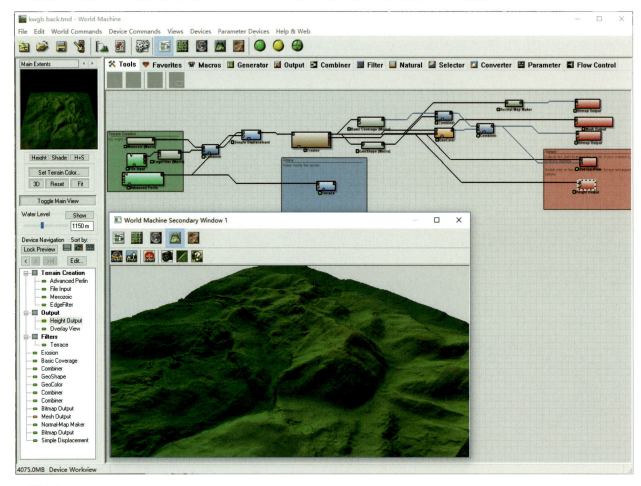

▲ 图 6-1

1. World Machine 界面

首先介绍 World Machine 的基本界面分布如图 6-2 所示。

① 功能菜单区：主要用于各种模块的切换和进行节点解算。

② 快速预览窗口：主要用于快速查看地形解算结果和灯光控制。

③ 节点库：各种用于生成地形和处理地形的节点。

④ 节点列表区：用于查看场景中所有节点状态。

⑤ 节点编辑区 / 视图预览区：主要用于编辑节点和查看最终效果。

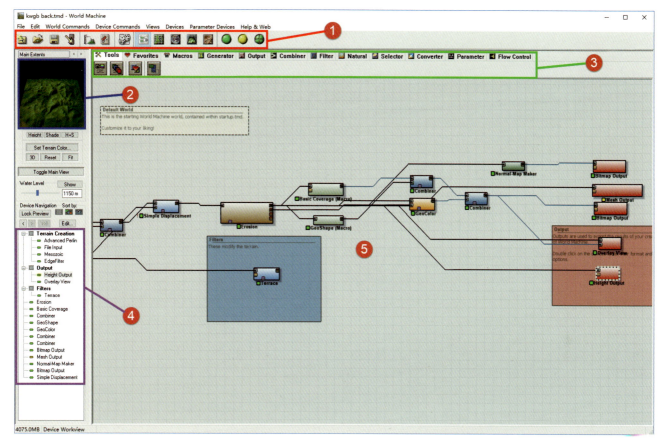

▲ 图 6-2

2. World Machine 节点库

节点库是 World Machine 的核心模块，其节点分类如图 6-3 所示。

▲ 图 6-3

- Tools（工具节点）：节点编辑模块。

- Favorites（用户喜好）：此模块用于放置常用节点。

- Macros（宏节点）："宏"节点是带有特殊功能运用的节点类型，可以理解为带有某一种特殊应用或插件类型的节点。

- Generator（生成器节点）：此类节点用于生成基本的地形结构。

- Output（输出节点）：此类节点用于输出模型、图像和各种通道。

- Combiner（合成节点）：此类节点用于混合各种节点，类似于图层之间的混合关系。

- Filter（滤镜节点）：此类节点类似于 Photoshop 的滤镜效果，可以对其他节点进行色彩和特效处理。

- Natural（自然节点）：此类节点用于处理地形的自然效果，如腐蚀、风化、积雪覆盖等。

- Selector（选择器节点）：此类节点用于对地形的某一属性进行选择，从而产生"遮罩"效果，如选择地形的特定高度、坡度等。
- Converter（转换节点）：此类节点用于转换其他节点的属性，如将黑白色彩转换为彩色效果等。
- Parameter（参数节点）：此类节点专门用于进行数学运算。
- Flow Control（流程控制节点）：此类节点用于控制工作流程。

World Machine 看上去虽然有很多节点功能，但是一般使用流程却是非常简单和清晰的，接下来通过具体实例的制作流程来学习它的用法。

二、World Machine 制作流程

1. 一般地形创建流程

01 启动 World Machine 后，我们会看到有三个节点流程已经被创建好，同时快速预览窗口也已生成一种地形结构。在通常情况下，World Machine 会自动创建一个通用地形结构和一个典型节点流程，如图 6-4 所示。在这个节点流程中，绿色节点为"生成节点"，蓝色节点为"滤镜节点"，红色节点为"输出"节点。三个节点分别以线条相互连接，解算关系为从左依次解算到右，除了最后的输出节点，其他流程节点图标上都分别有"输入"和"输出"小接口，这就是一般情况下节点的工作状态。

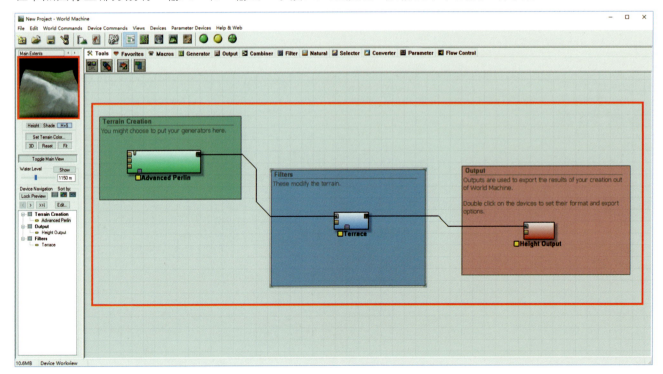

▲ 图 6-4

> **Tips**：节点视图的快捷操作为用鼠标左键可以选择并移动节点，按住鼠标右键可以平移视图，滚动鼠标中键可以放大或缩小视图。

02 双击第一个绿色节点"Advanced Perlin"（高级分形噪波），这样就打开了节点的属性面板，如图 6-5 所示。"分形噪波"属于程序生成的一种 3D 图案，和 Mandelbulb3D 生成的分形图案类似，程序生成的好处在于图案中的所有结构都是可以调整的。"Advanced Perlin"可以生成很多类型的灰度随机噪波高度图，在上一章中我们介绍过"高度/置换贴图"，"Advanced Perlin"就是运用"白色"凸起、"黑色"凹陷这个原理来生成基本的地形起伏的。

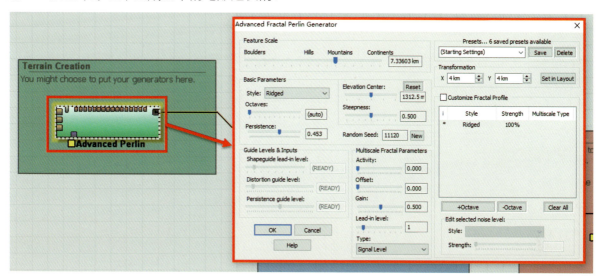

▲ 图 6-5

03 下面介绍如何调整分形噪波来控制地形的变化。首先拖动"Feature Scale"（特性尺度）滑块来控制分形纹理的大小，从左到右分别是"Boulders"（巨石群结构）、"Hill"（小山丘）、"Mountains"（山脉）、"Continents"（大陆），拖动时快速预览窗口的地形会实时更新，这一步我们需要确定所要创建地形的尺度，如图 6-6 所示。

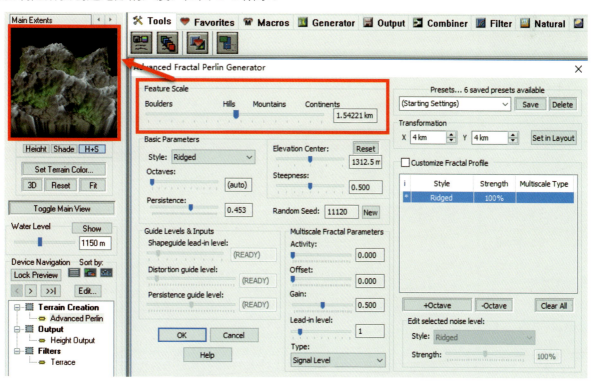

▲ 图 6-6

04 "Advanced Perlin"节点中提供了多种类型的分形图案，我们可以在"Basic Parameters"（基础参数）下找到它们，如图6-7所示。不同类型的分形图案可以生成出不同风格的地形结构，使用时可以根据需要来选择。其参数"Octaves"（复杂度阶梯变化）、"Persistence"（复杂度持续变化），可以控制地形的复杂度，如图6-8所示。

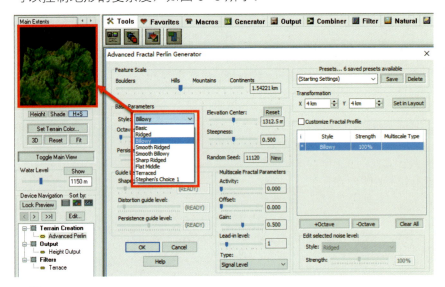
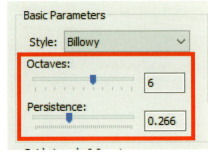

▲ 图6-7　　　　　　　　　　　　　　　　　　　　　　　▲ 图6-8

05 调整好分形尺度和类型后，调节"Elevation Center"（高度中心）和"Steepness"（陡度）数值，就能改变地形的高低落差，如图6-9所示。

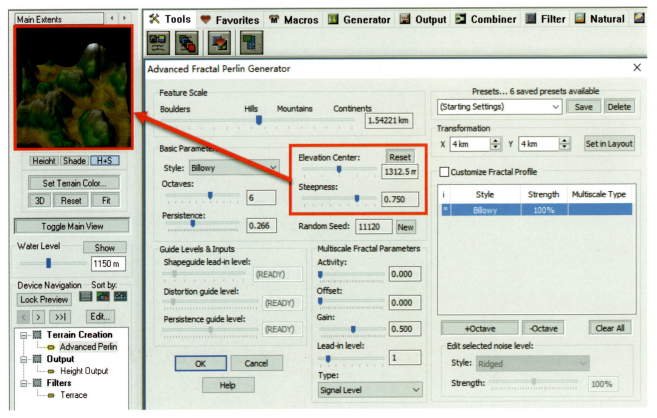

▲ 图6-9

06 调节好以后单击"ok"按钮确定，然后返回节点编辑区。双击打开"Terrace"（阶梯分层）滤镜节点，这个蓝色的节点用于将绿色节点生成的图形进行特殊处理，让地形结构呈现阶梯状变化。"Terrace Method"（分层方式）控制分层的不同效果，"Number of Terraces"（分层级别数）控制阶梯的数量，"Terrace Shape"（分层形状）控制分层结构的锐化，"Terrace layering"（分层的层级融合）控制每一层阶梯的融合度，如图 6-10 所示。

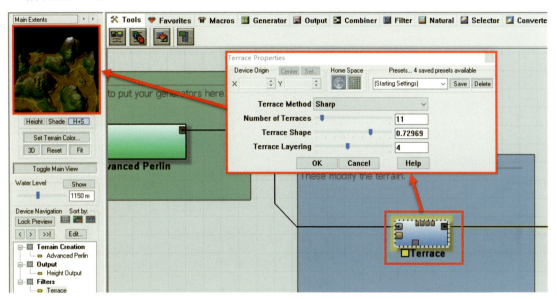

▲ 图 6-10

07 设置好前两个节点的效果后，可以单击"Build"（解算）按钮，就能对整体节点进行计算，生成最终模型。接下来单击"3D View"（快捷键 F8）按钮，就能将主视图切换为 3D 场景预览视图，如图 6-11 所示。

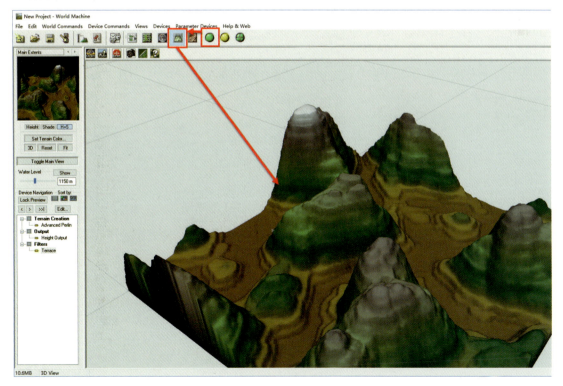

▲ 图 6-11

第六章　World Machine ｜ 197

08 当前生成的地形比较简单，只适合用于卡通类绘画的需要，如果需要生成比较逼真自然的场景，还需要插入新的节点来进行控制。接下来单击"Device View"（快捷键F5）按钮，这样就切换回节点编辑视图了，如图6-12所示。

09 下面进入节点库的"Natural"类，单击"Erosion"（腐蚀）节点，然后将其拖至编辑区"Terrace"与"Height Output"连接线上并单击，这样就将"Erosion"节点插入到它们之间了，如图6-13所示。

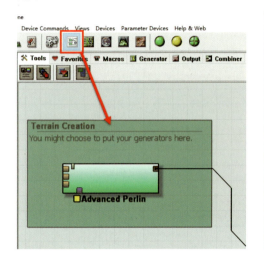

▲ 图 6-12

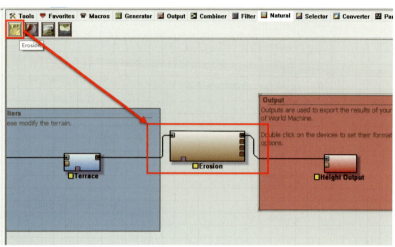

▲ 图 6-13

> Tips：如果需要手动连接各节点，可以单击节点图标上的"Primary Input/Output"主输入和输出端口进行连接，如图6-14所示。如果需要断开连线，可以单击连接端口，将连线连接到编辑区空白部位。

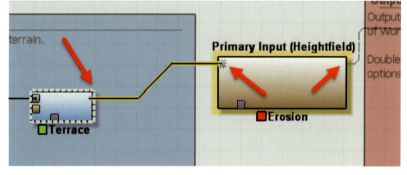

▲ 图 6-14

10 接下来双击"Erosion"节点，直接使用腐蚀预设来对地形进行处理，不同预设下的腐蚀强度和腐蚀方式都有所不同，可以根据快速预览视图的反馈来确定所需要的腐蚀级别，如图6-15所示。

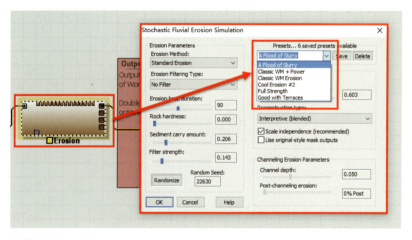

▲ 图 6-15

11 设置好腐蚀效果后单击"解算"按钮,然后切换到"3D View"视图,这样就能看到当前地形产生了逼真的流动和风化效果,如图 6-16 所示。

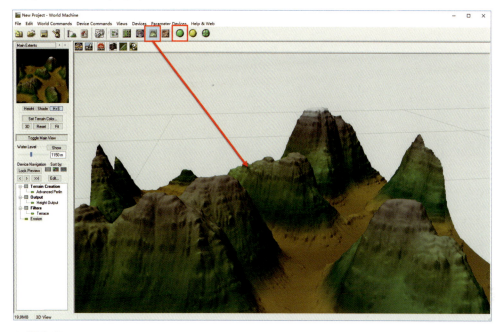

▲ 图 6-16

12 当前解算的地形分辨率较低,因此没有显现出太细腻的结构,如果需要生成高细节的地形,需要打开"World Extents and Resolution"(世界地域与分辨率)设置面板,在其中找到"Normal Build Resolution"(地形表面分辨率)滑块,默认分辨率为 513x513 像素,将其修改为 1025x1025 像素,这样就将分辨率提高了一倍,如图 6-17 所示。

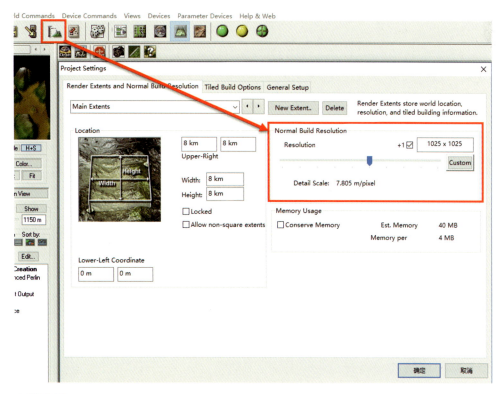

▲ 图 6-17

第六章　World Machine ｜ 199

13 接下来对新设置进行解算，这样就得到了更加细腻的细节表面，如图 6-18 所示。

> Tips：越高的分辨率设置所需要的解算时间越长。修改任何节点的参数后都需要进行重新解算才能得到修改后的效果。

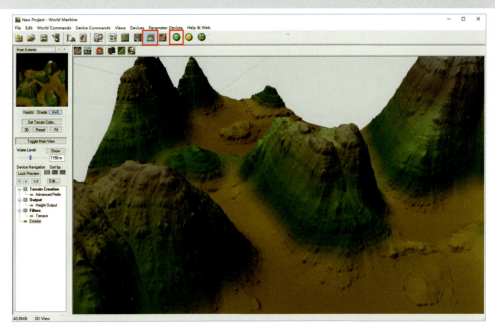

▲ 图 6-18

14 解算完成后进行视图导航控制。在 3D 视图中可以通过"Orbit"（环绕）和"Free"（自由）两种模式进行视图的导航，在 Orbit 模式下按住鼠标左键为旋转视图，按住鼠标右键为缩放视图；在 Free 模式下，按住鼠标左键为观察，按住鼠标右键为高度移动，按下键盘的上、下、左、右键为场景行走，如图 6-19 所示。如果需要重置视图可以单击"Reset"（视图重置）按钮。

> Tips：快速预览窗口的视图导航可以使用鼠标中键（移动放缩）和鼠标右键（旋转视图）。

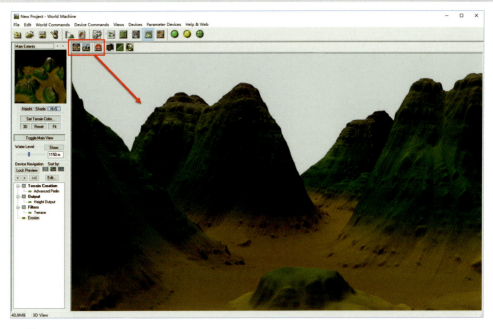

▲ 图 6-19

15 最后讲解场景灯光布局控制。在快速预览窗口按下鼠标左键进行移动,可以改变全局灯光照明的方向,如图6-20所示。

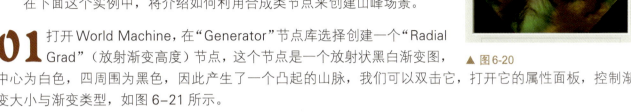

▲ 图6-20

如果只需要常规的随机地形效果,World Machine 的使用是非常简单的,在后面的实例中将深入讲解使用 World Machine 创建其他地形的方法。

2. 山峰创建流程

在下面这个实例中,将介绍如何利用合成类节点来创建山峰场景。

01 打开 World Machine,在"Generator"节点库选择创建一个"Radial Grad"(放射渐变高度)节点,这个节点是一个放射状黑白渐变图,中心为白色,四周围为黑色,因此产生了一个凸起的山脉,我们可以双击它,打开它的属性面板,控制渐变大小与渐变类型,如图6-21所示。

02 进入"Combiner"节点库,创建一个"Combiner"(混合)节点,这个节点用于混合两个节点,类似于 Photoshop 两个图层的混合,如图6-22所示。

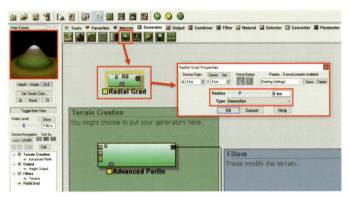

▲ 图6-21

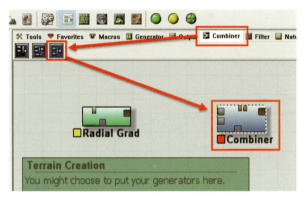

▲ 图6-22

03 将"Radial Grad"和"Advanced Perlin"节点的输出端分别连接到"Combiner"的上下输入端,这就等同于连接了两个图层到"Combiner"节点进行混合,在快速预览窗口中可以看到两个图层相加后的结果,如图6-23所示。

04 接下来双击"Combiner"打开节点属性面板,我们可以看到"Method"(混合方式)为"Average"(平均),下方的"Strength"(混合强度)数值为0.5,即两个进行混合的节点各占一半进行混合,如图6-24所示。我们可以在"Method"列表中切换其他混合方式来试验不同透明度混合的效果,这个和 Photoshop 中的图层混合叠加原理是一样的。除了平均混合模式外,其他模式都属于透明叠加处理方式,并不会导致某个图层覆盖掉另一个,调节时可以通过快速预览视图中的反馈来决定如何设置,如图6-25所示。

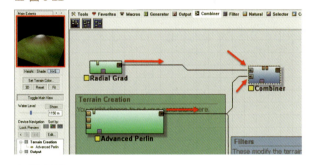

▲ 图6-23

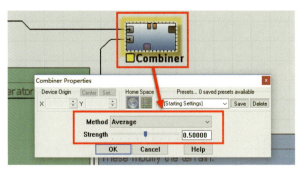

▲ 图6-24

第六章　World Machine | 201

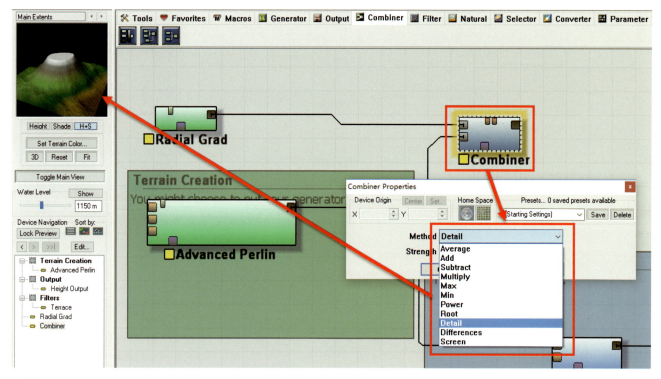

▲ 图 6-25

05 通过以上步骤可以发现，"Radial Grad"节点用于生成高山，"Advanced Perlin"用于生成低海拔的地形，但是采用"Advanced Perlin"方式混合后结构非常微弱，我们需要返回"Advanced Perlin"节点强化其结构强度，否则后面添加腐蚀节点后这些细节将会丢失。接下来双击"Advanced Perlin"节点打开属性面板，将地形结构设置到较小尺度的分形。分形类型可以根据需要进行设置，这样就产生了较为细碎的地形效果，如图 6-26 所示。

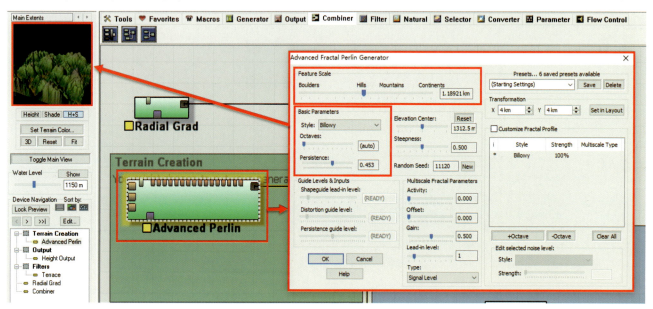

▲ 图 6-26

06 返回"Combiner"节点属性面板，试验各种混合模式与强度的搭配，找到让自己满意的结果，本例设置如图 6-27 所示。

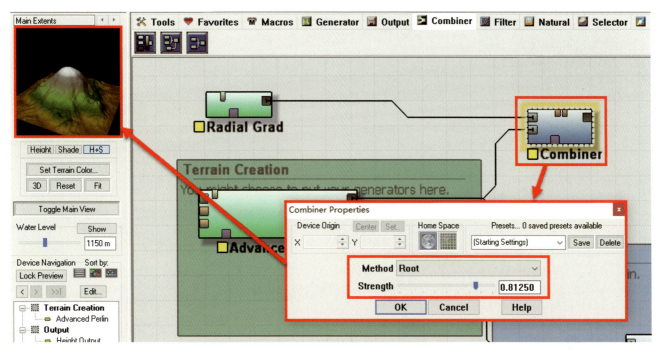

▲ 图6-27

07 将"Combiner"节点连接入"Terrace"节点的主输入端,这样山脉就产生了阶梯状结构(Terrace节点并不是必须连接的节点,可以根据需要来决定是否连接,灵活运用),"Terrace"阶梯参数可以根据需要进行设置,如图6-28所示。

> Tips:在节点编辑区选择哪一个节点,快速预览视图就显示哪一个节点的效果。

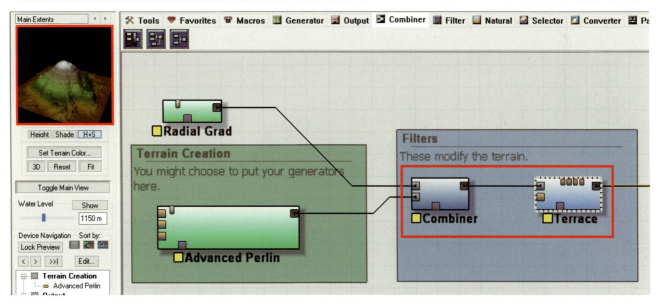

▲ 图6-28

08 按照上述流程,在"Terrace"节点后插入"Erosion"节点进行腐蚀化处理,如图6-29所示。

09 最后将地形分辨率设置为1025x1025,然后单击"解算"按钮,这样就得到了一个漂亮的山峰,如图6-30所示。

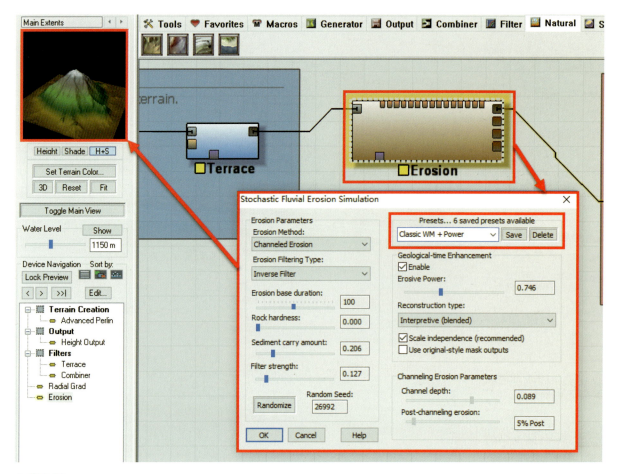

▲ 图 6-29

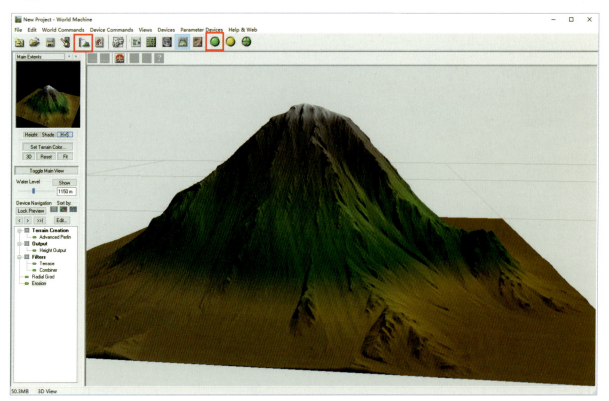

▲ 图 6-30

CG 思维解锁：数字绘画艺术启示录 | 204

混合类节点是创建复杂地形的关键节点之一，通过多次混合可以创建出极为细腻的地形效果，大家可以多尝试。

3. 色彩与贴图输出

接下来将介绍如何为地形添加色彩及输出各类贴图。

01 下面在上一个实例的基础上继续探索 World Machine 的节点运用。进入"Converter"转换类节点库，在"Erosion"节点后创建一个"Colorizer"（上色）节点，然后将"Erosion"节点的"Primary Output"输出端连接到"Colorizer"的输入端，这样就得到了之前创建节点集合的高度信息图，如图 6-31 所示。

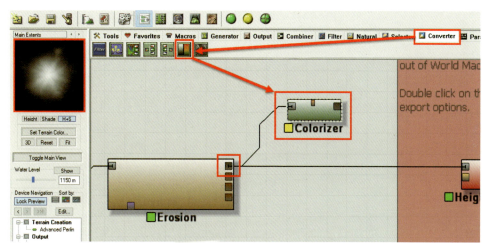

▲ 图 6-31

02 双击"Colorizer"打开节点属性面板，此时会弹出一个渐变色控制器，渐变色彩排列从左到右分别代表从低到高的高度信息，单击渐变色条就能插入新的色标，然后通过"HSL"或"RGB"方式来指定颜色，如图 6-32 所示。

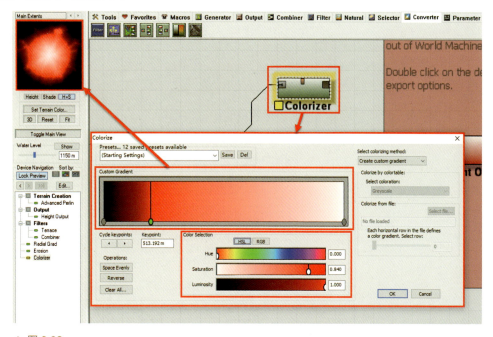

▲ 图 6-32

第六章　World Machine ｜ 205

03 切换色彩方式为"Import by color table"（导入色板）模式，就能在色彩列表框中找到各式各样的色彩预设，如图6-33所示。

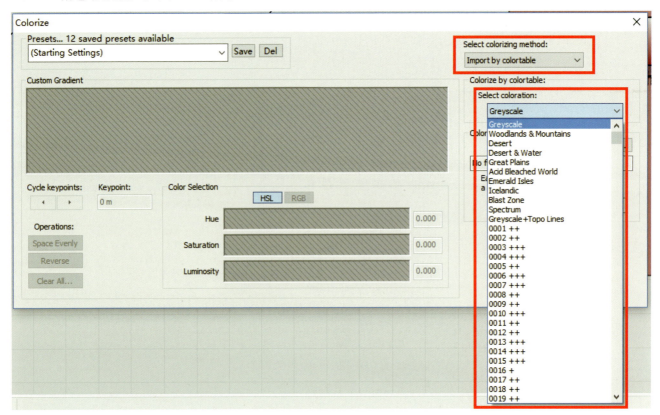

▲ 图 6-33

04 选择一个色彩预设，确定后高度信息就变成了色彩信息，如图6-34所示。

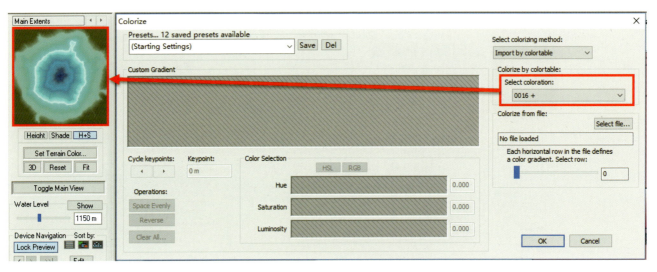

▲ 图 6-34

05 下一步需要将色彩附着到山体上。进入"Output"输出节点库，选择并创建"Overlay View"（叠加预览）节点，这个节点可以同时输入高度和色彩两个信息来查看模型。将"Erosion"节点的"Primary Output"输出端连接到"Overlay View"节点的第一个高度输入端，这样就输入山体的高度信息了，然后将"Colorizer"节点的"Primary Output"输出端连接到"Overlay View"节点的第二个色彩输入端，这样色彩信息就出现在了山体模型上，如图6-35所示。

06 接下来介绍如何混合流动贴图。再次创建一个新的"Colorizer"节点，然后将"Erosion"节点的"Flow map"（流动贴图）连接到这个"Colorizer"节点，这样就看到了"Erosion"节点自动计算出的雨水冲刷图像被转化成了黑白贴图，如图5-36所示。

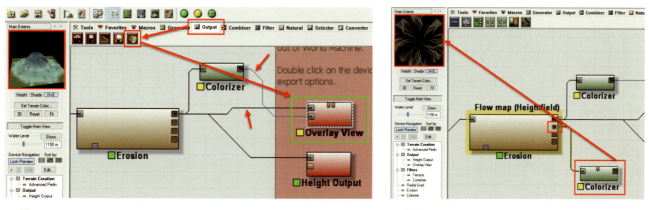

▲图6-35　　　　　　　　　　　　　　　　　　　　　▲图6-36

07 为流动贴图指定一个色彩预设，这样流动贴图就产生了更加细节化的改变，如图6-37所示。

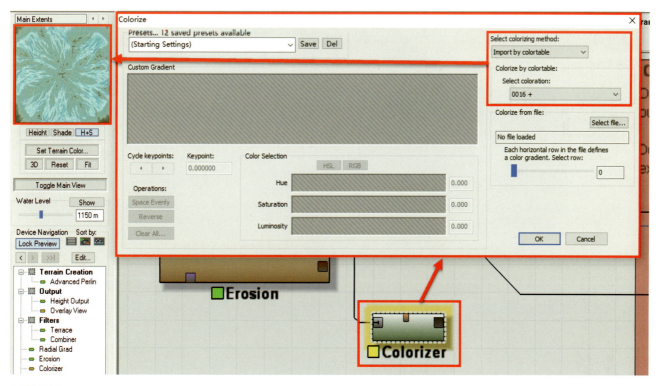

▲图6-37

08 新建一个"Combiner"节点，将前后创建的两个"Colorizer"节点进行混合，混合方式可以尝试多种组合，这样就得到了一个混合彩色纹理，如图6-38所示。

09 将"Combiner"节点混合出的色彩连接回"Overlay View"节点的第二个色彩输入端，这样混合后的色彩信息就出现在了山体模型上了，如图6-39所示。注意：重新连接任何节点都会自动删除上一级连接。

第六章　World Machine ｜ 207

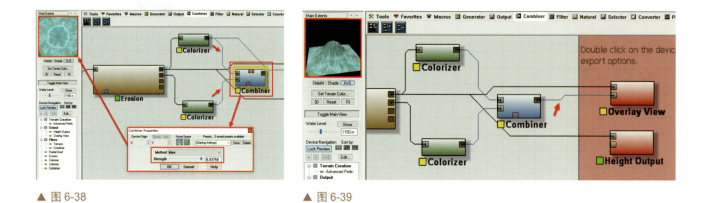

▲ 图 6-38　　　　　　　　　　　　　　　　▲ 图 6-39

10 接下来解算当前节点集并进入 3D 视图进行预览，此时得到了一个蓝色的山峰，如图 6-40 所示。

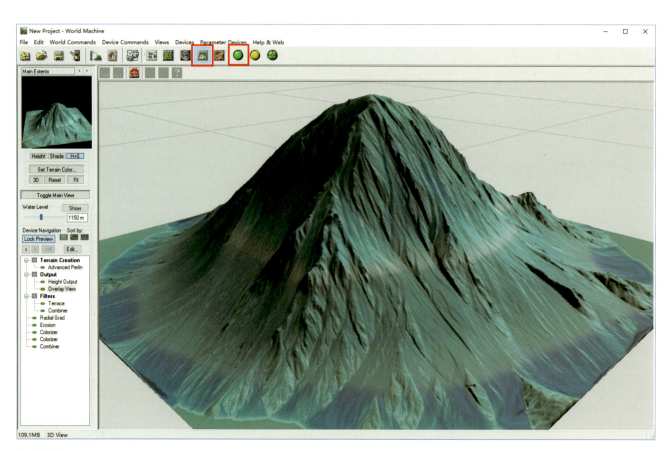

▲ 图 6-40

11 下面对高度、色彩和法线通道进行输出。回到节点编辑区找到"Height Output"（高度输出）节点，这个节点只能输入"Primary Output"的高度信息，并不能输入色彩类节点，因此一般只能输入如 3D 生成或自然处理类节点，当前输入的是"Erosion"节点的高度信息，因此直接双击打开"Height field File Output"属性面板，选择一种图片格式，设置好存储路径（Set），就能单击"Write output to disk"（写入硬盘）按钮保存这个高度图像了，如图 6-41 和图 6-42 所示。注意：高度信息图就是置换贴图，一般需要存储为 16bit 色彩深度的 TIFF 格式；图片分辨率和创建地形分辨率一致。

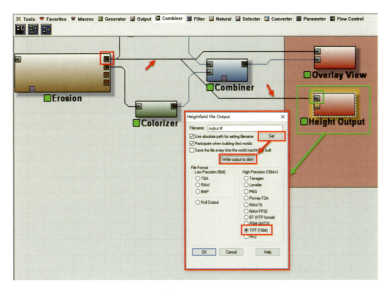

▲ 图 6-41

▲ 图 6-42

12 接下来输出法线贴图。在"Converter"节点库创建"Normal-Map maker"（法线贴图制作）节点，然后将"Erosion"节点的高度信息"Primary Output"端口连接到法线节点上，这样就把高度信息转换为法线色彩信息了，如图 6-43 所示。

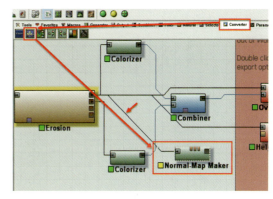

▲ 图 6-43

13 法线信息转换节点不能直接输出为图片，我们需要在"Output"节点库创建"Bitmap Output"（位图输出）节点来进行色彩图片的存储，存储方式同上，如图 6-44 和图 6-45 所示。注意：法线贴图一般使用 8bit 的 PNG 图片格式。

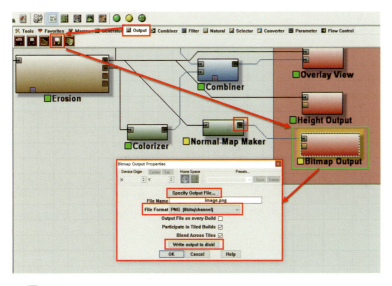

▲ 图 6-44

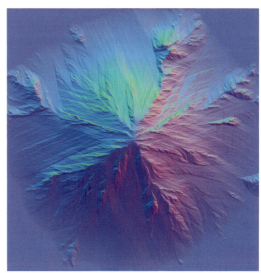

▲ 图 6-45

14. 接下来对山体色彩贴图进行输出。再次创建一个"Bitmap Output"节点，将之前混合好色彩的"Combiner"节点连接到它，这样就能以同样的方式将山体色彩输出为图片了，如图6-46所示，如图6-47所示为山体色彩贴图（Diffuse/Albedo/Base Color）。注意：色彩贴图一般存储为8bit的PNG图像格式。

节点式的操作需要一定的耐心与细心，连接各节点的端口一定要仔细，这种操作模式一定要多加练习以适应各环节的逻辑关系，为后面创建更复杂的节点网络打好基础。

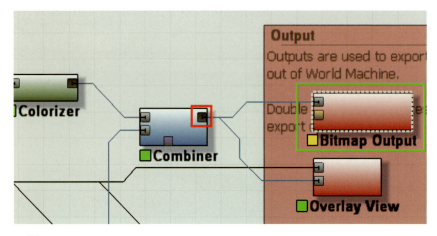

▲ 图6-46

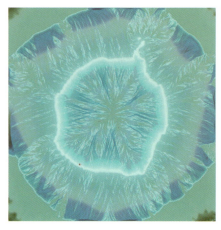

▲ 图6-47

4. 多重分形噪波纹理与自定义地形结构

在创建更为复杂的地形结构时可以运用"Advanced Perlin"节点的多重分形噪波层来生成复合型地形地貌纹理。下面这个实例将重点介绍这个模块的运用。

01 打开World Machine，双击"Advanced Perlin"节点打开其属性设置面板，在面板的右侧可以找到并选中"Customize Fractal Profile"（自定义分形剖面）复选框，这个模块类似于Photoshop的图层系统，可以在这里创建多个分形迭代层来生成较为复杂的高度图案，如图6-48所示。

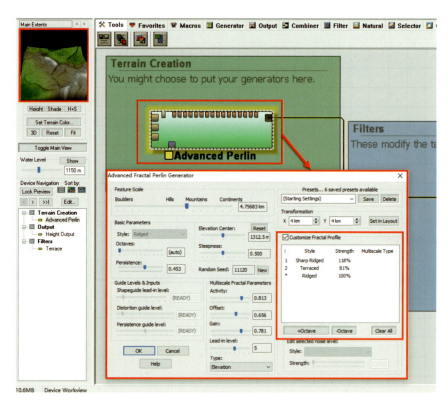

▲ 图6-48

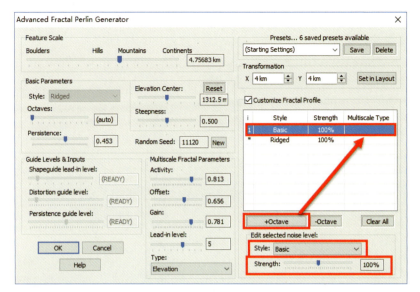

▲ 图 6-49

02 在这个图层系统中，"+Octave"（增加分形图层）和"-Octave"（删除分形图层）分别用于控制图层的增减，默认情况下只有一个"Ridged"类分形图层，我们可以任意增加其他类型的分形图层来丰富地形的细节变化，新增图层的分形类型也在这个区域的"Style"（分形类型）列表中指定，"Strength"（图层强度）用于控制叠加图层的强弱，如图 6-49 所示。

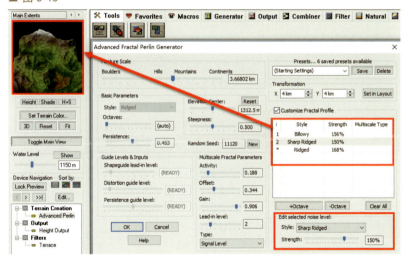

▲ 图 6-50

03 分别添加几个不同的分形图层进行混合，观察快速预览窗口中的变化，如图 6-50 所示。

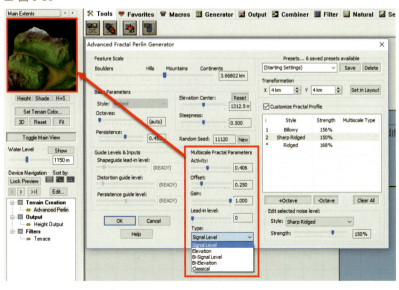

▲ 图 6-51

04 在分形图层的左方有一个"Multiscale Fractal Parameters"（多重分形参数）控制模块，这个模块用于控制各图层之间的迭代变形变化，其中"Activity"（活跃度）、"Offset"（偏移量）、"Gain"（增益）、"Lead-in Level"（层带入级别）、"Type"（迭代方式列表）分别用于控制各图层之间的混合关系。一般情况下，可以将"Lead-in Level"设置为 0，这样每一图层的混合关系就可以通过"Activity""Offset""Gain"来进行总体的融合控制；利用"Type"下拉列表可以自由切换不同的迭代方式，从而根据快速预览视图的反馈结果确定自己需要的类型，如图 6-51 所示。

第六章　World Machine ｜ 211

05 接下来在这个节点系统的"Terrace"节点后添加"Erosion"节点，采用"Class WM + Power"预设，这样地形就变得非常自然逼真了，如图 6-52 所示。提高地形分辨率后进行解算，在 3D 预览视图中就可以得到具体结果，通过多层分形混合得到了非常真实的山脉与河流的自然分布与衔接，如图 6-53 所示。

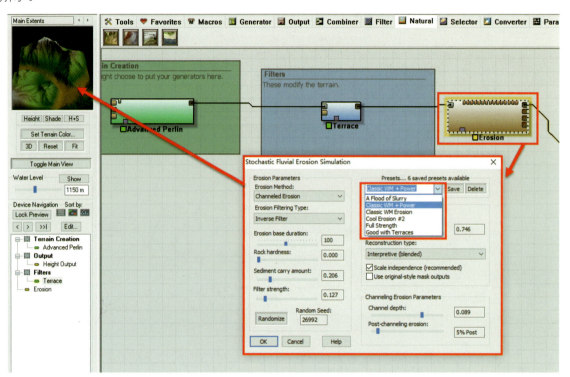

▲ 图 6-52

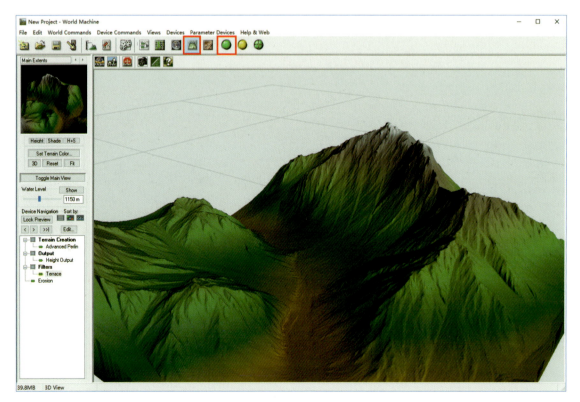

▲ 图 6-53

06 下面讲解如何插入自定义的地形形状。返回节点视图，在"Generator"节点库创建一个"Layout Generator"（布局生成器）节点，这个节点专门用于绘制自定义的地形，如图6-54所示。

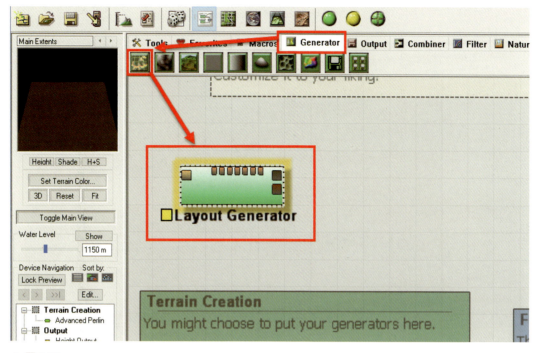

▲ 图6-54

07 双击"Layout Generator"节点打开属性编辑器，这是一个世界编辑器，非常广阔，我们可以通过按住鼠标右键来平移视图，按住鼠标中键来缩放视图；在画面中找到一个白色的正方形区域，这就是当前地形所处的位置（超出白色方形区域的位置将在3D视图中不可见）；左方区域为地形图形绘制工具栏，如图6-55所示。

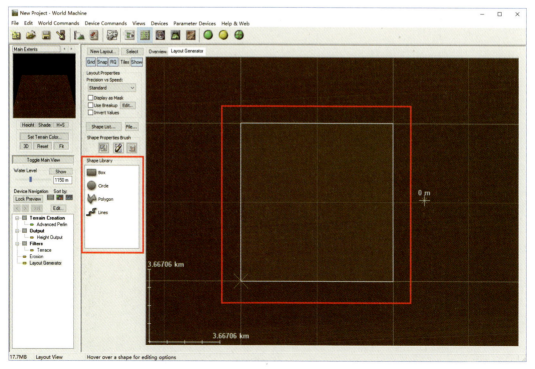

▲ 图6-55

08 接下来选择"方形""圆形""多边形""线条"4种形状在白色方形区域内绘制自定义的图形；其中创建多边形是先创建点的，用鼠标左键依次放置好点坐标后单击鼠标右键，即可看到生成的地形结构，如图6-56所示。

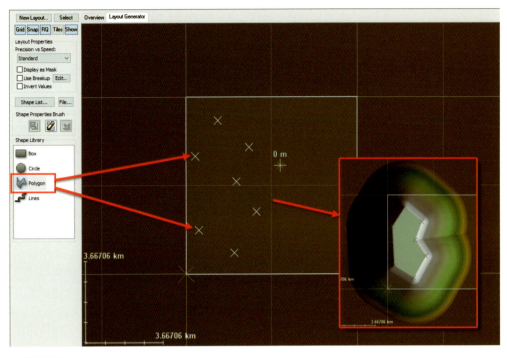

▲ 图6-56

09 自定义绘制的结构默认是带坡度的地形，我们可以选择并用鼠标左键双击绘制好的这个图形打开图形编辑器，然后通过"Default Value（Height）"（默认高度）、"Opacity（Strength）"（强度/透明度）、"Falloff Distance"（坡度衰减距离）、"Falloff Type"（衰减类型）、"Falloff Profile Curve"（衰减剖面曲线）来控制地形的高度与坡度变化，调节时根据快速预览窗口的反馈来进行控制，如图6-57所示。注意：自定义地形可以进行多重创建，创建后的坐标点可以用鼠标进行后期编辑。

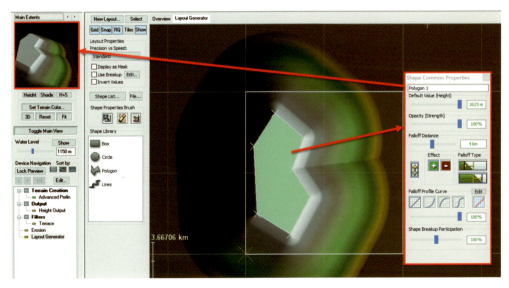

▲ 图6-57

10 接下来根据当前场景的结构将自定义地形的坡度和高度设置得相对低一点和小一点,如图 6-58 所示。

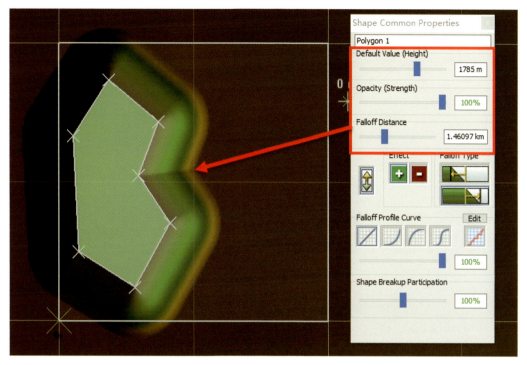

▲ 图 6-58

11 设置完毕后返回节点编辑视图,创建一个"Combiner"节点,将"Layout Generator"和"Advanced Perlin"节点进行混合,混合方式采用"Screen"(也可以尝试其他混合方式),这样自定义地形就融入到了分形地形之中了,如图 6-59 所示。

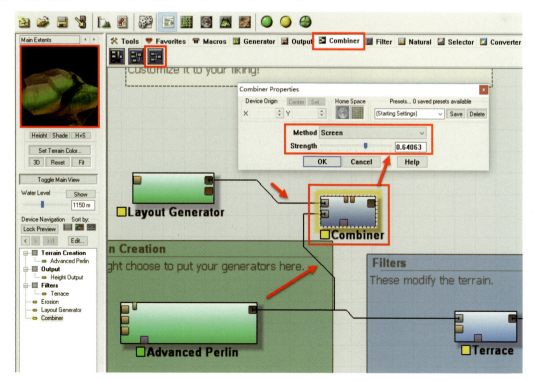

▲ 图 6-59

12 接下来将混合好的"Combiner"节点重新连接回"Terrace"节点,如图6-60所示,然后进行最终解算,这样就得到了非常自然的自定义山脉效果了,如图6-61所示。

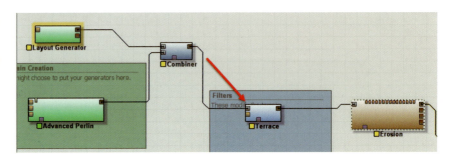

▲ 图 6-60

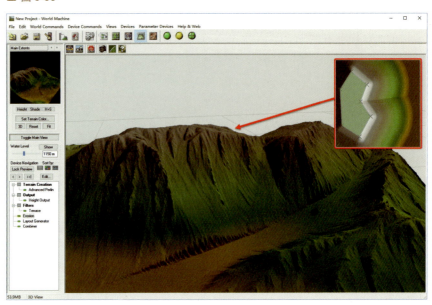

▲ 图 6-61

通过自定义形状融合程序分形创建地形是 World Machine 制作场景的主流方式,结合之前所学的知识,大家可以尝试使用更为复杂的混合手段来创造更加有趣的地形效果,如图6-62所示。

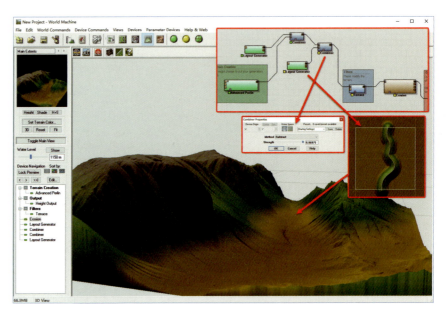

▲ 图 6-62

5. 地形遮罩

遮罩系统是 World Machine 进行局部结构塑造、局部结构调节、色彩混合处理的重要工具，灵活运用遮罩系统可以有效地帮助我们对地形进行细节化的控制，以此获得更加细致逼真的结果。

01 打开 World Machine，"Advanced Perlin"节点下方有一个紫色的输入端，称为"Mask Input"（遮罩输入），在很多节点中都有这个输入端，专门用于连接高度（黑白信息，黑色区域为遮蔽图案，白色则为透明）信息来对这个节点产生的图形进行遮蔽操作，这样就能产生局部屏蔽效果，如图6-63 所示。

▲ 图 6-63

02 接下来创建一个"Radial Grad"节点，将其连接到"Advanced Perlin"节点的遮罩输入端，这样"Radial Grad"的黑白信息就对"Advanced Perlin"产生了遮蔽效应，"Advanced Perlin"分形结构只在白色和灰色区域显示，所有地形细节只出现在山峰内部，如图6-64 所示。

▲ 图 6-64

03 进入"Selector"（选择器）节点库，分别创建三种类型的选择器节点："Select Height"（选择高度）、"Select Slope"（选择坡度）和"Select Angel"（选择方向）。顾名思义，这些节点专门用于在地形结构上生成特定的黑白遮罩，然后将它们运用在诸如"限制区域"或者"混合位置"等的流程中，如图6-65 所示。

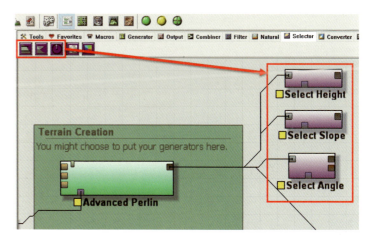

▲ 图 6-65

04 每种选择器节点都有其范围调节滑块，可以根据快速预览视图的反馈来实时地选择需要的范围，白色为"选中"范围，黑色为"未选中"范围，如图6-66 所示。

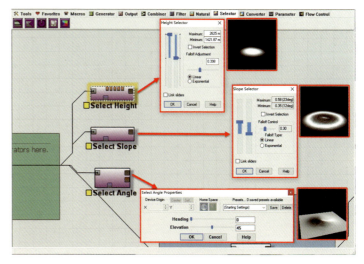

▲ 图 6-66

05 接着挑选一种选择器。比如当前这个场景，要让山顶保持现在的结构，但是上坡和地面需要增加岩石的细节，那么就可以使用"Select Height"或者"Select Slope"来限制出一个区域，让山峰和岩石产生自定义分布。再创建一个"Advanced Perlin"节点，将其设置为相对细碎的岩石结构，如图6-67所示。

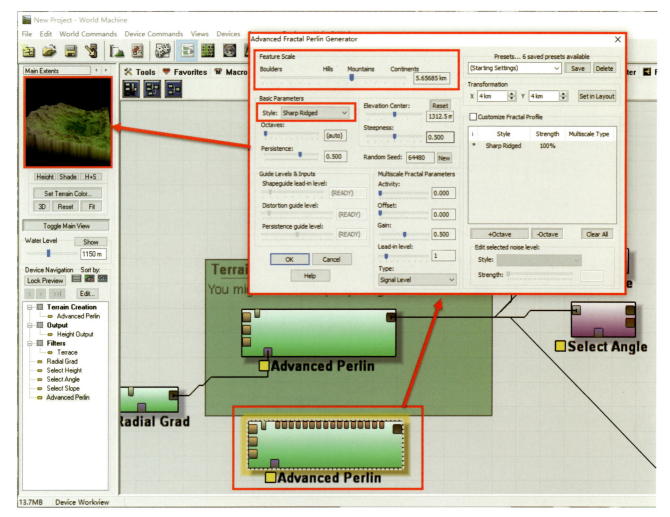

▲ 图 6-67

06 再创建一个混合节点，将两个"Advanced Perlin"节点进行混合连接，采用"平均"混合方式，混合"强度"为"1"，如图 6-68 所示。

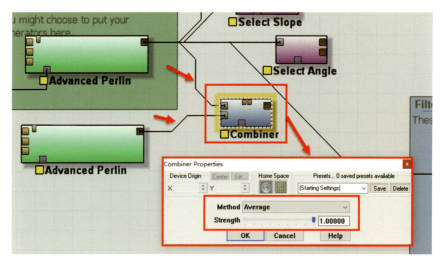

▲ 图 6-68

07 平均混合强度为"1"时，上层节点效果失效，这是由于"1"代表下层节点占有率为100%（0代表上层节点占有率为100%）。接下来将"Select Height"节点拖至下方位置，然后将其连接到"Combiner"节点的"Mask Input"端口，这样高度选择黑白遮罩就作用于混合节点中，遮罩白色选中区域就出现了第二个"Advanced Perlin"节点的效果，其他区域将不受影响，如图6-69所示。

08 在调节过程中，快速预览视图只显示当前选中节点，对于遮罩的调节很不直观，我们可以在"Combiner"节点上双击，选择"Lock preview on device"（锁定预览，快捷键F）命令，这样无论选择哪个节点进行调节，快速预览视图就只显示锁定后的节点，重复选择这个命令可以取消锁定，如图6-70所示。注意：最终解算需要解除节点的锁定，或者只锁定最终节点。

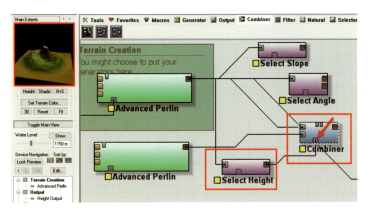

▲ 图 6-69

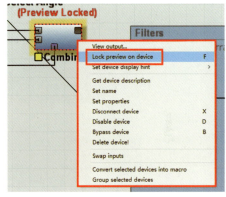

▲ 图 6-70

09 下面将混合遮蔽好的"Combiner"节点连接到"Terrace"节点，并在后方插入"Erosion"节点进行解算，这样就得到了清晰的山峰和充满岩石的山坡效果，如图6-71所示。

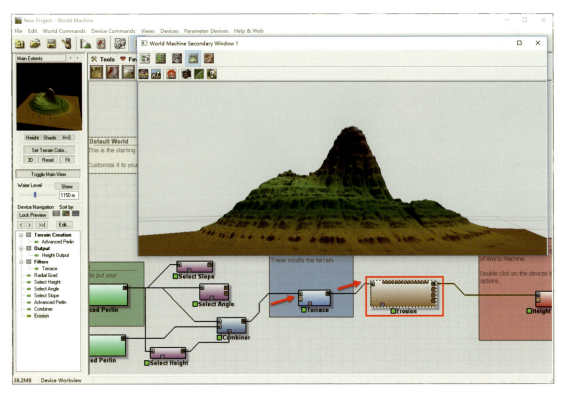

▲ 图 6-71

10 现在我们可以尝试使用"Select Slope"和"Select Angle"节点作为遮罩对山体进行控制,分别如图 6-72 和图 6-73 所示。

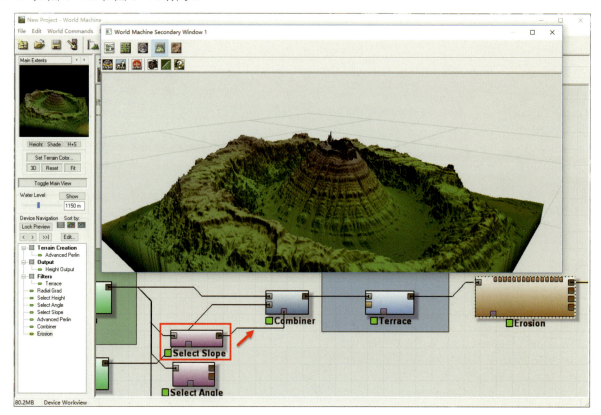

▲ 图 6-72

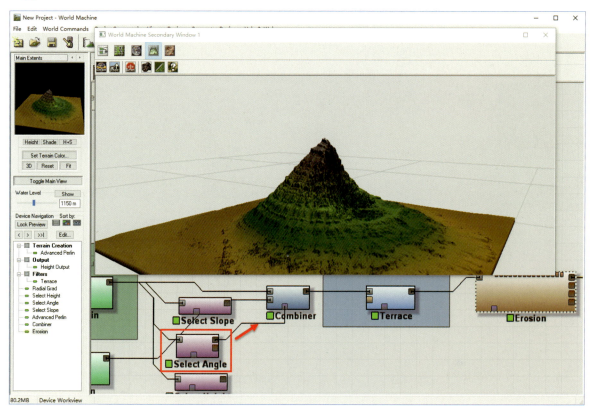

▲ 图 6-73

6. 世界探索

World Machine 和分形绘图一样，虽然看上去只是创建了"一个区域"的地形，其实在画面之外还有无限延伸的空间，这是一个巨大的世界。当我们创建好一种风格的地貌后，可以打开世界导航地图查看整个世界，"白色方框"区域为当前区域，也就是可以生成模型的区域。滚动鼠标中键和用鼠标右键平移可以进行导航，然后可以使用区域编辑工具在地图上重新定位白色方块的大小来指定新模型生成的位置，如图 6-74 所示。这样，当我们创建出某一类地形后可以无限地去截取延展地图中的任何区域来生成模型，针对任何感兴趣的区域去探索。

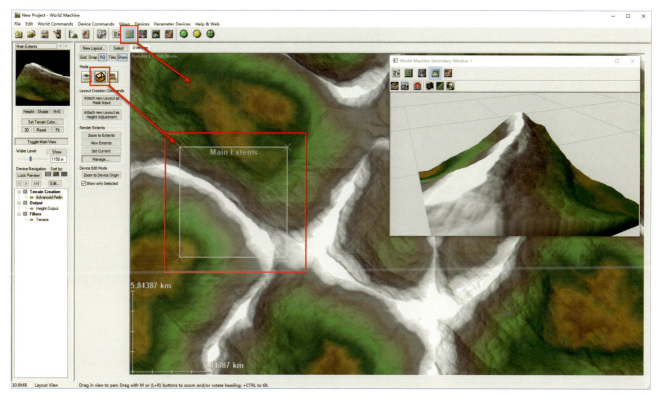

▲ 图 6-74

三、World Machine 实例分析

1. 峡谷地形创建

下面灵活运用上面所讲解的知识来创作一个峡谷场景。

01 首先，找到 World Machine 的 "Views"（视图）模块，打开一个附加预览视图，这是一个面积可调的快速预览视图，这样可以帮助我们实现更清晰的预览，如图 6-75 所示。

> Tips：附加视图会降低计算机性能，配置较低的计算机不推荐使用。

02 接下来为 "Advanced Perlin" 节点创建多重分形层来获得一个峡谷的基本结构，参数设置参考图 6-76 所示。注意：由于后期可以在世界中探索任何区域，当前创建的地形只需要把握住整体风格需要即可。

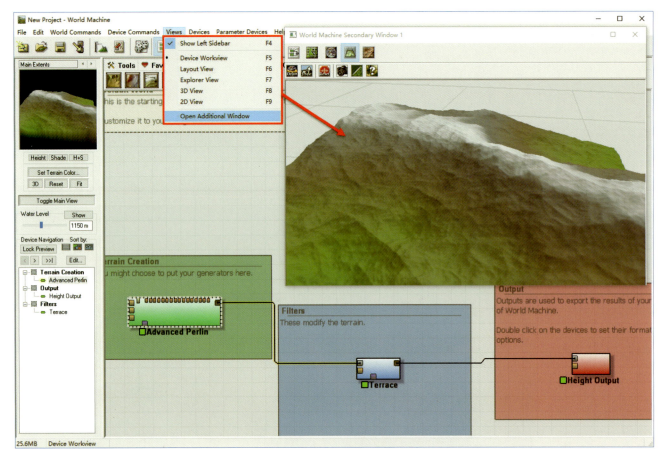

▲ 图 6-75

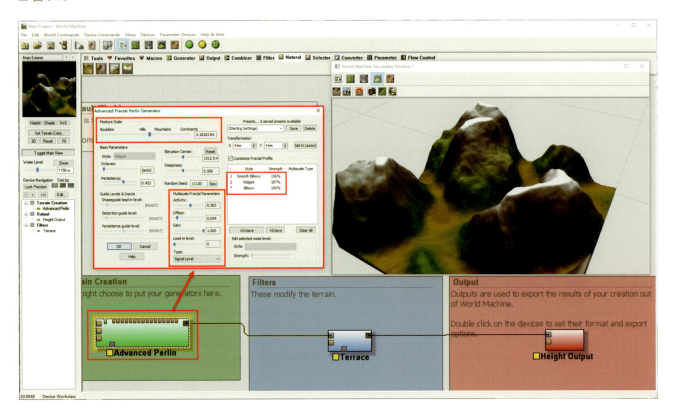

▲ 图 6-76

03 为了丰富地形细节，还可以创建另外一个"Advanced Perlin"节点来生成一个较为细碎的地形结构等待混合，参数设置参考图6-77所示。

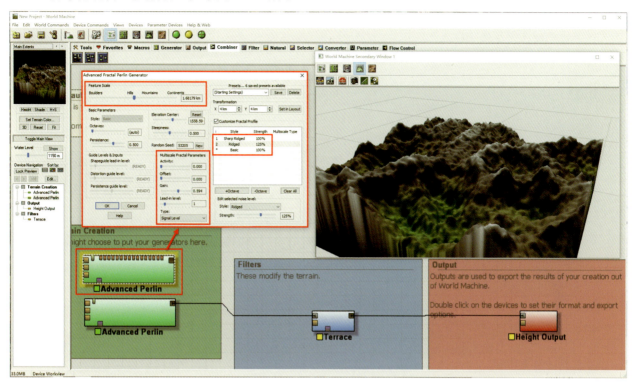

▲ 图6-77

04 接下来使用"Combiner"节点混合两个"Advanced Perlin"节点，设置混合"方式"为"Detail"、混合"强度"为"1"，如图6-78所示。

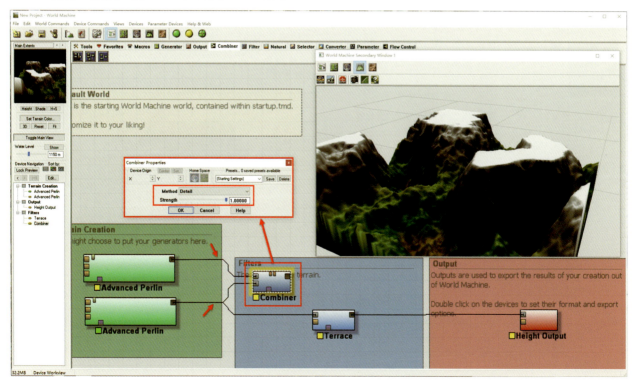

▲ 图6-78

05 接下来将"Combiner"节点连接到"Terrace"节点,然后调节 Terrace 方式,参数设置参考图 6–79 所示,这样就峡谷地貌的基本特征就出来了。

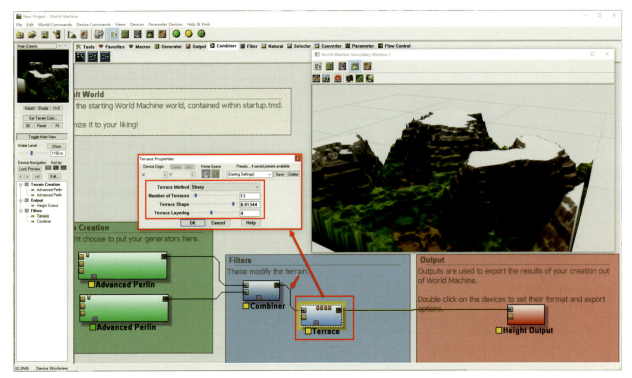

▲ 图 6-79

06 再在"Terrace"节点后插入"Erosion"节点,采用"Good with Terraces"(优化分层效果)预设,这样就得到了自然的风化和侵蚀效果,如图 6–80 所示。

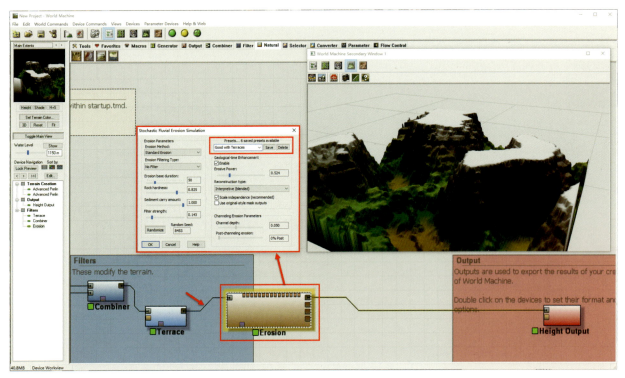

▲ 图 6-80

07 当前的风化和腐蚀效果比较平均,我们可以利用"Select Height"作为遮罩对其进行遮蔽(白色部分指定到山顶区域),让山体顶部风化效果强烈一些,而峡谷内部轻微一些,参数设置参考图6-81所示。

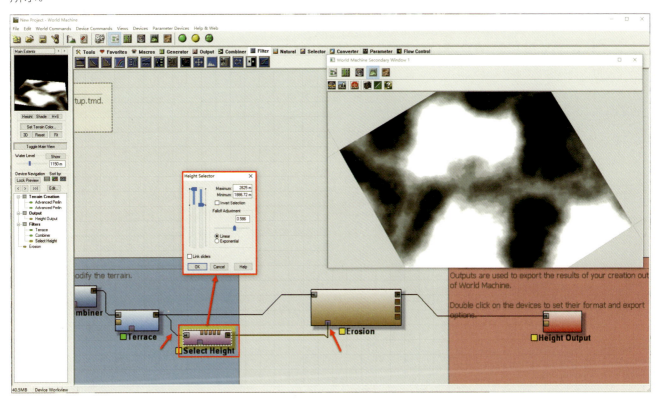

▲ 图6-81

08 接下来将场景分辨率设置到2049x2049进行解算,这样就能看到更多的细节,如图6-82所示。

▲ 图6-82

09 在"Erosion"节点后增加一个"Colorizer"节点,选择"Acid Bleached Wrold"色彩预设,这样就得到了一个红色的地形色彩,如图6-83所示。

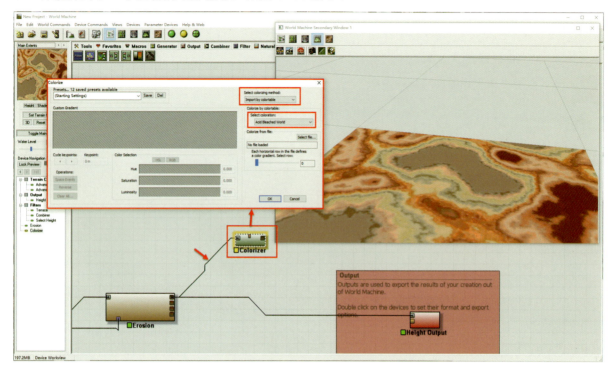

▲ 图 6-83

10 在"Erosion"节点输出流动贴图端口到一个新的"Colorizer"节点,选择"0018++"色彩预设作为色调,这样就转换出另外一种色彩纹理,如图6-84所示。注意:色彩搭配没有固定模式,混合的色彩越多,最终效果越细腻,可以多做尝试。

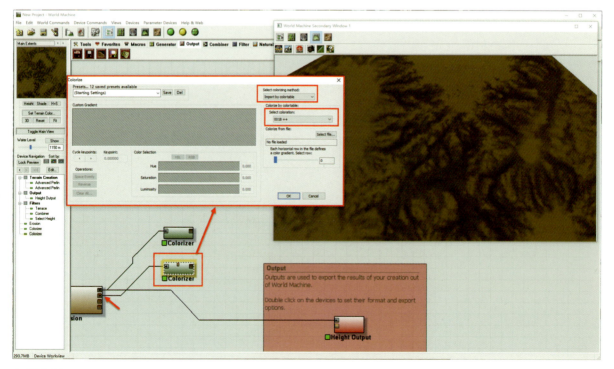

▲ 图 6-84

11 下面创建一个新的"Combiner"节点,将这两个色彩节点进行混合,设置混合"方式"为"平均"、混合"强度"为"1",如图6-85所示。

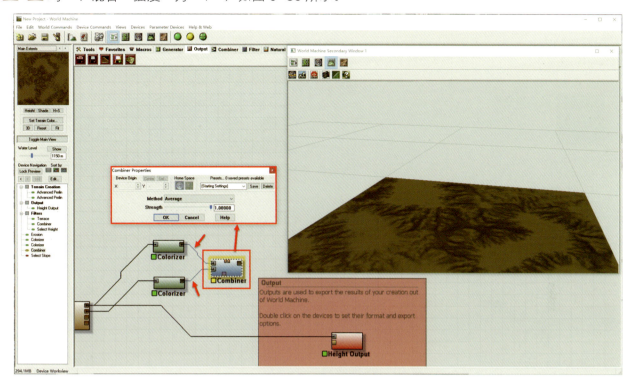

▲ 图 6-85

12 接下来使用"Select Height"节点作为"Combiner"的遮罩来混合上下两个色彩,参数设置参考图6-86所示。

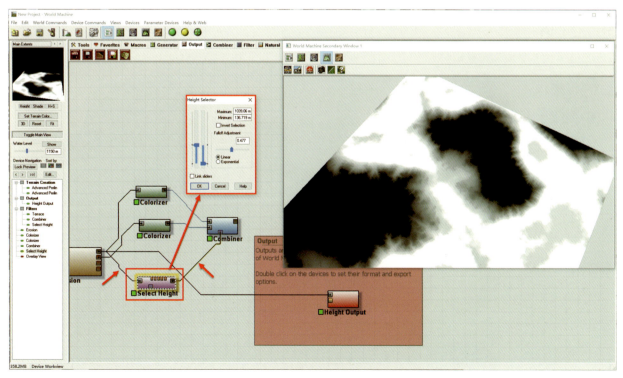

▲ 图 6-86

13 接下来创建一个"Overlay View"输出节点,将"Erosion"节点的"Primary Output"输出端接入它的"Primary Imput"输入端;将"Combiner"色彩节点的"Primary Output"输出端接入它的"Overlay Imput"接入端,这样就同时输出了高度和色彩信息,单击"解算"按钮就能看到最终结果,如图 6-87 所示。

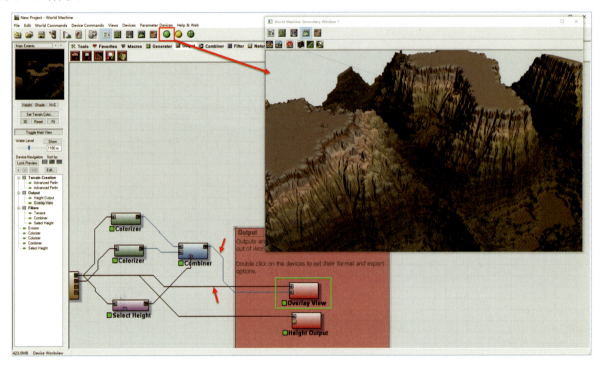

▲ 图 6-87

14 创建完峡谷地形后,我们就可以进入世界地图探索自己感兴趣的区域并进行新的定位了,如图 6-88 所示。我们可以打开本书随书附赠中提供的"Canyon.tmd"文件查看本例最终效果。

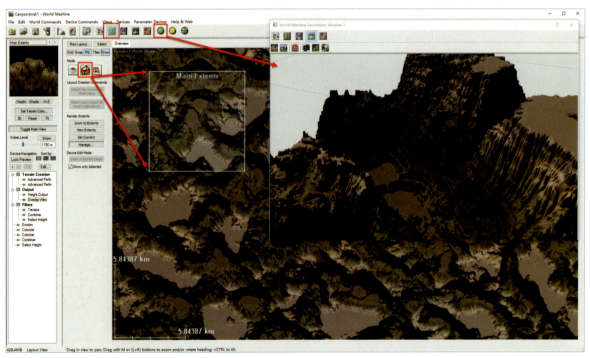

▲ 图 6-88

15 "Combiner"节点可以混合高度、色彩、遮罩等信息,我们一定要灵活运用它。当结构细节或者色彩纹理不够理想的时候,就要不断地进行混合试验以获得最理想的结果。大家可以打开随书附赠中提供的"Canyon2.tmd"文件,查看更为复杂的混合实例,留给大家思考与研究,如图6-89所示。

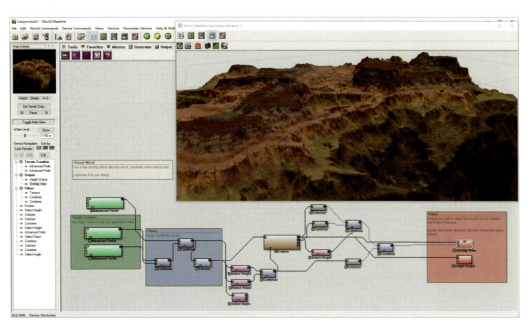

▲ 图6-89

2. 创建雪山

下面综合以上知识点,讲解雪山的创建方法。

01 首先,打开随书附赠中提供的"Snow-M Start.tmd"文件,这是一个运用上述知识点完成的雪山地形。其中涉及一个新的生成类节点"Voronoi"(泰森多边形分形)。这个节点是一种多边形结构的节点,适合用于生成山脊一类的地形,大家可以查看这个节点的属性设置,如图6-90所示。

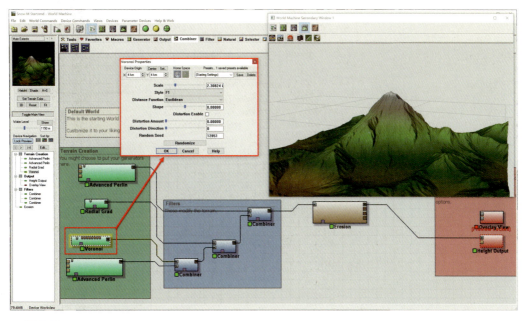

▲ 图6-90

第六章 World Machine | 229

02 接下来进入"Nature"类节点库,在"Erosion"节点之后选择并插入"Snow"(积雪)节点,这样就插入了积雪效果,如图 6-91 所示。

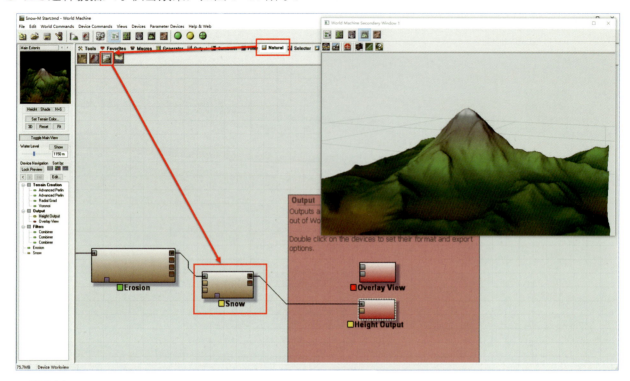

▲ 图 6-91

03 积雪节点可以同时输出高度和积雪遮罩两个端口,我们可以使用"Colorizer"节点接入它的"Snow Depth Mask"(积雪深度遮罩)端口来获取积雪的颜色,并通过渐变色控制积雪的量,注意只能使用黑白色控制。参数设置参考图 6-92 所示。

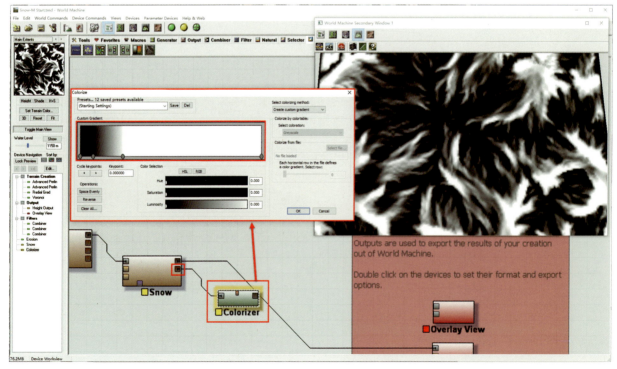

▲ 图 6-92

04 接下来创建一个或多个"Colorizer"节点来混合出山体岩石和泥土的色彩,注意山体输出到"Colorizer"的接口可以为"Erosion"节点的"Primary Output (Height map)""Flow map"或"Wear map"(磨损贴图)端口,每一个端口输出转化后的色彩结构都不一样,可以根据需要选择。为了突出白色的积雪,山体颜色要制作得较暗。我们也可以在"Colorizer"节点中通过导入图片来提取照片的色彩作为色阶变化的依据。接下来进入任意"Colorizer"节点,单击"Select File"按钮就可以导入随书附赠中提供的"Rock.png"图片,拖动下方的滑块就能抓取图片中的色彩作为地形色彩,如图 6-93 所示。

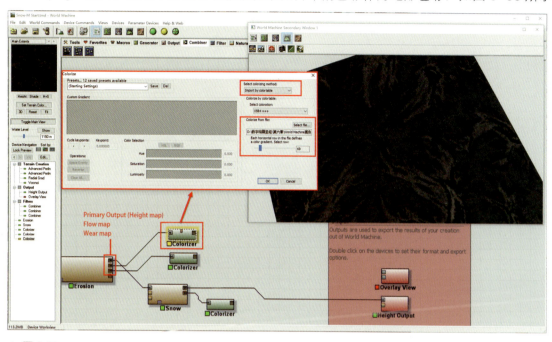

▲ 图 6-93

05 然后运用"Combiner"节点合成两个"Colorizer"节点,以获得较为细致的色彩纹理,叠加方式可以根据需要来选择,如图 6-94 所示。

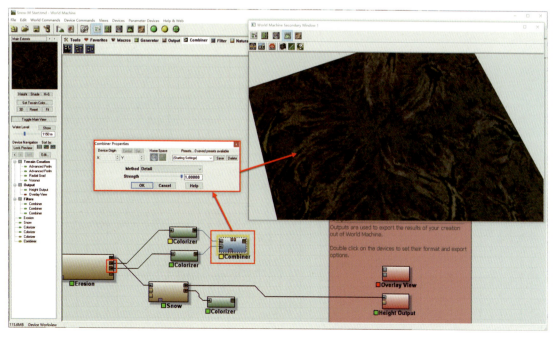

▲ 图 6-94

06 再次创建"Combiner"节点，将山体色彩和积雪色彩进行混合。注意积雪色彩放在上部，山体色彩放在下部，这样就得到了积雪覆盖的效果，如图 6-95 所示。

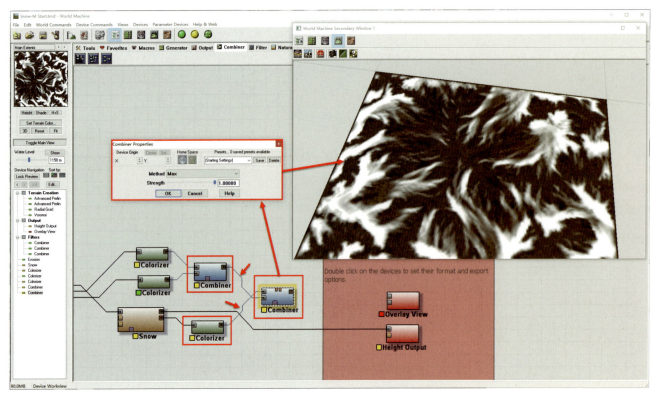

▲ 图 6-95

07 返回积雪节点，调节其属性，其参数包括"Intensity"（积雪强度）、"Evaporative Balance"（蒸发平衡）、"Snow Amount"（积雪量）、"Snow Line"（雪线）、"Depthmask cutoff"（深度通道剪切），通过这些参数来控制积雪的变化，如图 6-96 所示。

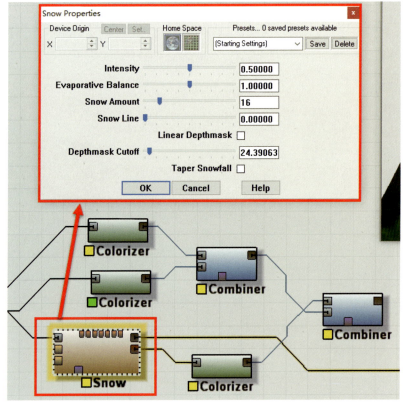

▲ 图 6-96

08 当前创建的积雪覆盖的地面较多，如果希望把积雪放置到山顶较高的位置，那么需要进入"Filter"（滤镜）类节点，在积雪的"Colorizer"节点之后插入一个"Inverter"（反转）节点，这样就将积雪的黑白结构进行了反转，积雪从地面移动到了山顶位置，如图 6-97 所示。注意："Inverter"节点可以用于反转任何色彩类节点。

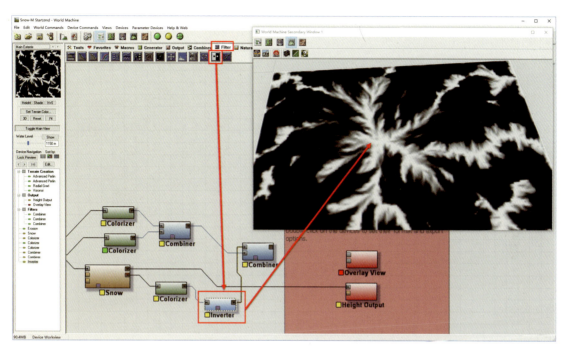

▲ 图 6-97

09 将"Snow"节点的高度端口连接到"Overlay View"节点的高度端口，将山体和积雪混合的"Combiner"节点连接到"Overlay View"节点的"Overlay Input"端口，进行解算就能看到积雪覆盖在山体上了，如图 6-98 所示。

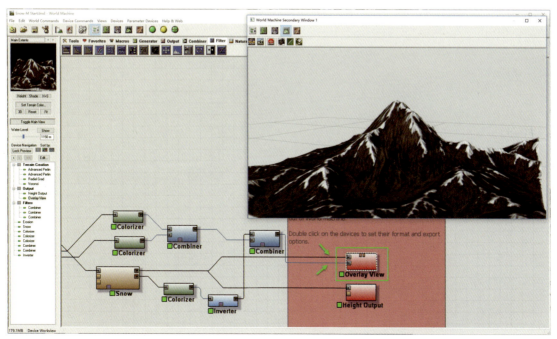

▲ 图 6-98

第六章　World Machine ｜ 233

10 返回"Snow"节点，继续修改参数，将积雪覆盖量增加，这样就更加逼真了，参数设置参考图6-99所示。

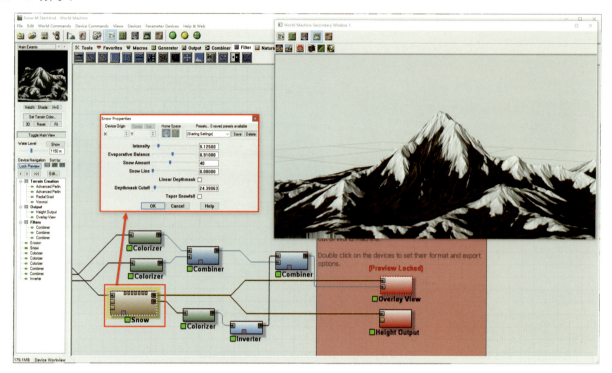

▲ 图 6-99

11 最后混合两个选择器：高度和坡度，将其再次混合到之前的山体和积雪层，这样就能将选择器选择的遮罩当作积雪色彩来使用了，以此作为积雪和山体间的过渡区域，这样雪山看上去就非常自然了，如图 6-100 所示。

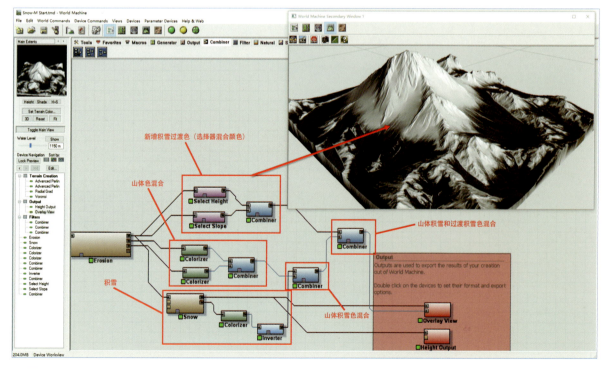

▲ 图 6-100

12 多层级节点的创建需要保持良好的逻辑思维，一定要循序渐进地按照所学知识一步步理解到位后再进行创建，仔细观察和研究每一步的作用及其含义，这样才能更好地掌握World Machine的运用，一定不要照葫芦画瓢地照搬参数，也不需要死板地严格按照实例去模仿，最重要的是理解原理与举一反三，这也是节点系统创建需要的方式。大家可以打开随书附赠中提供的"Snow-M Final.tmd"文件，查看本例最终效果与节点网络。在随书附赠中还提供了另外一个更为复杂的多层混合雪山地形实例，如图6-101所示，大家可以打开"Snow-M2.tmd"文件学习和研究。

▲ 图 6-101

3. 实例分享

下面这些典型实例都是比较常见和实用的 World Machine 应用案例，大家可以在随书附赠中找到它们自行学习研究或者用于绘画辅助。

Terrain01.tmd 如图 6-102 所示。

▲ 图 6-102

Terrain02.tmd 如图 6-103 所示。

▲ 图 6-103

Terrain03.tmd 图 6-104 所示。

▲ 图 6-104

Terrain04.tmd 如图 6-105 所示。

▲ 图 6-105

四、World Machine 与 Photoshop 的结合使用

在 World Machine 中并没有提供高质量的渲染引擎，我们需要借助其他渲染系统来进行输出，在后面的章节中我们会逐一介绍。但是在一般的绘画流程中，可以借助于它的高度或者遮罩通道来帮助进行场景绘画的辅助，简单快速地完成地形的绘制，在下面这个实例中，将介绍 World Machine 与 Photoshop 的结合使用。

01 首先，打开随书附赠中提供的实例源文件"WM-Photoshop.tmd"，这是一个随机生成的山脉地形，如图 6-106 所示。

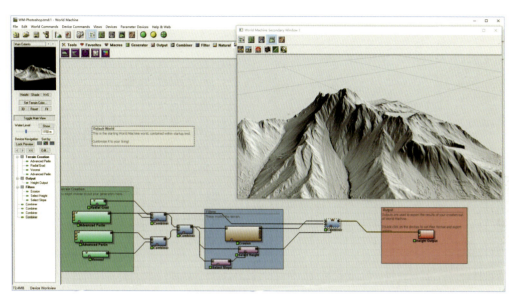

▲ 图 6-106

02 在 World Machine 的生成类节点中，可以找到"Random Seed"（随机种子）参数和"Randomize"（随机化）按钮，输入任何数值或单击按钮就能将设置好的参数随机化，这样就能得到随机地形变化；在工具栏中也有总体随机化按钮，每次单击该按钮后就能整体随机化处理，如有需要可以进行设置，如图 6-107 所示。

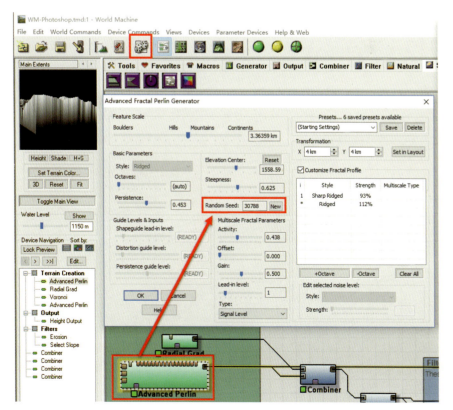

▲ 图 6-107

03 接下来解算当前场景，然后快速预览视图，将灯光设置到侧光的位置，让山体形成对比度较强的明暗对比，如图 6-108 所示。

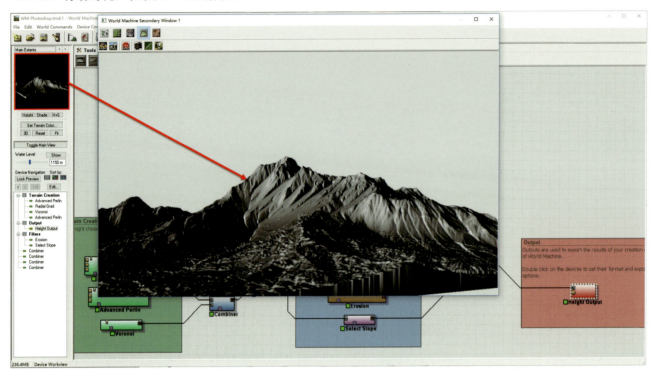

▲ 图 6-108

04 下面解算当前地形，然后确定一个自己需要的视点，将视图切换为三维预览视图，在菜单栏中选择"Save Viewport As Image"（保存视图为图片）命令，这样就将视图导出了，如图 6-109 所示。

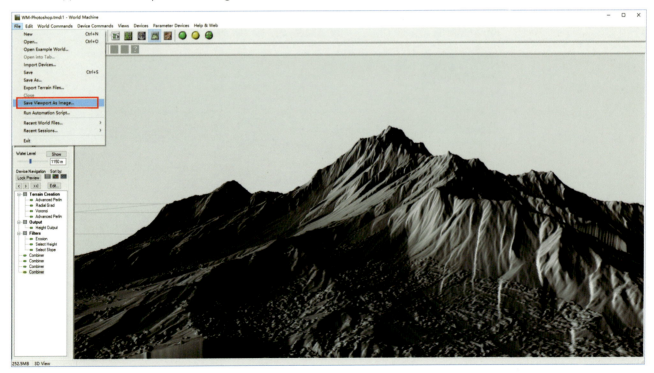

▲ 图 6-109

05 在Photoshop中打开之前导出的图片,进入"通道"面板,然后按住Ctrl键单击"Alpha 1"通道,这样就能自动选择Alpha通道的白色区域,然后返回"图层"面板,按下快捷键Ctrl+C复制当前画面;返回"通道"面板,选择"Alpha 1"通道,再按下快捷键Ctrl+V将复制的画面粘贴回"Alpha 1",这样山体白色区域就变成了遮罩,如图6-110所示。

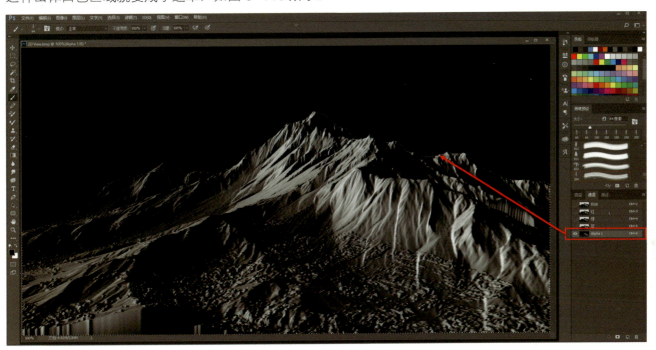

▲ 图6-110

06 在"通道"面板选择"RGB"图层,然后返回"图层"面板,新建一个纯色图层(可以是要绘制的环境色或天空色),然后再次返回"通道"面板按住Ctrl键单击"Alpha 1"就能对山体的白色和灰色区域进行选择,如图6-111所示。

▲ 图6-111

07 接下来返回"图层"面板，使用任意笔刷就能在受光区域绘制出山体结构（按下快捷键 Ctrl+H，可以隐藏选区按快捷键 Ctrl+D 取消选区），运用这个参考遮罩就能简单快速地绘制出山体的基本特征，如图 6-112 所示。

▲ 图 6-112

08 按下快捷键 Ctrl+Shift+I 反转选区，就能绘制山体暗部区域和天空环境等，反复切换选区就能准确快速地绘制受光部和背光部，如图 6-113 所示。

▲ 图 6-113

09 绘制出山体的大结构，就可以取消选区根据自己的需要对细节的衔接和具体结构进行深入的描绘了，如图 6-114 所示。

▲ 图 6-114

10 继续深入刻画并加入其他元素，如图 6-115 所示。

▲ 图 6-115

11 完成的效果如图 6-116 所示。

▲ 图 6-116

五、总结

World Machine 为我们提供了一种便捷高效的绘画手段,即使是初学者,灵活地运用它也能快速解决场景绘画中的各种难题,再加上其强大的随机性生成功能,几乎每一幅作品都能保持其独特性,避免了很多思维的局限或者是绘画技法不足导致的问题。从以上的讲解中我们不难发现,随着技术手段的不断革新,改变的是作画方式和习惯,同时也引发了很多思维上的转变,在提升绘画技法和激发创意上,这些先进的工具有着不可忽视的重要性,同时对于它们的深入运用也希望读者们学会举一反三,不断深入探索其乐趣与可能性。

第七章

照片重构

一、照片重构简介

当我们游览美丽的丛林、穿越壮丽的峡谷、游走于美丽的都市之中时，你是否想过将这些美丽的景物带回家？答案是一定的。但是传统影像采集的方式仅仅是将结构与色彩记录为平面的影像，我们并不能将其进行全方位的还原。照片重构技术的出现改变了这一切，运用传统拍照方式可以通过"多角度"拍摄，然后经由重构计算来逼真地还原物体的体积、表面特征及光影。除此之外，还能在重构后重新为物体布光和进行一系列的后期处理。在数字绘画、电影、游戏、产品、测量等很多领域，照片重构有着广泛的应用，是目前最重要的素材采集方式之一，有着不可估量的前景。如图 7-1 所示就是通过照片重构技术实现的自然场景。

▲ 图 7-1

照片重构技术（或 3D 扫描技术）的原理是通过对物体进行多角度拍摄来反求摄像机的坐标，从而根据这些坐标生成物体的体积和色彩，然后再根据重构后的物件进行重新布光和表面处理，以此运用于绘画、影视和游戏等方面。由于重构数据是 3D 的，因此重构元素可以随时改变视点进行重组，以达到多次利用的目的。如图 7-2 所示为照片重构的雕像。

▲ 图 7-2

照片重构的设备需求非常简单，从可以拍照的智能手机到专业的单反相机，都能得到不错的重构结果，当然，像素越高的相机所能得到的结果也越好，在重构一些较大场面的物体时，我们还需要配置无人机来进行辅助。如图 7-3 所示为利用照片重构技术制作的悬崖峭壁。

▲ 图 7-3

接下来让我们一起进入照片重构的奇妙世界。

二、拍摄技术

1. 拍摄器材

照片重构技术的核心都在拍摄的过程中，对于所要使用的设备并没有严格的要求，一般情况下，我们可以使用市场上常见的智能手机或者单反相机来作为主要拍摄器材。如图 7-4 所示为一般的拍摄器材。

▲ 图 7-4

在众多的拍摄设备中，尽量不要使用镜头视角过大的器材，如运动相机或者鱼眼镜头等，过大的视角会产生重构误差。如图7-5所示为运动类相机。

▲ 图 7-5

2. 拍摄对象要求

拍摄对象的选择要根据物体的具体特征来进行考虑，通常情况下，要避免拍摄以下类型的物体：

- 无实体结构。如烟雾、火焰、气体、光线等，如图7-6所示。

▲ 图 7-6

- 运动元素。凡是处于运动中的物体都无法重构，如运动员、汽车、飞机、动物等，如图7-7所示。

▲ 图 7-7

- 纯色物体。单色的物体在进行重构时系统无法判断其不同角度下的结构变化，因此不能进行直接拍摄，尤其是纯白和纯黑的物体，需要进行坐标识别的后期处理才能使用，如单色的器皿等，如图7-8所示。

▲ 图 7-8

- 反光表面。带有反光表面的物体在多角度下的反光是不一样的，因此也不能直接用于拍摄，需要进行遮蔽处理才能使用，如汽车、手机、瓷器、不锈钢等，如图7-9所示。

▲ 图7-9

- 透明物体。透明物体和反光物体一样，多角度下其表面结构会发生变化，不能直接使用，需要进行遮蔽处理，如玻璃、水晶、钻石等，如图7-10所示。

▲ 图7-10

- 无厚度物体。薄片状物体重构的误差很大，具体要根据实际情况来看，如远距离拍摄重构一片叶片，那么有可能会产生较大的误差，如果近距离拍摄仅重构其表面细节，那么误差就较小，如图7-11所示。

▲ 图7-11

- 细碎状物体。如一片树丛、一堆杂草、一朵棉花、一缕头发、绒毛等物体，远距离拍摄后进行重构可以还原整体的大结构，但是近距离拍摄其细节后重构误差会非常大，因为结构的细节过多。这类物体一般不通过重构技术来实现，如图 7-12 所示。

▲ 图 7-12

- 远距离物体。远山、远处的楼房、远处的森林等这类远景由于不方便进行远距离多角度拍摄，因此一般情况下也无法重构，除非运用无人机或者直升机对整个地区进行多角度采集，如图 7-13 所示。

▲ 图 7-13

3. 拍摄环境要求

照片重构的元素在使用时是需要对灯光和色彩进行重新布局的，因此如果拍摄对象已经有明确的直射光照明和定向投影，那么在后期使用中就无法更改，因此漫反射（间接照明）环境尤为重要，以下因素需要在拍摄前考虑：

- 阴天（多云天）。阴天是照片重构的最佳环境，由于没有太阳直射，物体上呈现的光照是均匀和无方向感的，后期处理非常方便，如图 7-14 所示为光线条件示意图。

▲ 图 7-14

- 阴影。拍摄时如果无法避免直射光的影响，可以选择在阴影处拍摄或者使用遮挡物进行遮挡，以使物体处于漫反射区域，拍摄时尽量避免受光部位和背光部位产生较大的对比，色彩越"平均"越好，如图 7-15 所示为阴影遮挡区。

▲ 图 7-15

- 摄影棚。如果选择摄影棚对物体进行拍摄，一定要使用无影灯，避免使用会产生具体投影的射灯等，如图7-16所示为软阴影灯光。

▲ 图 7-16

- 光照。拍摄过程中的光亮也会直接影响重构的结果，过亮和过暗的照明环境都不利于最终的结果。室外拍摄尽量避免正午和黄昏等光线对比太强和太弱的时刻，如图7-17所示则明暗对比过强。

- 背景。拍摄时的背景一般情况下没有太严格的要求，但是越干净的背景环境，计算时的问题越少，如果背景过乱，可以适当采取遮挡物弥补。

▲ 图 7-17

4. 拍摄技术要求

除了上述因素外，最重要的就是拍摄的方法和所需要注意避免出现的拍摄问题。

- 多角度拍摄。多角度拍摄指环绕某个物体进行拍摄，常用于拍摄具体的物件，如雕塑、建筑、玩具、石头、地面等。拍摄时注意围绕物体进行拍摄，拍摄的角度越多，拍摄间隔距离越小，最终生成的效果越好，特别是有镂空的凹陷体，要保证拍摄到每一个部位。拍摄时可以从任何位置开始，拍漏的部位可以插入拍摄。拍摄时注意色彩明暗的关系，不要出现过亮和过暗的位置（如图 7-18 所示）。

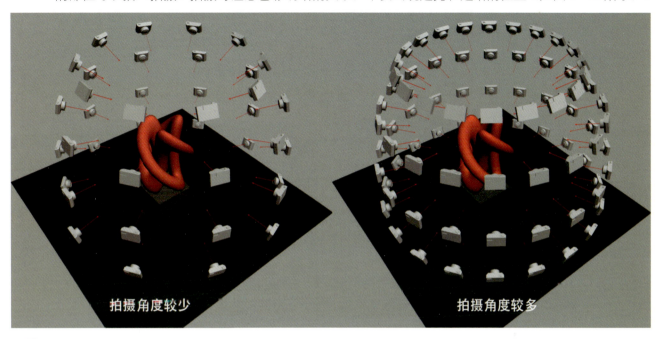

▲ 图 7-18

- 平移拍摄。平移拍摄一般用于拍摄起伏不大的地面或者墙面，包括浮雕等，一般用于拍摄单面的结构，如图 7-19 所示为平面拍摄过程。

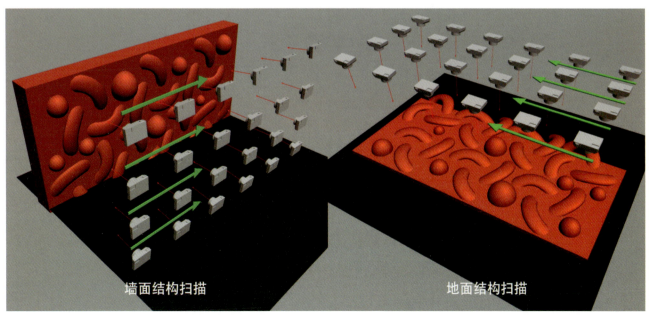

▲ 图 7-19

- 闪光灯。拍摄过程中禁用闪光灯，因为每次拍摄的画面结果都不一样。
- 构图。多角度拍摄时要保证每一张照片的构图都是完整的（平移拍摄可以包含不完整的画面），物体不要在画面中出现剪切或者较大距离的变化，但是轻微的远近变化不会有太大影响。
- 虚焦（景深）。拍摄时完全虚焦或者局部聚焦对于最终计算都是无效的。拍摄时尽量保证使用较小的光圈，不要出现物体上的虚焦（背景虚焦不受影响），同时不要使用长焦或是过大的广角镜头，如图 7-20 所示展示了虚焦问题。

▲ 图 7-20

- 光晕。逆光拍摄时，避免在画面中产生辉光或者光晕一类的镜头反光问题。
- 物体位置。在拍摄过程中，不要移动和改变物体的位置，尤其是在拍摄小物件时要避免风动干扰。

三、Agisoft PhotoScan 照片重构流程

1. 一般重构流程

Agisoft PhotoScan 是一个专业的照片重构系统，操作简单，品质卓越，是当下电影、游戏、绘画和建筑类行业常用的重构系统之一，下面通过具体的实例来学习 Agisoft PhotoScan 照片重构的流程。

01 首先，打开 PhotoScan 软件。PhotoScan 的界面非常简单，通过具体的实例操作流程就能快速掌握它的运用。对于首次使用 PhotoScan 的用户来说，需要先对软件进行设置，以便它能更好地工作。选择"工具"菜单，然后选择"偏好设置"命令，打开"PhotoScan 首选项"对话框，在"一般"选项卡中，可以选择"语言"和"Theme"（主题界面）；在"GPU"选项卡中，一定要选中"GPU devices"（显卡加速）下的复选框来获得高速的硬件解算。一般情况下推荐使用 Geforce 系列的显卡，显卡数量和级别越高，解算速度越快；在"高级"选项卡中，如果我们的显卡支持"VBO"技术（如 ATI 系列显卡），那么选中"启用 VBO 支持"复选框，将获得更快的解算速度。设置完成后需要重启 PhotoScan 来让设置生效，如图 7-21 所示。

02 下面进入重构流程。选择"工作流程"→"添加照片"命令，然后就可以选择事先拍摄好的照片序列进行加载。我们可以直接打开随书附赠中提供的"Rock"文件夹中的实例来做参照，如图 7-22 所示。

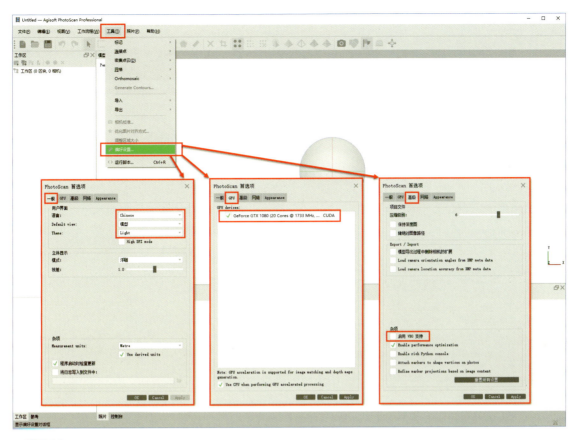

▲ 图 7-21

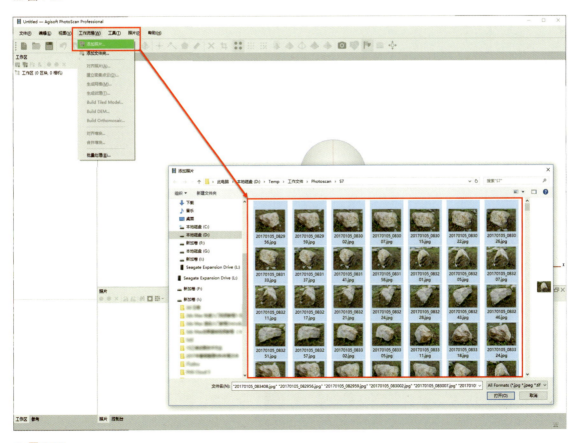

▲ 图 7-22

第七章 照片重构 | 255

03 接下来进入第二流程。选择"工作流程"→"对齐照片"命令，对齐解算的精准度可以在"精度"下拉列表中选择，一般情况下选择"高"就已经足够，如图7-23所示。

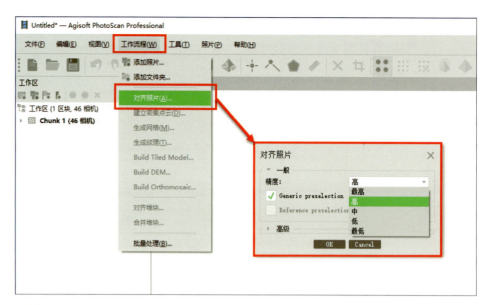

▲ 图 7-23

04 解算完成后，会在主视图看到生成了很多点信息，称为一级"点云"，也可以理解为"体积像素"，这就是通过照片重构计算出来的基本图像数据。同时，屏幕下方的照片库中所显示的打钩文件为可用照片，如果没有被选中，即表示照片拍摄有误不能被识别，如图7-24所示。

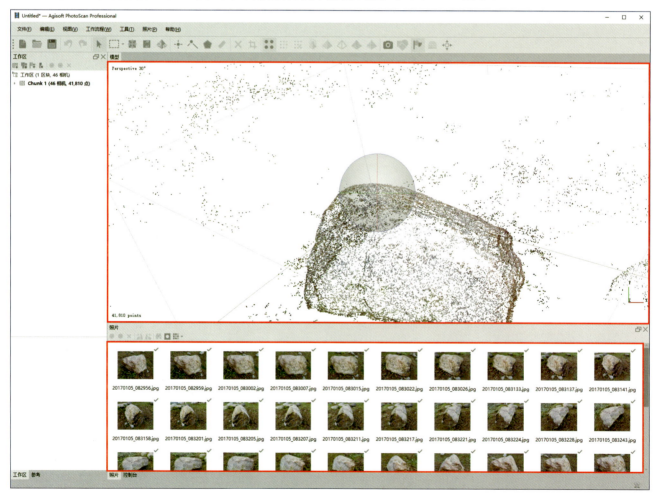

▲ 图 7-24

05 接下来可以在工具栏中选择"导航"工具，分别按住鼠标左、中、右键对视图进行旋转，以方便查看当前效果。当前解算的级别较低，因此丢失了很多细节，但是我们也能清楚地看到，除了石头部分较为清晰，背景中大量的混乱结构也被解算出来了，如图 7-25 所示。

▲ 图 7-25

06 接下来在工具栏中使用"选择"工具选择画面中不需要的点云数据，然后按下键盘上的删除键进行删除。在 PhotoScan 中，反复切换前后两个选择过的工具，可以通过按键盘上的 Space 键进行切换，如"导航"与"选择"工具，这样就能一边导航一边选择进删除，如图 7-26 所示。

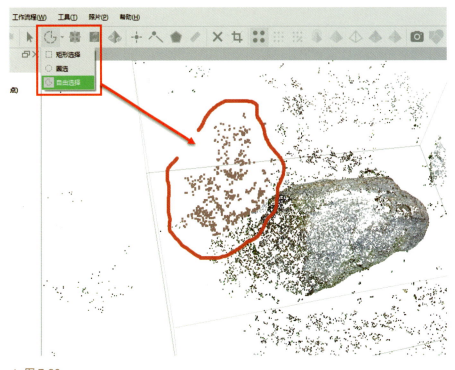

▲ 图 7-26

07 另外一种比较快速的清除背景点云的方式是,通过"选择"工具选择石头部分(保留部分),然后使用"裁剪"工具对未选区域进行剪裁,这样就能快速剪掉未选中的所有点云,如图 7-27 所示。

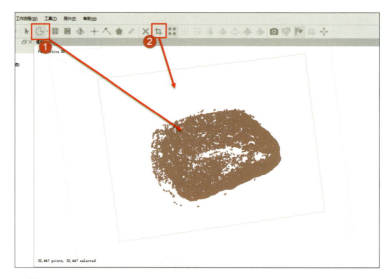

▲ 图 7-27

08 下面对解算区进行设置。在点云数据外围有一个矩形空间,称为解算区,最终效果的解算只在这个区域中有效。我们可以通过工具栏中的解算区调整按钮对其进行位置和角度的改变,在设置上尽量缩小这个区域以适配具体结构。另外,注意解算区地面位置的十字坐标要朝下,旋转时不要改变这个解算区的方向,如图 7-28 所示。

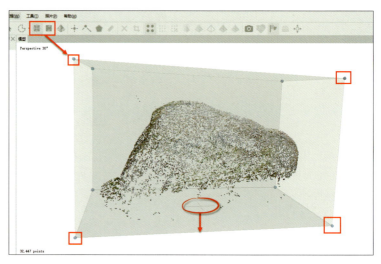

▲ 图 7-28

09 如果重构后的点云结构是倾斜的,并没有对齐解算区的矩形框,那么可以使用工具栏中的"旋转物体"工具来旋转模型的角度,如图 7-29 所示。

▲ 图 7-29

10 细心清理干净多余的点云数据后，就可以进行第三步流程：密集点云解算。选择"工作流程"→"建立密集点云"命令进行解算。密集点云计算速度很慢，一般情况下根据物体的复杂程度来考虑级别的设置。如果重构造型很简单的物体可以选择"中"，相对复杂的结构可以选择"高"，较为复杂的结构需要设置为"超高"来获得最佳的结果。本例中使用"高"级别设置，如图 7-30 所示。

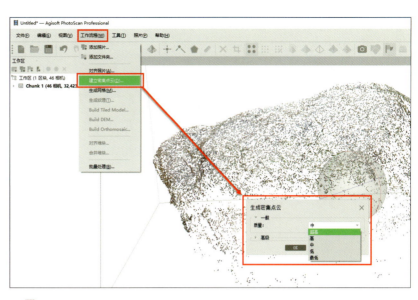

▲ 图 7-30

11 密集点云计算完成后，可以在工具栏中切换点云显示方式为"密集"方式，就能看到重构后的影像，如图 7-31 所示。

▲ 图 7-31

12 密集点云生成后又会出现很多细节点云杂质，需要再次使用"选择"工具进行清理，包括不需要的结构，如地面杂草区域可以使用解算矩形框进行排除，如图 7-32 所示。

> Tips：毛糙的点云数据会生成破损或者起伏较大的模型结构，因此清理时要耐心地进行处理。

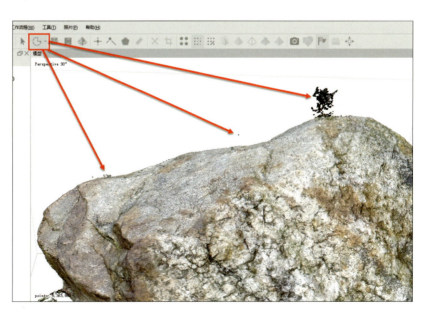

▲ 图 7-32

第七章 照片重构 | 259

13. 当点云数据清理完成后就可以进入第四步流程：生成模型网格。选择"工作流程"→"生成网格"命令，生成网格设置，一般启用默认值即可。但是由于拍摄的诸多问题，经常会有过亮和过暗或者没有拍到的部位导致点云生成失败，此时可以进入高级设置界面，启用"推断"模式来对这些"漏洞"进行自动补面处理，如图7-33所示。

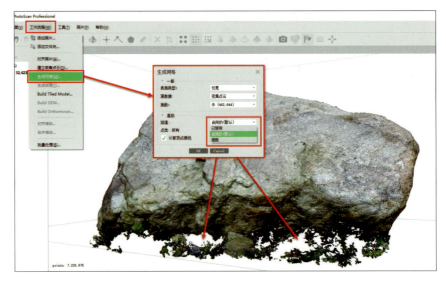

▲ 图 7-33

14. 模型网格解算完毕后，单击工具栏中的"显示网格"按钮，就能看到具体计算出的模型，如图7-34所示。

▲ 图 7-34

15. 接下来需要选择"编辑"→"逐步选择"命令，然后通过拖动滑块来选择飘浮在空间中的网格结构，然后按下键盘上的删除键进行删除，确保只保留干净的主体模型结构，如图7-35所示。

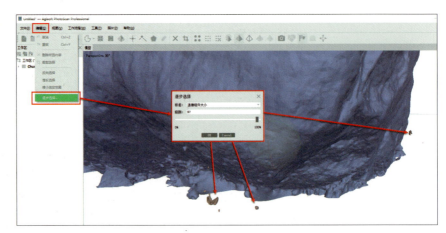

▲ 图 7-35

16 进行第五步流程：贴图解算。选择"工作流程"→"生成纹理"命令，使用"通用"映射模式和"4096"纹理大小进行解算，如图7-36所示。

> Tips：贴图大小和拍摄照片尺寸相关，一般手机设备建议保持在4096像素或以下，使用单反相机拍摄的高清照片可以生成4096以上的贴图尺寸。

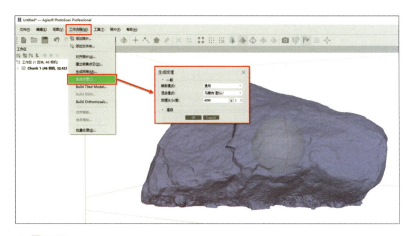

▲ 图 7-36

17 贴图生成后，在工具栏中单击"显示纹理"按钮，就能看到最终重构结果，如图7-37所示。

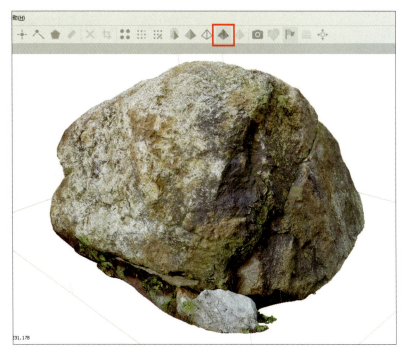

▲ 图 7-37

18 重构完成后可以保存此项目（PSX格式）或者导出模型网格（OBJ格式），以及贴图，如图7-38所示。

PhotoScan的使用流程非常简单，但是制约最终效果的重要因素仍然是所拍摄照片的效果和方式是否符合规范，在学习过程中应当不断练习各种条件下拍摄的技巧，以积累足够的经验。

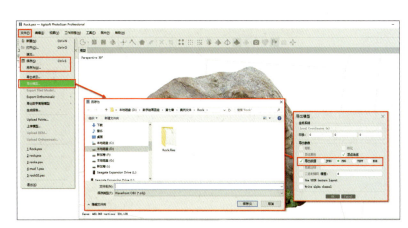

▲ 图 7-38

第七章 照片重构 | 261

2. 照片重构与拓扑优化

01 首先在 PhotoScan 中打开随书附赠中提供的 "statue" 文件夹，运用里面的图片进行解算与点云清理，如图 7-39 所示。

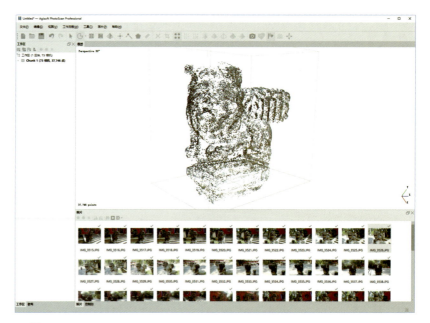

▲ 图 7-39

02 进行密集点云解算并深入细致地清理点云杂质，如图 7-40 所示。

▲ 图 7-40

03 生成模型网格，如图 7-41 所示。

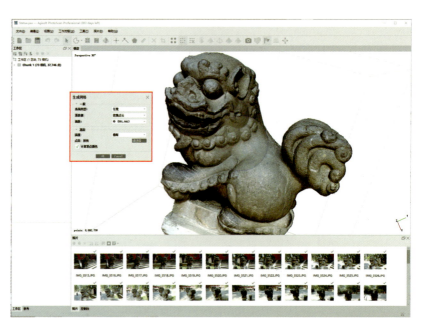

▲ 图 7-41

04. 模型网格生成后通过切换不同的显示方式可以看到，当前的模型由超密集的三角面构成。虽然得到了非常细腻的结构，但是过多的三角面将会导致后续一系列的运算负担，特别是后期对于模型的材质制作和渲染输出，过多的面会严重拖慢计算机的工作效率，因此在生成贴图这一步之前需要先对网格面进行优化，如图 7-42 所示。

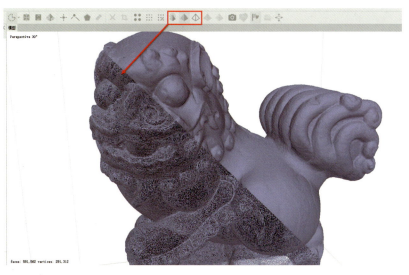

▲ 图 7-42

05. 接下来不要关闭 PhotoScan，打开"Instant Meshes"（方便网格）软件，这是一个开源的模型拓扑工具，专门用于将高面模型拓扑为四边面低面模型，如图 7-43 所示。

▲ 图 7-43

06. 接下来将 PhotoScan 解算好的模型导出为 OBJ 格式（不要关闭 PhotoScan）。然后进入 Instant Meshes，选择"Open mesh"（打开网格模型）加载导出的模型，如图 7-44 所示。

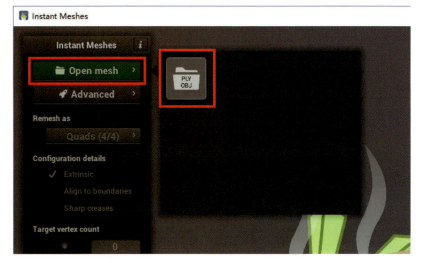

▲ 图 7-44

第七章　照片重构 | 263

07 模型打开后可以通过鼠标左、中、右键控制 3D 视图的导航,如图 7-45 所示。

▲ 图 7-45

08 接下来设置"Target vertex count"(目标物体顶点数),当前是"18.21k",即 182 100 万网格,如果需要降低模型面数,可以缩小这个值,这一步将其控制在 5 000 左右,即 5k,如图 7-46 所示。

▲ 图 7-46

09 下面单击"Solve"(解算)按钮对当前高面模型进行精简计算,计算完成后会在模型表面生成彩色纵横交错的线条,这个就是拓扑线条的分布趋势,如图 7-47 所示。

▲ 图 7-47

10 当前拓扑线条分布较平均，线条并没有按照某些结构转折来分布，接下来使用"梳子"工具在模型上绘制"导引线"，来控制线条跟随结构来转折和分布，这样就能使布线更加合理，如图7-48所示。

> Tips：导引线可以多次绘制，但是并不需要在所有地方都画一遍，只需要在大的结构上描绘即可，比如"圆形"结构的大腿或者眼球等，导引线的目的在于让布线适配相应的模型结构变化。

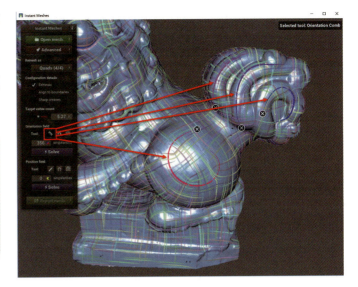

▲ 图7-48

11 接下来单击第二个"Solve"按钮就能将最终网格进行重新布局了，如图7-49所示。

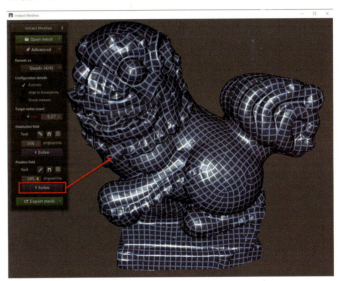

▲ 图7-49

12 接下来单击"Export mesh"（输出模型）按钮，然后在弹出的面板中选中"Pure quad mesh"（输出纯四边面模型）复选框，然后单击"Extract mesh"（挤出模型）按钮，这样就得到了低面的网格模型。最后单击"Save"按钮就能将其保存为OBJ格式的模型了，如图7-50所示。

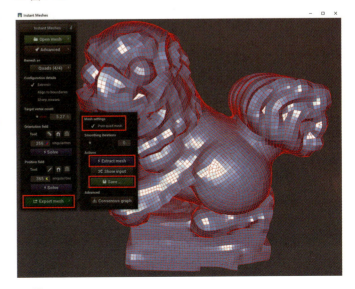

▲ 图7-50

13. 返回 PhotoScan，选择"工具"→"导入"→"导入网格"命令，打开刚才 Instant Meshes 保存的低面模型，这样当前的高面模型就被替换为低面模型了，如图 7-51 所示。

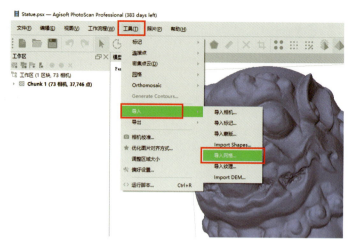

▲ 图 7-51

14. 接下来选择"工作流程"→"生成纹理"命令，为低面模型创建 4 096 像素的贴图，如图 7-52 所示。

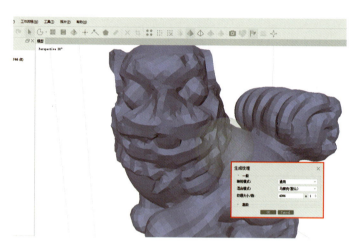

▲ 图 7-52

15. 贴图生成后将其显示，就可以看到几乎和高面模型一致的结果，但是此时的面数已经降低了很多倍，这就是一个方便后期使用的标准模型，如图 7-53 所示。

▲ 图 7-53

16 最后查看一下当前模型的 UV 贴图布局，选择"工具"→"导出"→"导出纹理"命令，导出当前贴图，这样就可以看到这张贴图的 UV 分布了。PhotoScan 默认情况下采用的是自动分割映射模式，因此贴图的 UV 拆封得非常细碎（如图 7-54 所示），但是并不影响最终效果，如果需要更为优化的 UV 布局，需要使用专业的 UV 拆分工具来对模型进行拆解。大家可以在随书附赠中附赠的视频教学中找到关于专业 UV 拆分工具"Unfold3D"的相关介绍，本章中不再赘述。

> **Tips**：贴图纹理计算完毕后需要在"文件"菜单中选择相应命令，同时导出模型和贴图才能同时导出 UV 信息。

▲ 图 7-54

3. 照片重构中的遮蔽处理

在重构过程中，如果遇到一些色彩暗淡、反光强烈或者具有透明度的物体，一般情况下是无法进行重构的，因为随着拍摄角度的不同，每一张画面上的光泽和倒影都在改变，系统将无法识别这是同一个物体（如图 7-55 所示），但是我们可以在扫描前采用色彩遮蔽的方式来处理这种类型的物体。

▲ 图 7-55

采用白色颜料对物体整体进行涂抹遮蔽就能很好地解决以上问题，为了不破坏扫描对象，尽量使用可以溶于水的颜料，方便清洗，如水粉颜料。如图 7-56 所示为颜料涂抹过程。

涂抹时不要将物体整体涂为白色，纯色物体在重构过程中一样是无效的，因此涂抹时尽量让底色渗出，越脏越好，这样物体表面可识别信息就越多，但是整体看上去要明亮，避免出现大面积深色区域，如图 7-57 所示。

▲ 图 7-56

▲ 图 7-57

复杂物体的重构时间较长，重构过程中产生的点云杂质也特别多，需要耐心地进行清理，如果需要较多的细节，可以使用"超高"设置对齐照片和生成点云数据，如图 7-58 所示。

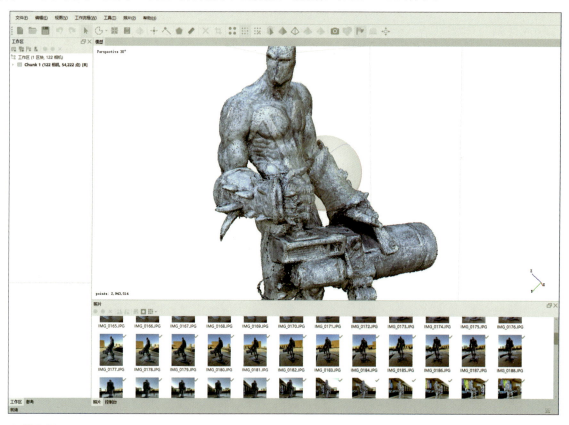
▲ 图 7-58

通过这样的后期处理方式就能得到非常不错的模型结构，这是针对这类反光透明物体极为有效的一种补救手段，如图7-59所示。

重构模型在生成后还可以使用ZBrush 或 Mudbox 一类的软件对模型细节进行修饰，以获得最完美的结果，如图7-60所示。

▲ 图 7-59

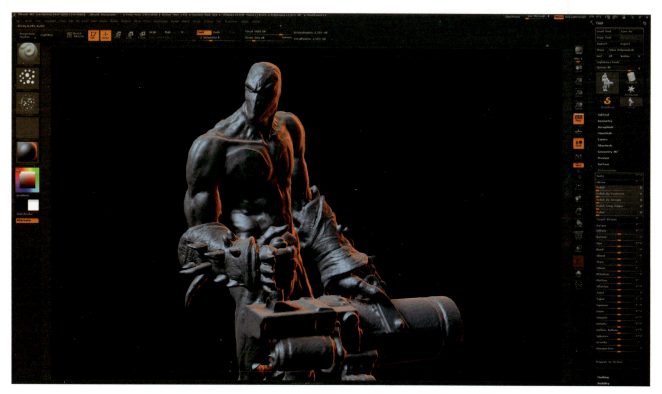

▲ 图 7-60

四、实例分享

下面分享的几组照片重构素材，可以帮助大家更好地了解各类型物体在拍摄和解算过程中所需要注意的问题，以及学习、研究其流程，大家可以在随书附赠中找到这些源文件。

如图 7-61 所示为树根的重构效果。

▲ 图 7-61

如图 7-62 所示为牛头骨（Skull）的重构效果。

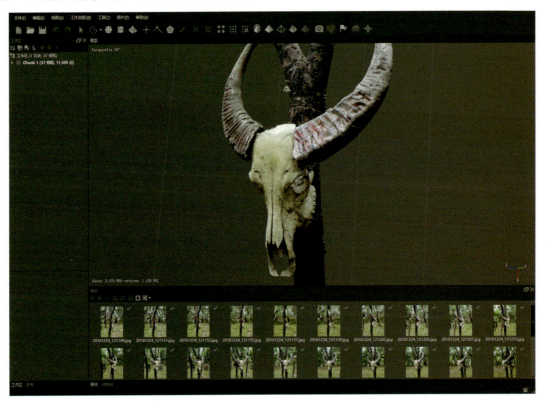

▲ 图 7-62

如图 7-63 所示为地形（Ground）的重构效果。

▲ 图 7-63

如图 7-64 所示为石墙（Stone Wall）的重构效果。

▲ 图 7-64

如图 7-65 所示为法国巴黎 Louvre 博物馆系列雕像重构模型库。

五、总结

　　照片重构是一种非常奇妙的影像采集手段，这种科技手段为我们开启了一种全新的创作模式，无论是绘画、动画、游戏、电影，还是产品创作，都可以借助这种手段来为创作过程带来很多有力的辅助。在学习过程中，我们要不断地进行实践，不要仅仅停留在书本上，同时每掌握一种技术一定要多深入思考其应用面，学会举一反三，大胆地去试验各种方式，挖掘艺术创造的新维度。

▲ 图 7-65

作者：Benjamin Bardou（免费发放资源）

第八章

PBR 绘画

一、PBR 流程应用

在第五章中我们已经介绍过 PBR 的专业概念。PBR 所涉及的层面非常广，其具体应用核心主要为 PBR 材质系统的创建与绘制，专门用于表现物体的质感、纹理及光效等。PBR 技术可以应用在各式各样的绘画或者实时 3D 渲染中，其表现有绘画的形式，也有制作的形式等，PBR 的应用具体需要经历以下几个流程：

1. PBR 材质转化

PBR 材质转化是指将照片素材或者照片重构素材转化为 PBR 贴图通道，用于后期生成 PBR 材质库或创建 PBR 画笔，如图 8-1 所示为照片转化 PBR 贴图通道生成的材质效果。

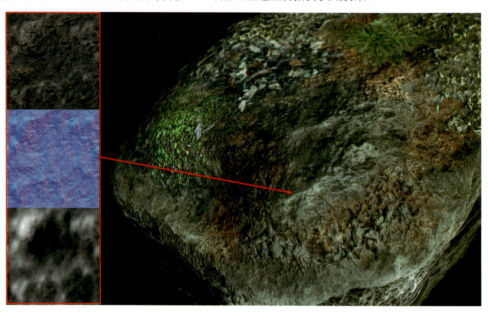

▲ 图 8-1

2. PBR 材质创建

PBR 材质创建是指运用 PBR 贴图通道创建出各式各样的材质库，用于 PBR 绘画，如图 8-2 所示。

▲ 图 8-2

3. PBR 贴图通道烘焙

PBR 贴图烘焙是指将高面数模型的细节和相关模型信息转换到低面模型上，用于表现细节和 PBR 绘画时定位不同材质到模型的不同区域，如图 8-3 所示为贴图烘焙生成的法线及其他贴图效果。

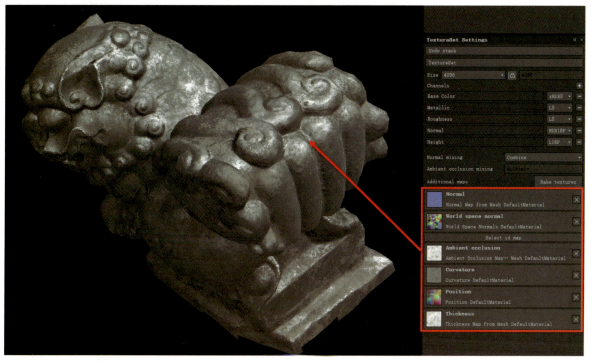

▲ 图 8-3

4. PBR 材质绘画

PBR 材质绘画是指运用制作好的 PBR 材质和笔刷在模型上绘制具体的质感与纹理等，如图 8-4 所示为 PBR 笔刷绘制的材质效果。

5. PBR 实时渲染

PBR 实时渲染是指运用实时渲染引擎对绘制好的模型进行灯光布局及渲染输出，如图 8-5 所示为 PBR 实时渲染引擎效果。

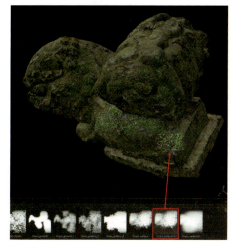

▲ 图 8-4

▲ 图 8-5

第八章　PBR 绘画 | 277

二、PBR 贴图转换

　　贴图是生成美丽材质效果的重要因素，在前面的章节中我们曾经对贴图的概念进行详细的介绍。通常情况下，如果要制作某一种材质效果，至少需要三张或以上的贴图通道来实现它，如 Diffuse（Albedo/Base Color）贴图控制的是物体的基本色，Normal 贴图控制的是物体的凹凸起伏结构，Roughness 贴图控制的是物体的高光等。一般我们会通过对实际场景中的物体进行拍照来获取贴图，然后通过"B2M（Bitmap to Material）"一类的软件来对照片进行各通道的转换与分离，从而实现这些通道的输出，如图 8-6 所示为使用 B2M 将一张普通照片转换为一个材质的效果。

▲ 图 8-6

　　贴图素材的拍摄和 PhotoScan 类似，直接采用手机或者专业相机拍摄即可。由于贴图是需要作为平面素材来使用的，因此采集素材时只需要垂直对物体表面进行拍摄即可，但是要注意所拍摄对象不能有直射光投影，要在完全漫反射的灯光环境下进行。如阴雨天，在直射光下拍摄出的阴影将会破坏贴图的灯光结构，如图 8-7 所示。

▲ 图 8-7

▲ 图8-8

在采集过程中，避免拍摄带有透视角度和景深的画面，如图8-8所示。

▲ 图8-9

除了以上要避免的问题外，在拍摄过程中不要拍摄出过暗或者过亮的照片，尤其是曝光过度的图像，会造成大量信息丢失，如图8-9所示。

采集好素材后就可以进入B2M进行贴图的转换工作。

▲ 图8-10

01 首先，打开B2M，这是一个非常简单的材质转换和编辑系统，同时带有PBR的实时渲染功能，可以快速转换照片为材质效果，B2M设置大致如下（如图8-10所示）：

①为照片拖曳输入区。

②为贴图通道显示区。

③为PBR材质渲染预览区。

④为各贴图通道设置区。

第八章　PBR 绘画 | 279

02 在转换具体照片之前，首先对 B2M 的材质模式进行设置。在 PBR 预览窗口选择"Materials"（材质）→"Definitions"（指定）→"physically_metallic_roughness［Default］"（物理金属粗糙度方式材质模式）→"Tesselation"（网格细分/高度置换）方式作为材质工作的模式，这个模式运用金属化粗糙度贴图来控制反光，同时可以产生真实的模型网格高度置换信息。如果计算机运行速度较慢，可以使用"parallax Occlusion"（视差映射）方式来显示高度信息，即假高度置换效果，这样网格模型将不会被改变，如图 8-11 所示。

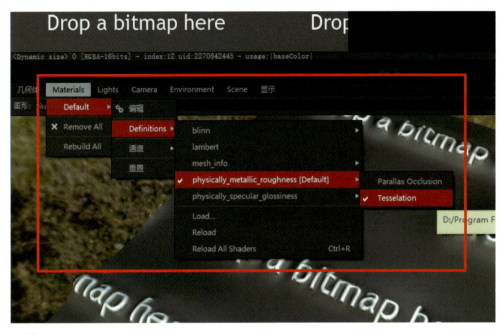

▲ 图 8-11

03 接下来从硬盘的任意位置拖一张拍摄好的照片进入 B2M 的输入区，然后选择"载入'Main input'微调整"，这样就读入了照片信息，如图 8-12 所示。

> Tips：在 PBR 的渲染流程中，一般情况下需要使用正方形图像导入，因此导入的照片需要使用 Photoshop 进行剪裁，再导入 B2M 中。同时，还需要注意导入图像的尺寸。一般情况下，导入图片的像素不低于 512×512 以保证画面精度。

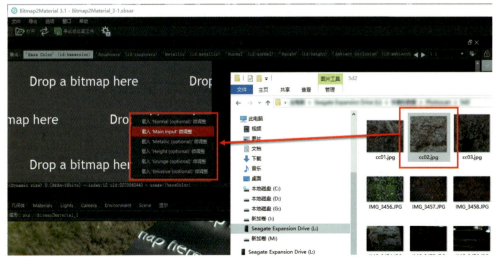

▲ 图 8-12

04. 将图像导入的瞬间，B2M 几乎就可以快速处理完照片转换为材质的过程。我们可以在 PBR 渲染窗口看到转换后的效果，使用鼠标左键和右键可以对视图进行操控。如果需要切换预览模型，可以在"几何体"菜单中进行选择，这里选择"正方形（hi-res）"（高细节网格方形平面）命令，这样就能显示出置换效果，如图 8-13 所示。

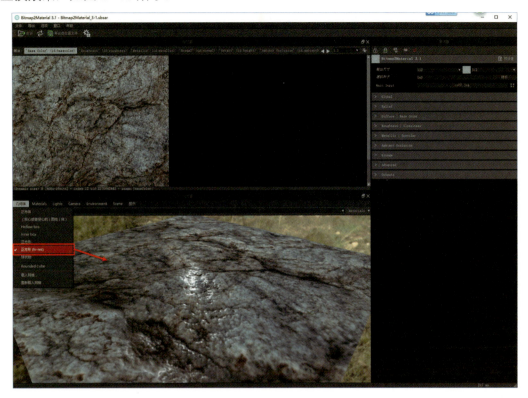

▲ 图 8-13

05. 接下来打开材质编辑面板，对"Height"（高度）参数进行设置，"Tessellation Factor"（网格细分级别）用于控制方形平面的网格量，数值越高，网格越密集，细节越多；"Scale"（置换尺度）用于控制凸起的程度，可以实时调节，如图 8-14 所示。

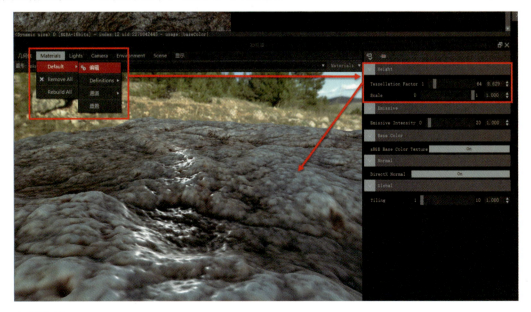

▲ 图 8-14

第八章　PBR 绘画 ｜ 281

06 下面对图像进行消缝处理，将其转换为四方连续图像就能在后期使用过程中进行无限平铺。进入右侧的"Global"（全局）设置面板，在"make It Tile"（制作瓷砖平铺）下拉列表中，选择某个选项，如选择"Edges Quincunx"（边缘梅花形重复）方式，就能自动将图像边缘进行消缝处理，其他方式可以自己测试，如图 8-15 所示。

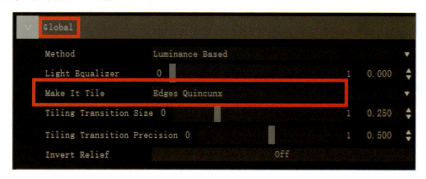

▲ 图 8-15

07 接着对各种贴图通道的属性进行调节。在右侧属性栏可以看到"Relief"（浮雕）、"Diffuse l Base Color"（漫反射 l 基础色）、"Roughness l Glossiness"（粗糙度 l 光泽度）、"Metallic l Specular"（金属化 l 高光）、"Ambient Occulusion"（暗部阴影阻挡）等通道。其中"Relief"专门用于控制法线贴图和高度贴图的变化，我们可以通过"Low/Mid/High Frequencies"（低 / 中 / 高频率）滑块来调节高度信息的变化；"Normal Intensity"（法线强度）用于控制法线贴图的强弱，调节时可以实时查看 3D 预览窗口中的变化，如图 8-16 所示。

▲ 图 8-16

08 返回"Global"面板，可以在"Method"（图像转换方式）下拉列表中选择"Luminance Based"（基于图像亮度方式处理高度）或者"Slope Based"（基于坡度变化方式）来控制高度信息的转换方式。"Mix"（混合）方式是上述两种方式的混合处理模式。通常情况下，"Luminance Based"方式用得较多，可以转换大部分类型的图像，其特点是图像亮色区域正凸起；"Slope Based"常用于转换带有地形结构特征的图像，或者岩石一类带有坡度的结构；"Slope"方式可以通过灯光角度控制器来控制方向，我们可以根据具体需要来设置，如图 8-17 所示。

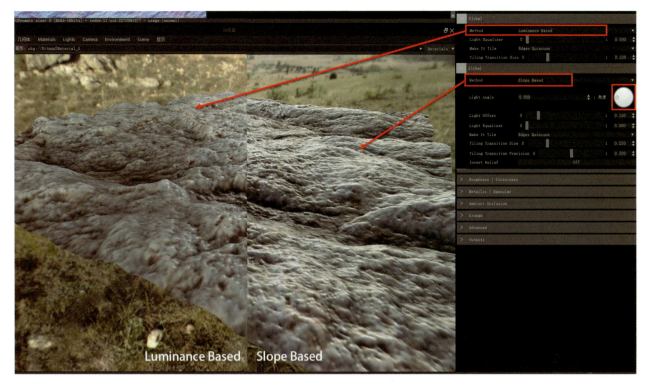

▲ 图 8-17

09 进入"Roughness I Glossiness"面板，对光泽进行控制，通过调节"Roughness Value"（粗糙度值）滑块就能改变物体的高光变化，以此控制物体的干/湿或光滑/粗糙表现，如图 8-18 所示。

▲ 图 8-18

10 进入"Metallic I Specular"面板，对金属化反光进行控制，调节"Metal From Diffuse Keying Settings"（从漫反射色彩获取金属化设置）的"Range"（区域）滑块，就能控制物体表面的反射变化，这个模块用于表现金属光泽或者上漆的质感等，如图 8-19 所示。

▲ 图 8-19

11 一般情况下，设置完以上参数后，其他参数可以保持默认值，如果需要对照片本身的色彩进行调节，使用 Photoshop 在导入 B2M 之前进行调节即可。调整完毕后，打开右侧面板的第一个"输出尺寸"下拉列表，将当前的输出尺寸从 512×512 提高至 1024 或者更高，就能获得高精度的贴图输出，如图 8-20 所示。

> **Tips：** 输入图像尺寸要大于输出图像尺寸。PBR 图像预览窗口可以通过按住 Shift 键单击鼠标右键，以及按住快捷键 Ctrl+Shift 的同时单击鼠标右键来调节主照明灯光和环境光照。

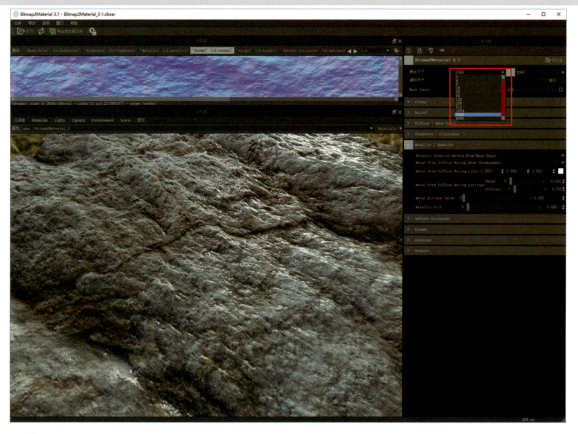

▲ 图 8-20

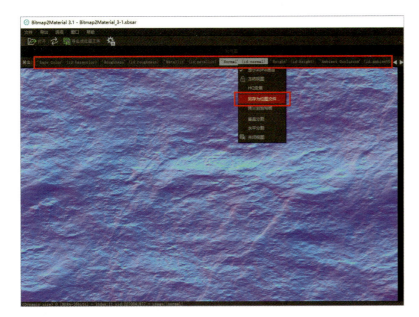

▲ 图 8-21

12 转换完成后，可以在各贴图通道名称上单击鼠标右键，将所需要的贴图通道进行保存，如图 8-21 所示。

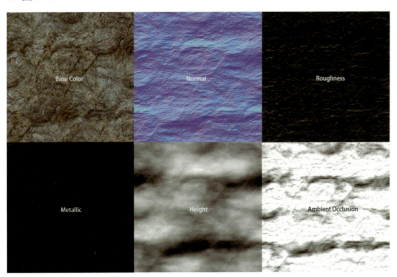

▲ 图 8-22

13 通常情况下，如果需要制作一个标准的 PBR 材质，只需要输出 "Base Color" "Normal" "Roughness" "Metallic" 4 个通道；如果需要制作置换效果，还需要输出 "Height" 通道；如果需要贴图在后期产生漫反射阴影层次，那么还需要输出 "Ambient Occlusion" 通道，如图 8-22 所示。

▲ 图 8-23

14 B2M 转换照片为贴图通道的过程极其简单，平时需要注意收集各式各样的照片素材以备不时之需，然后对这些素材进行编类，方便在工作中随时使用。如图 8-23 所示的实例是通过 B2M 转换的常用贴图类型，大家可以在本书随书附赠中找到这些原素材。

第八章　PBR 绘画 | 285

三、PBR 绘画具体应用

PBR 绘画是指利用 B2M 转换好的贴图创建出特定的材质，然后运用材质在模型上绘制的过程。PBR 绘画和传统绘画不同的是，除了需要对色彩进行绘制之外，还需要同时绘制凹凸、反射、发光等特殊效果；同时 PBR 绘画和 Photoshop 等平面绘画流程一样，还需要配合相应的画笔来得到不同的笔触效果。在 PBR 绘画系统中，最为重要和常用的工具为 Substance Painter，如图 8-24 所示。

▲ 图 8-24

1. Substance Painter 操作流程与基础

Substance Painter 操作基础请先根据随书附赠中相关的教学视频进行学习，在本书中不再赘述。

2. PBR 贴图导入与 PBR 材质创建

本例将介绍如何创建基本的 PBR 材质。

01 首先，打开 Substance Painter（2017.4 或以上版本），选择随书附赠中提供的 "Ball.obj" 模型并创建项目，其他参数设置如图 8-25 所示。

02 接下来在库列表中找到 "Textures"（纹理）库，然后单击 "导入" 按钮，打开 "导入资源" 对话框，单击 "Add resources"（添加素材）按钮，导入由 B2M 创建的任意素材组（注意至少包含 Base Color、Normal、Roughness、Height 4 个通道），将导入类别设置为 "texture"（贴图类型），导入目标选择 "current session"（当前工作项目），这样就将这 4 张贴图导入到当前工作中了，如图 8-26 所示。

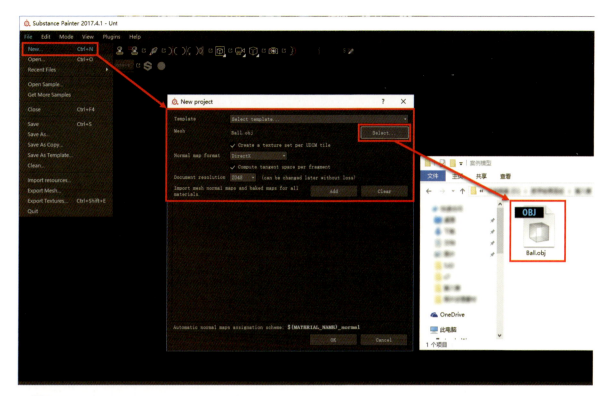

▲ 图 8-25

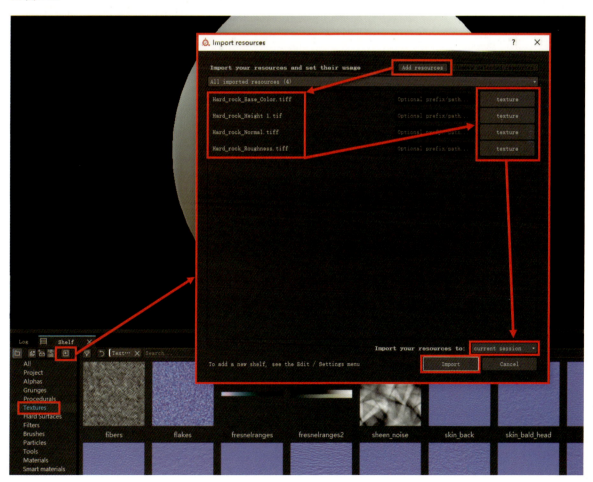

▲ 图 8-26

第八章 PBR 绘画 | 287

03 接下来确保开启右侧材质编辑器中的"Color""rough""nrm""height"通道。由于创建的是石头材质,可以关闭"metal"通道;将"Texture"库中导入的贴图对应名称依次拖至贴图通道,这样PBR材质球就生成了,如图8-27所示。

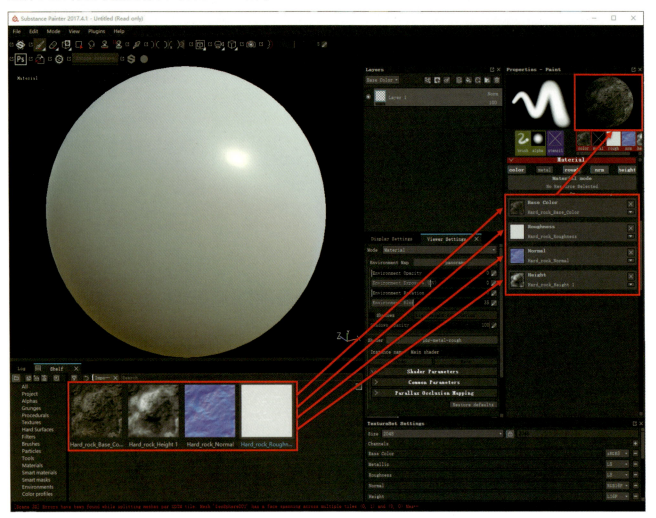

▲ 图 8-27

04 在材质球预览窗口中单击鼠标右键,选择"Create material preset"(创建材质预设)命令,就能将其保存至材质库,如图8-28所示。

05 返回材质库,找到刚才新建的材质,单击鼠标右键,选择"Name"(命名)命令就能重新命名这个材质,如图8-29所示。

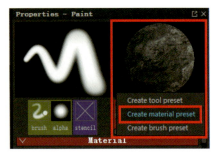

▲ 图 8-28   ▲ 图 8-29

06 选择这个材质球,设置一个合适的笔刷,就可以在模型上开始 PBR 绘画了,如图 8-30 所示。

▲ 图 8-30

使用 Substance Painter 创建 PBR 材质的过程极为简单,只需要在 B2M 中输出正确的贴图通道,Substance Painter 就能快速地创建任何材质效果用于绘画。

3. 创建 PBR 反射材质

下面通过实例讲解如何创建带反射效果的材质。

01 首先,将随书附赠中提供的 "cc17.jpg" 石头纹理文件拖至 B2M 中进行转换,如图 8-31 所示。

02 进入 "Roughness | Glossiness" 面板,将 "Roughness Value"(粗糙度)设置为 0.2 左右,这样石头上就出现了高光,产生了光滑或湿漉漉的感觉,但是整体较为平均。如果我们想让石头纹理的深色区域不产生高光,那么可以将 "Roughness Variations From Curves"(根据色彩曲线随机化粗糙度)设置为 1,这样暗部区域的高光就消失了,反射效果就不再是平均分布的了,如图 8-32 所示。

第八章　PBR 绘画 | 289

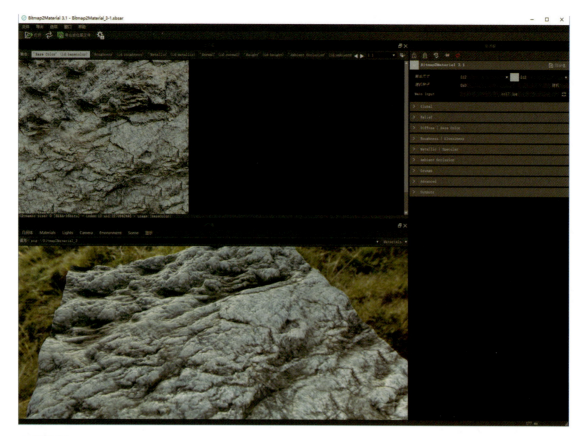

▲ 图 8-31

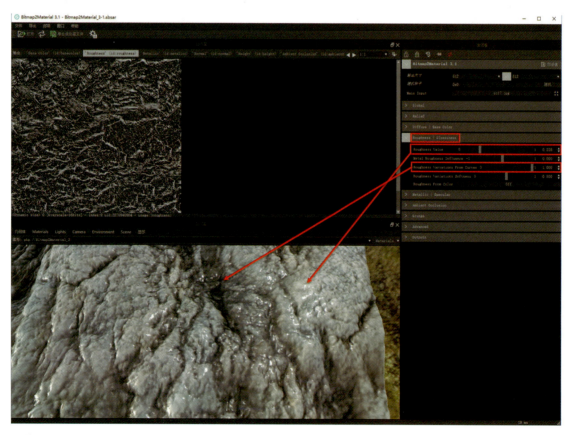

▲ 图 8-32

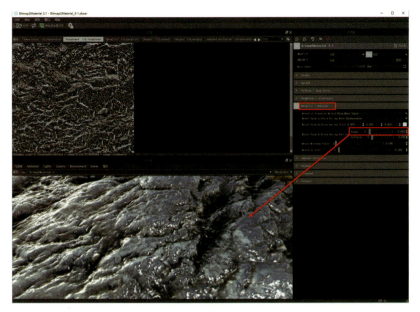

▲ 图 8-33

03 下面为当前材质增加一点金属光泽。进入"Metallic l Specular"面板,将"Range"值设置为 0.02,这样石头表面就产生了环境的反射效果,看上去非常像不锈钢一类的质感,如图 8-33 所示。

▲ 图 8-34

04. 将贴图设置为无缝连续图案,将分辨率设置为 2048,然后将"Base Color""Normal""Roughness""Metallic""Height"5 个通道进行输出。如果要同时输出多个通道,可以单击"导出成位图"按钮,然后选中这些通道,并保存为"PNG"格式,如图 8-34 所示。

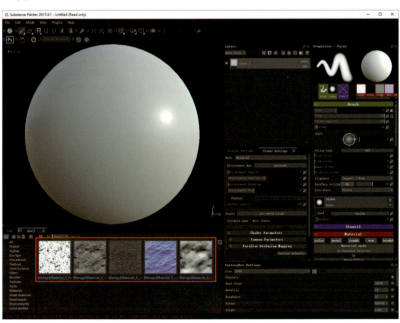

▲ 图 8-35

05 进入 Substance Painter,然后新建一个项目,继续使用"Ball.obj"模型作为参考实例。然后导入刚才输出的 5 张贴图通道,如图 8-35 所示。

第八章 PBR 绘画 | 291

06 将这些贴图拖入相应的材质通道,然后创建材质预设,如图8-36所示。

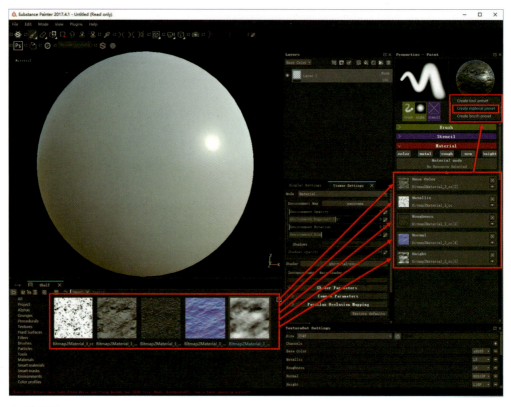

▲ 图8-36

07 在"图层"面板中创建一个填充图层,单击刚才制作好的材质球,这样就快速得到了一个金属材质效果。我们可以看到粗糙度和金属通道同时工作产生的反射效果是实时的,会根据环境的不同自动产生相应的变化,这就是PBR渲染的强大之处,如图8-37所示。

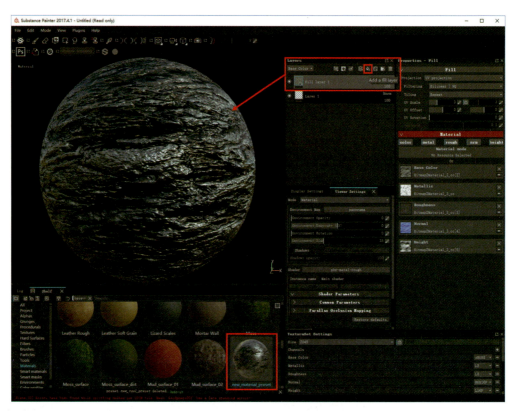

▲ 图8-37

4. 混合PBR材质

混合材质是指将两个或两个以上PBR材质效果进行混合，从而得到复杂的视觉表现。

01 首先，在Substance Painter 中继续使用"Ball.obj"模型作为参考，然后删除当前所有图层，创建两个新的填充图层，如图 8-38 所示。

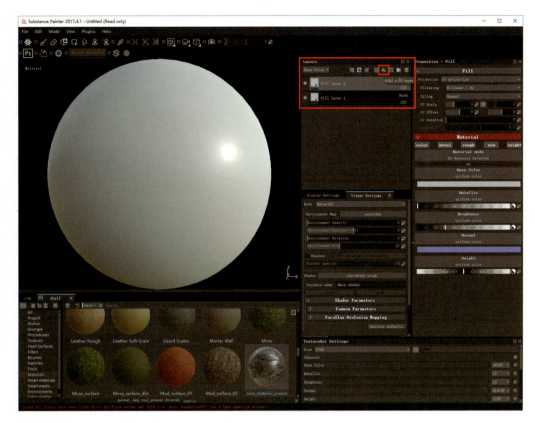

▲ 图 8-38

02 接下来选择"Fill layer 1"（填充层1），单击一个材质球预设进行填充，本例使用之前制作的岩石材质，如图 8-39 所示。

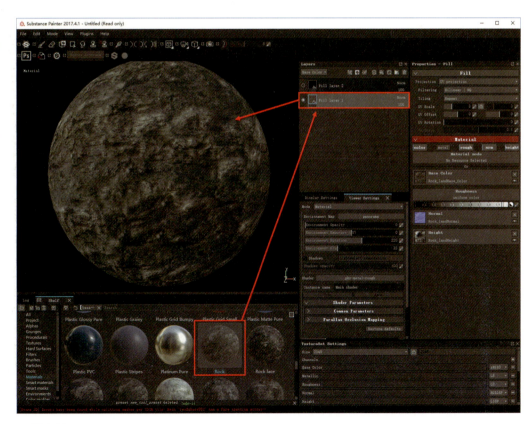

▲ 图 8-39

03 选择"Fill layer 2"（填充层2），单击一个材质球预设进行填充，本例使用之前制作的金属反光材质，如图8-40所示。

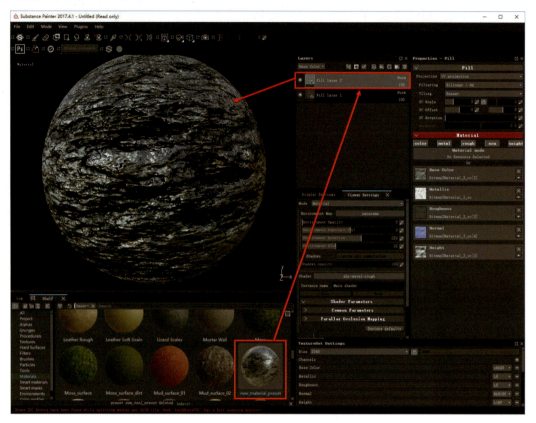

▲ 图8-40

04 上层填充图层会在色彩和粗糙度上完全覆盖下层，因此下层效果不显示，但是仔细观察两层的法线和高度信息会有交叠，也就是凹凸起伏变化没有被覆盖，如果再次添加更多的材质进行填充，会导致每一层的法线和高度信息反复透明叠加，产生非常细碎的凹凸结构，因此需要将上层图层的属性设置到"Normal"和"Height"通道上，并将这两个通道的叠加模式设置为"Normal"（普通覆盖模式），这样上层材质的信息就完全覆盖下层了，如图8-41所示。注意：Normal法线贴图和Normal图层叠加模式同名，注意区分。

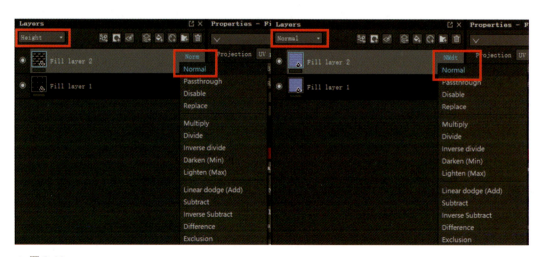

▲ 图8-41

05 选择填充层 2，单击"图层"面板中的"Add white mask"按钮为其创建白色蒙版（遮罩），这样只需要在图层蒙版上绘制黑色，就能对填充层 2 进行遮蔽处理，如图 8-42 所示。

06 进入"Brushes"画笔预设面板，选择任意画笔在填充图层的蒙版上绘制，就能对填充层 2 进行遮蔽，以此产生两个材质的混合变化，如图 8-43 所示。

图层蒙版的遮蔽是 PBR 绘画的重要手段，通过这种方式可以让物体产生极为复杂的混合质感，从而塑造丰富细腻的视觉表现。

▲ 图 8-42

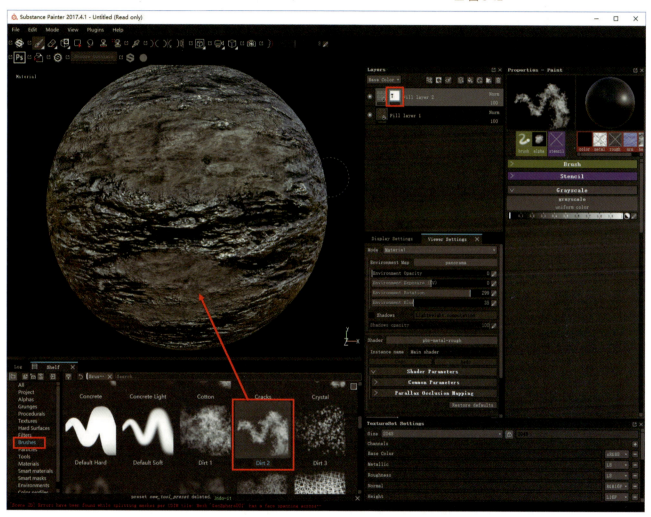

▲ 图 8-43

5. 创建 PBR 画笔

PBR 画笔和一般平面绘画中的画笔类似，不同之处在于 PBR 画笔除了需要创建画笔形状和色彩之外，还需要对画笔的反射、凹凸等通道进行设置，从而得到立体的绘画效果。在下面的实例中将以植物画笔为例，介绍 PBR 植被绘画的方法。

01 首先，在 Photoshop 中打开随书附赠中提供的"cc23.jpg"文件，这是一张垂直拍摄的植物照片，如图 8-44 所示。注意：如果采用自拍素材，注意拍摄的方式和环境要求。

第八章　PBR 绘画　| 295

02 进入快速蒙版,然后用"画笔工具"对 Alpha 通道进行绘制,以此抠出植物边缘,如图 8-45 所示。

▲ 图 8-44 ▲ 图 8-45

03 接下来耐心抠出整个植物结构,然后退出快速蒙版,就能对遮蔽区域进行选择,如图 8-46 所示。

▲ 图 8-46

04. 接下来新建一个图层，根据选区将植物部分填充为纯白色，其余部分填充为纯黑色，这样就得到了一个植物画笔的 Alpha 结构。然后对这个画面进行"正方形"剪切，去除多余的空白部分，如图 8-47 所示。注意：PBR 笔刷需要较高的计算机资源，创建时图像尺寸尽量保持在 1024 像素范围以内，以保证流畅的运行效率。剪切为正方形是为了保证在 B2M 转换过程中不会拉伸变形。

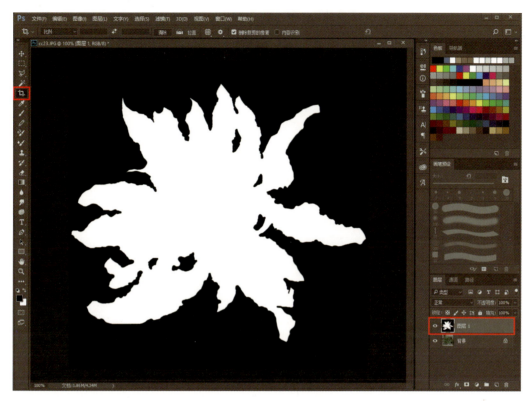

▲ 图 8-47

05. 接下来将黑白图像和彩色图像均保存为 PNG 格式，这样就得到了画笔 Alpha 和 Base Color 两个通道，如图 8-48 所示。

▲ 图 8-48

06 打开 B2M，将彩色图像拖进去转换出"Normal""Roughness""Height"通道，如图 8-49 所示。

▲ 图 8-49

07 接下来打开 Substance Painter 并创建一个新的项目，依然使用"Ball.obj"作为参考。导入"Alpha""Base Color""Normal""Roughness""Height"5 个通道，如图 8-50 所示。

▲ 图 8-50

08 接着导入"Alpha"通道为"alpha"资源，导入其他通道为"texture"资源，如图 8-51 所示。

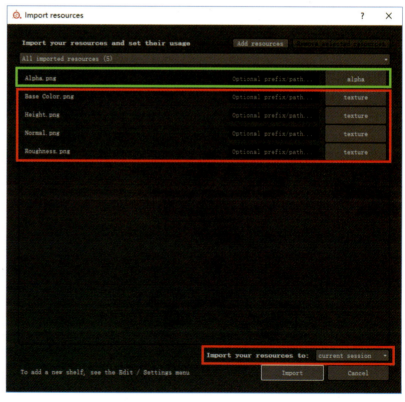

▲ 图 8-51

09 关闭材质的"metal"通道,将贴图组拖至对应的贴图通道,如图8-52所示。

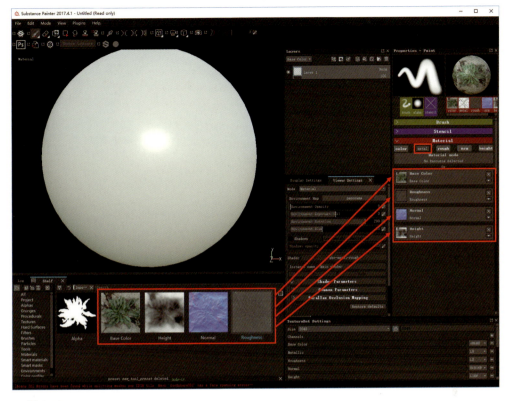

▲ 图 8-52

10 进入笔刷设置模块,将Alpha贴图拖至"Alpha"通道,这样笔刷的形状就改变为植物结构了;将笔刷大小设置为较大的尺寸;增加笔刷的"Spacing"(间距),以获得清晰的植物结构;适当增加"Size Jitter"(大小抖动)和"Angle Jitter"(角度抖动),以改变每一个笔触的随机尺寸和旋转角度,参数设置参考图8-53所示。

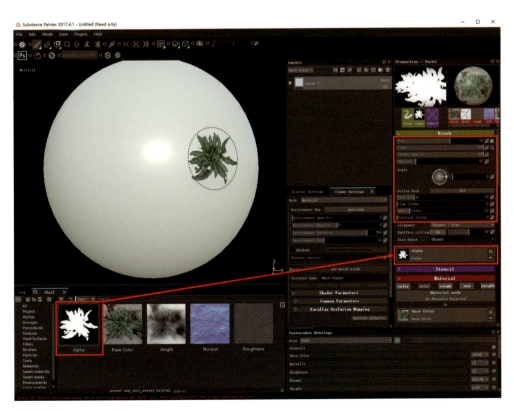

▲ 图 8-53

第八章 PBR 绘画 | 299

11 笔刷调节完毕后，在材质球上单击鼠标右键，选择"Create tool preset"（创建工具预设）命令，这样就能将画笔和材质同时保存为一个工具，在"Tool"（工具库）预设库中可以重新命名这个工具，以后可以随时选择这个工具进行PBR绘画，如图8-54所示。

▲ 图 8-54

12 接下来我们可以尝试将填充图层和PBR画笔进行结合来绘制复合型材质结构。注意：除了第一个图层，其他图层（包括PBR绘画层）的"Normal"和"Height"通道的叠加模式均要设置为"Normal"方式，这样才能保证凹凸细节不会被透明叠加，如图8-55所示。

▲ 图 8-55

13 通过以上方法可以转换任何照片中的结构为 PBR 画笔工具，如图 8-56 所示。

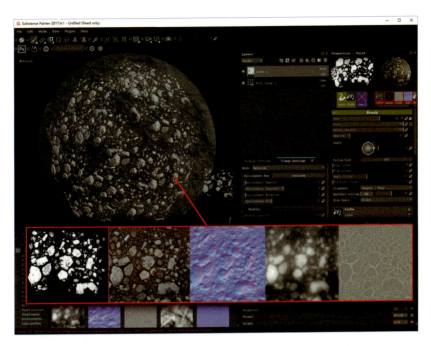

▲ 图 8-56

6. PhotoScan 与 PBR 绘画流程 1

下面通过实例介绍照片重构与模型贴图烘焙流程。烘焙的目的在于将高面数模型的细节转换为法线贴图，然后运用在低面数模型上。同时，学习烘焙特殊贴图通道来让 Substance Painter 的智能绘画模块进行工作。

01 首先，打开随书附赠中提供的"dragon.psx"项目，这是一个浮雕重构文件，高面数模型与贴图均已计算完成，如图 8-57 所示。

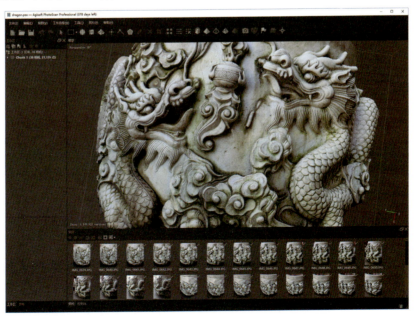

▲ 图 8-57

02 接着将高面数模型进行输出，保存并命名为"dragon Hi.obj"，由于后期需要在 Substance Painter 中重新进行 PBR 材质处理，当前的贴图不需要输出，如图 8-58 所示。

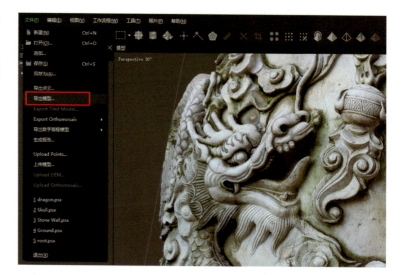

▲ 图 8-58

03 当前保存的高面数模型大致有 100 万以上的面数，模型量巨大，需要在 Instant Meshes 中将其面数拓扑为接近 5 万的量，然后储存并命名为"dragon Low.obj"，如图 8-59 所示。

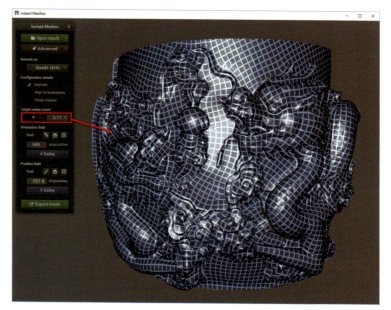

▲ 图 8-59

04 接下来进行低面数模型的 UV 拆解工作，如图 8-60 所示。

> Tips：UV 是工作流程中非常重要的一个环节，请认真查看随书附赠中的相关视频教学。

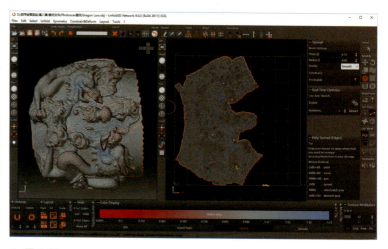

▲ 图 8-60

CG 思维解锁：数字绘画艺术启示录 | 302

05 通常情况下，PhotoScan 重构的模型位置是倾斜的，不利于后期的制作，因此这一步需要使用 3ds Max 或 Maya 一类的软件对高低面模型进行位置的调整，本例使用 3ds Max 作为主要工具。在 3ds Max 中，依次"导入"高面数和低面数模型，导入预设方式选择"ZBrush"方式，导入后两个模型是重合的，不要改变其中任何一个的位置，如图 8-61 所示。注意：导入模型如果出现名称冲突，可以自动命名；OBJ 格式在 3ds Max 中的导入 / 导出均使用"ZBrush"预设。

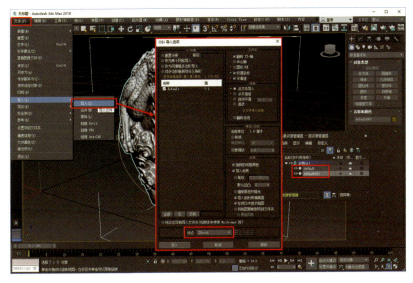

▲ 图 8-61

06 接下来同时选择两个模型，进入"层次"面板，开启"仅影响轴"模式，然后单击"居中到对象"按钮，这样轴心点就移动到两个模型中心了，完毕后退出"仅影响轴"模式，如图 8-62 所示。

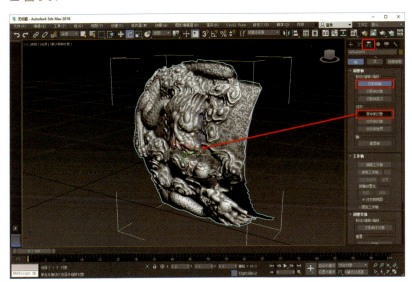

▲ 图 8-62

07 接着使用"移动""旋转""放缩"工具将两个模型的角度进行旋转，并将模型适当放大，放置在参考网格的中心位置，如图 8-63 所示。

▲ 图 8-63

第八章　PBR 绘画 ｜ 303

08 下面对两个模型的变换坐标结构进行修复。同时选取两个模型进入"实用程序"面板,单击"重置变换"按钮,单击"重置选定内容"按钮,这样可以看到模型外侧的白色方框结构恢复到了正坐标,这样就完成了高低模的定位工作,如图 8-64 所示。注意:如果在单击"重置变换"按钮后没有发生变化,可再次单击。

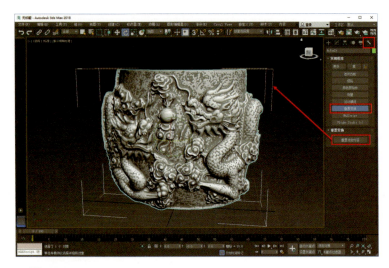

▲ 图 8-64

09 再依次选择高面数模型和低面数模型,选择"导出选定对象"命令,依次进行 OBJ 格式的导出,可以覆盖原始文件,导出设置参考图 8-65 和图 8-66 所示。

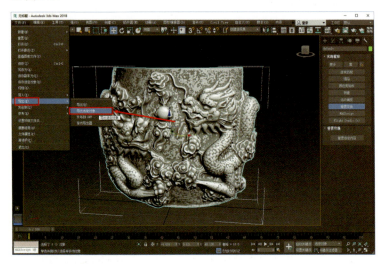

▲ 图 8-65

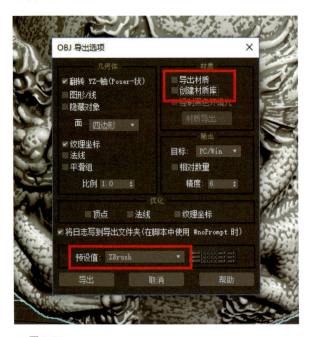

▲ 图 8-66

7. PhotoScan 与 PBR 绘画流程 2

在 3ds Max 中修复好两个模型的位置以后，下面进行 Substance Painter 的烘焙和材质制作工作。

01 打开 Substance Painter 并新建一个项目，拾取"dragon Low.obj"模型作为对象，将纹理尺寸设置为 4096 像素，以保证最终效果的品质，如图 8-67 所示。

Tips：在 Substance Painter 中的新建项目拾取的都是低面数模型，不要拾取高面数模型。

▲ 图 8-67

02 在"TextureSet Settings"（贴图组设置）面板中单击"Bake textures"（烘焙贴图）按钮，打开烘焙设置面板，如图 8-68 所示。

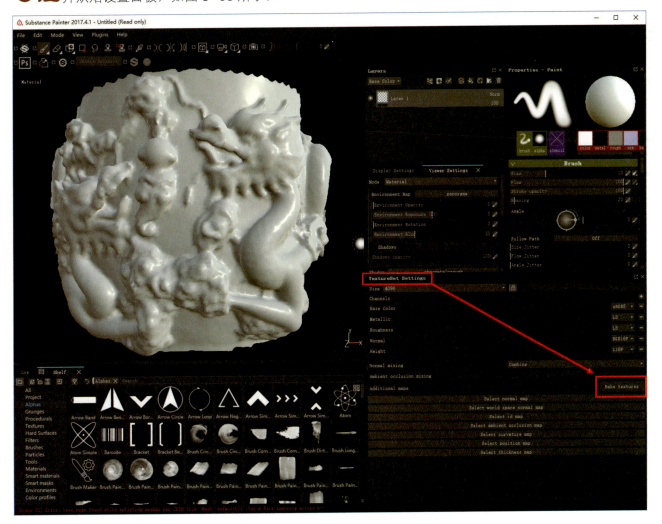

▲ 图 8-68

03 在烘焙设置面板中观察。在界面左侧选中的输出项目就是提供给智能模块进行处理的各种贴图通道,其中包含"Normal"通道,用于提取高模的细节;在右侧将输出贴图大小设置为和新建项目一致的4096像素;在"High Poly parameters"(高面数模型参数)面板中可以单击"新建"按钮指定高面数模型,其他参数保持默认;最后单击"Bake DefaultMaterial texture"(烘焙默认材质贴图)按钮开启烘焙过程,如图8-69所示。

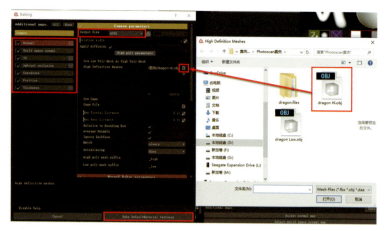

▲ 图 8-69

04 在烘焙过程中,不要对计算机进行任何操作,耐心等待进程完成,如果在烘焙过程中出现死机或系统崩溃的情况,请升级显卡驱动程序,以及查看有无内存溢出的情况。烘焙完成后即可看到高面数模型的细节出现在了低面数模型上,变成了法线贴图结构,如图8-70所示。

▲ 图 8-70

05 烘焙完成后,可以看到一系列的特殊贴图通道被计算出来,我们不需要对其进行任何操作。接下来进入左侧库面板,选择"Smart materials"(智能材质库),在智能材质库中拖动一个铜材质到"图层"面板,这个铜材质会根据物体的结构自动分布新旧纹理到模型凹陷或者凸起的部位,产生了极其逼真的视觉效果。这就是烘焙后的各种贴图通道联合解算出的结果,如图8-71所示。

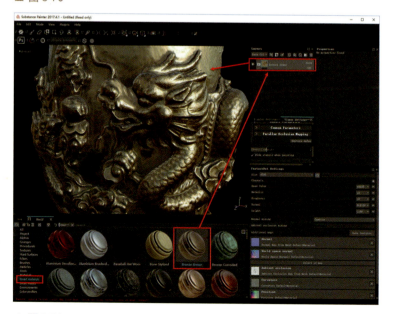

▲ 图 8-71

06 接下来尝试拖动其他智能材质进行测试，如图 8-72 所示。

Tips：没有进行烘焙的模型是无法添加智能材质的。模型可以是高低面烘焙的模型，也可以是烘焙同一模型。

▲ 图 8-72

07 下面学习如何创建自定义的智能材质。首先，删除当前智能材质层，然后创建一个普通的填充层，指定一个普通金色材质给模型，如图 8-73 所示。

▲ 图 8-73

08 再新建一个普通填充层，指定一个石头材质，如图 8-74 所示。

Tips：在各种工作流程中，创建一套自己常用的 PBR 材质库是非常重要的，软件默认的材质库比较有限。

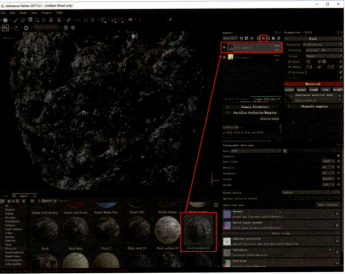

▲ 图 8-74

第八章　PBR 绘画　| 307

09 为"Fill Layer 2"层创建一个白色遮罩,然后在库面板中找到"Smart masks"(智能遮罩)库,在这个库中提供了大量的自动遮罩系统,专门用于根据模型结构自动生成遮蔽效果,我们可以根据这些遮罩预览球选择自己需要的遮蔽方式来进行指定。本例使用"Moss"(青苔)智能遮罩作为参考,将"Moss"遮罩直接拖至"Fill Layer 2"层的白色蒙版处,稍作等待,智能遮罩即自动计算出黑白遮罩,分布于模型表面,如图 8-75 所示。

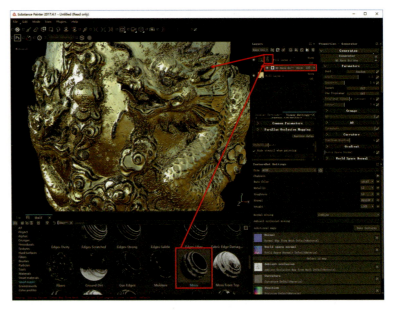

▲ 图 8-75

10 选择智能遮罩层,就能在右侧属性栏对其分布方式进行控制,通常情况下,"level"(级别)、"balance"(平衡)、"Contrast"(对比度)一类的参数用于控制蒙版的黑白比例变化;"Invert"(反转)参数用于反转黑白关系,其他参数可以自己实时查看并进行调整,如图 8-76 所示。

▲ 图 8-76

11 在制作过程中,如果某个图层的高度信息过强,可以选择这个图层对应的通道,将这个通道的不透明度降低以减弱其影响强度,如图 8-77 所示。

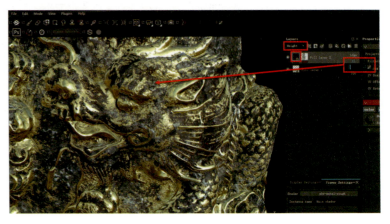

▲ 图 8-77

CG 思维解锁:数字绘画艺术启示录 | 308

12 设置完毕后，在"图层"面板新建一个"图层组"文件夹，将两个图层拖进去，然后在文件夹上单击鼠标右键，选择"Create smart material"（创建智能材质）命令，这样就能将这个材质组保存为自定义智能材质预设，如图 8-78 所示。

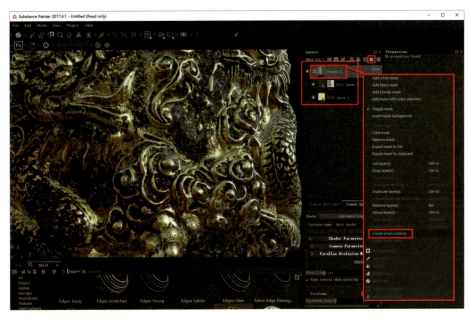

▲ 图 8-78

13 我们可以尝试创建两层或以上的材质，并进行各种智能蒙版的处理，以获得极致细腻的表面质感；同时结合 PBR 画笔可以在智能材质处理完毕后创建图层继续绘画，如图 8-79 和图 8-80 所示。大家可以打开随书附赠中提供的"dragon.spp"源文件查看最终效果。

智能材质和智能蒙版是 Substance Painter 的主要特色之一，灵活运用这个功能可以帮助我们快速完成基础材质的制作，然后再通过 PBR 画笔对模型进行更加细致的描绘。

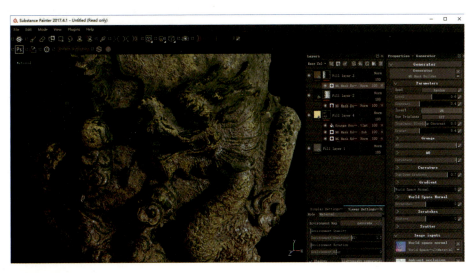

▲ 图 8-79

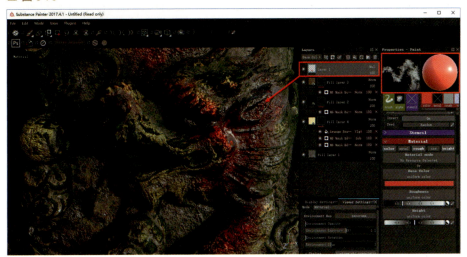

▲ 图 8-80

第八章　PBR 绘画 | 309

8. PBR 映射绘画

映射绘画是 Substance Painter 的另一种特色绘画模式，其原理是通过一张图像或者一种材质正投射到模型，从而得到局部或者大面积纹理效果。映射绘画常用于映射复杂的图案或者文字到材质，也可以作为 PBR 材质来绘画大面积以满足平铺需要，同时也是消除贴图 UV 接缝的重要手段，如图 8-81 所示。

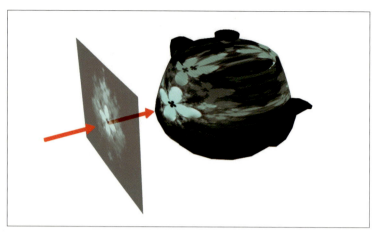

▲ 图 8-81

01 首先，打开 Substance Painter 并创建一个新项目，指定 "Ball.obj" 文件为绘制模型，将贴图尺寸设置为 2048 像素；然后选择"映射画笔"工具，即可开启映射模式，如图 8-82 所示。

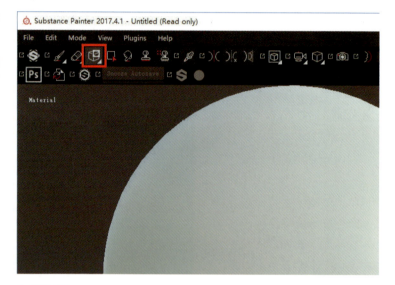

▲ 图 8-82

02 在"Alpha"库中搜索一个需要映射的图案（也可以是任意导入的图片），将其拖至材质编辑器的"Base Color"通道，预览窗口即弹出这个图案开始准备映射。按住键盘上的 S 键不放，用鼠标（或绘图笔）的左、中、右键就能对映射图案的位置、角度、大小进行调节，调节完毕后，使用任意画笔预设就能将这个图案绘制投射到模型上，如图 8-83 所示。

▲ 图 8-83

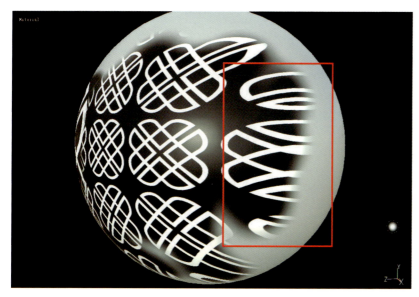

03 绘画时注意映射图案只在和我们的视线垂直的区域有效。角度越小的区域,投射越拉伸,就好像投影仪投射画面一样。注意:绘画时要不断旋转 3D 视角来进行映射,如图 8-84 所示。

▲ 图 8-84

04 映射画笔的材质系统和普通画笔没什么不同,创建材质时可以运用多通道来协同工作,如图 8-85 所示。

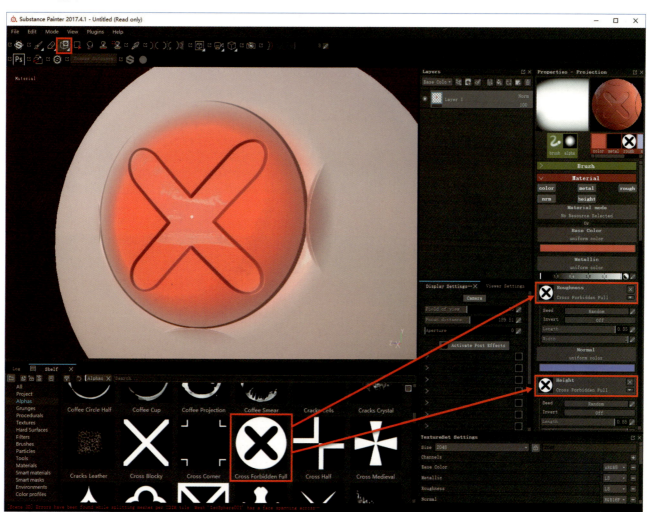

▲ 图 8-85

第八章　PBR 绘画 | 311

05 在映射模式下，选择任何材质预设都可以采用材质作为映射源进行绘画，如图 8-86 所示。

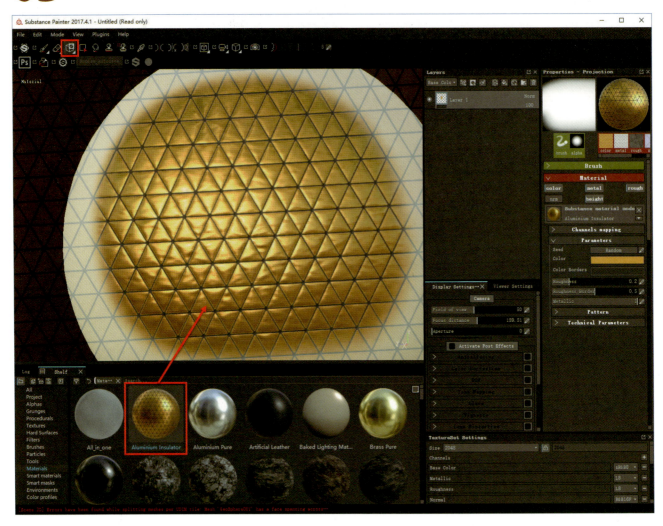

▲ 图 8-86

06 设置好的映射画笔连同材质可以在材质预览窗口单击鼠标右键，在弹出的快捷菜单中选择"Create tool preset"命令将其保存为工具预设，方便随时调用，如图 8-87 所示。

映射绘画和常规绘画可以结合运用，学习时应该多实践，以掌握其特点，综合考虑绘画的需求。

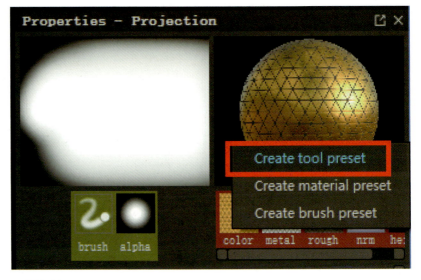

▲ 图 8-87

9. Particle 粒子画笔

粒子画笔是采用粒子物理学原理产生的绘画效果,在 Substance Painter 中,粒子画笔可以用于运用颗粒化画笔结构通过设置粒子的动力学运动来绘制出某些特效,如物质流淌、烧灼、碎裂、刮痕、毛发等,非常有趣。

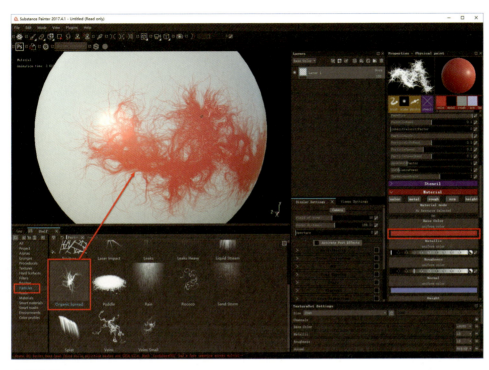

▲ 图 8-88

01 首先,在 Substance Painter 中新建一个项目,并设置为 2048 像素,拾取"ball.obj"文件作为模型。找到粒子画笔库,在这里提供了若干粒子特效画笔预设,直接选择任意预设在模型上绘制,就可以产生粒子与模型碰撞产生的痕迹,当这些痕迹流动时即产生笔触效果,如图 8-88 所示。

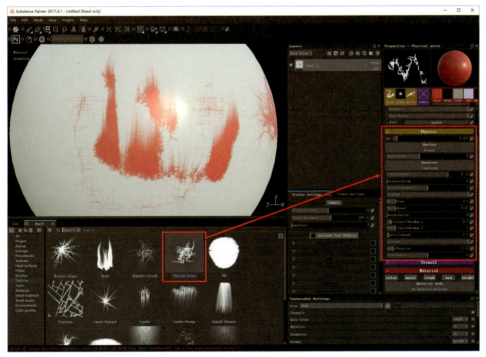

▲ 图 8-89

02 每一种粒子画笔都有自己独立的设置模块,我们可以在右侧的"Physics"(物理)参数面板中设置粒子的运动变化来控制画笔的效果,如图 8-89 所示。

03 粒子画笔同样支持 PBR 属性，如对色彩、粗糙度和高度等进行设置后，即可绘制出带有立体感的纹理，如图 8-90 所示。

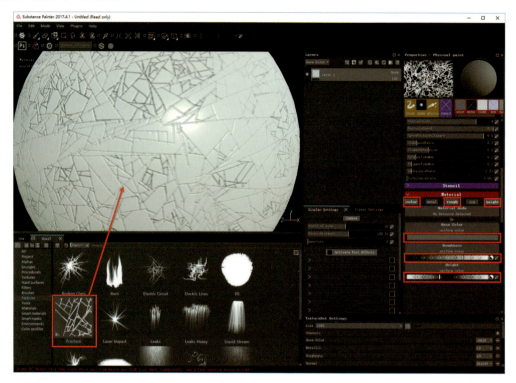

▲ 图 8-90

04 粒子画笔同样支持绘制任何标准材质预设，直接选择任意材质进行绘制，就能出现相应的效果，如图 8-91 所示。

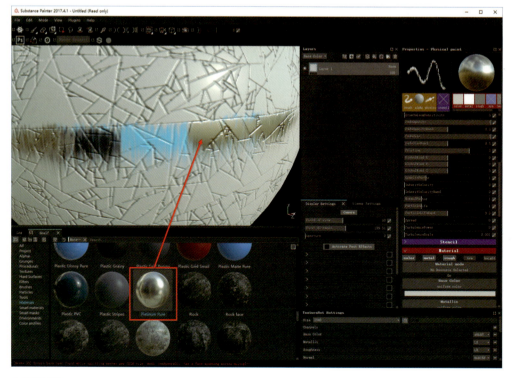

▲ 图 8-91

05 粒子画笔支持任何标准或自定义的 Alpha 预设,直接将 Alpha 图形拖至 Alpha 通道,即可重新定义每一颗粒子的形状,以此创造出千变万化的粒子效果,如图 8-92 所示。

▲ 图 8-92

06 粒子画笔的运用需要充分发挥想象力,大胆尝试各种设置且不断测试其效果,才能在创作中发挥出它独特的魅力,如图 8-93 所示为粒子画笔运用实例。

▲ 图 8-93

10. World Machine 与 PBR 绘画

在下面这个实例中，将讲解如何运用 PBR 绘画流程来对 World Machine 生成的场景进行绘制。

01 首先，在 World Machine 中打开随书附赠第六章提供的"Snow-M2.tmd"文件，这是一个山脉的地形场景，如图 8-94 所示。

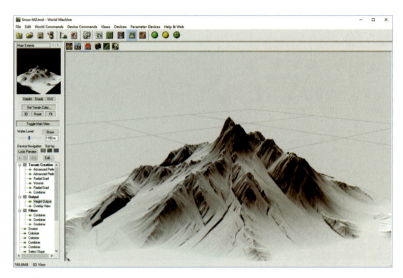

▲ 图 8-94

02 接下来进入节点视图，创建一个"Mesh Output"（网格模型输出）节点，将"Snow"节点的主输出端连接到"Mesh Output"的输入端，如图 8-95 所示。

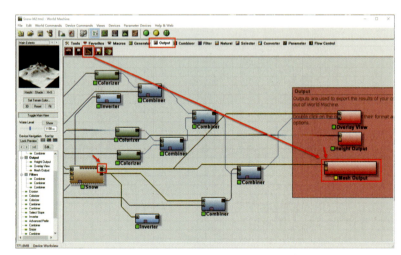

▲ 图 8-95

03 双击"Mesh Output"节点，打开输出设置，将"Mesh Type"（网格模型类型）设置为"Simple Mesh Reduction"（单个网格物体优化模式），"Target kTri Count"（目标物体网格量）默认为"256"，提高这个值可以增加输出网格数，反之则减少。本例使用"128"作为输出量。"Specify Output File"（输出路径）用于设置存盘路径及给文件命名，本例将输出模型命名为"Snow"。默认情况下输出格式为"OBJ"格式。最后单击"Write output to disk"（写入硬盘）按钮即可将模型保存好，如图 8-96 所示。

Tips：World Machine 输出模型自带 UV 系统，因此不需要进行 UV 拆解流程。

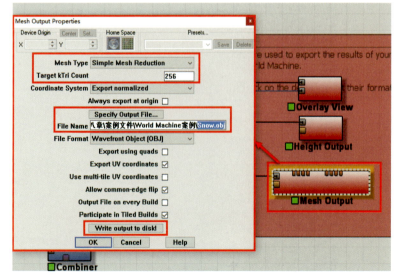

▲ 图 8-96

04. 通常情况下，由于坐标系统问题，World Machine 输出的模型尺寸与位置在其他软件中打开是不正常的，因此需要进入 3ds Max 或者 Maya 一类的软件对其坐标点和尺寸进行调整。按照前面第 6 个案例的内容将其在 3ds Max 中进行轴心点居中及放大后重置变换的操作，然后导出并覆盖原模型，如图 8-97 所示。

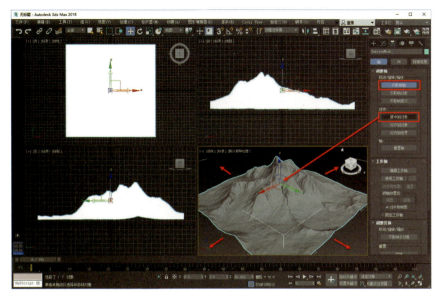

▲ 图 8-97

05. 返回 World Machine，创建一个"Normal-Map Maker"（法线贴图转换）和"Bitmap Output"（位图输出）节点，并从"Snow"节点依次连接到这两个节点；双击"Bitmap Output"节点，设置输出法线贴图为"Snow Normal.png" 8 位图片格式，如图 8-98 所示。

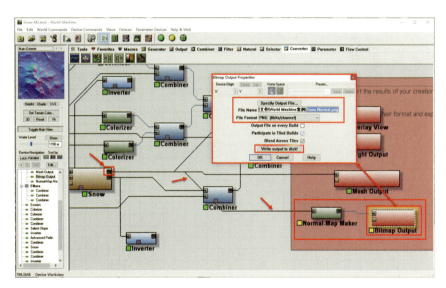

▲ 图 8-98

06. 接着断开当前的"Height Output"（高度输出）节点的连接，将"Erosion"节点的"Flow Map"输出端连接到"Height Output"节点的输入端，然后双击"Height Output"节点，将其保存为"Snow Flow.png"图片格式，这样就得到了流动色彩贴图了，如图 8-99 所示。

> Tips：流动色彩贴图用于合成地形的色彩细节，不属于 PBR 必须输出贴图的范畴。

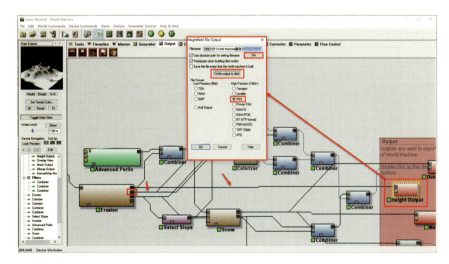

▲ 图 8-99

第八章　PBR 绘画 | 317

07 打开 Substance Painter，新建一个项目并拾取"Snow.obj"作为模型，注意这个地形并没有输出更高面数级别的模型，不需要进行烘焙，但是高面数模型的细节已经输出为法线贴图，在新建项目时需要单击"Add"按钮添加这个事先计算好的法线贴图，将其一并读入。地形属于较大的结构，我们可以使用 4096 像素作为整体贴图的尺寸，以保持较高的清晰度，如图 8-100 所示。

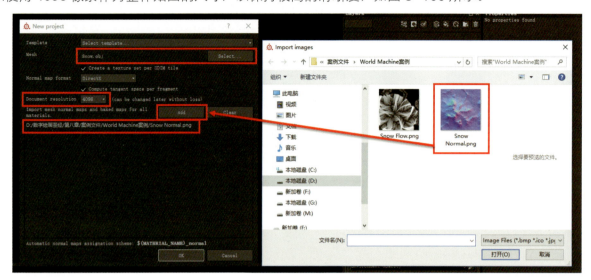

▲ 图 8-100

08 创建项目后，在"TextureSet Settings"面板中单击"Select normal map"按钮，指定刚才导入的法线贴图，即可在模型上看到高面数模型的细节变化，如图 8-101 所示。

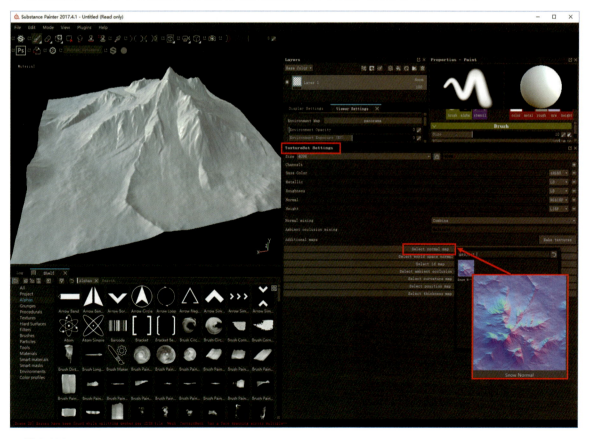

▲ 图 8-101

09 现在从整体上考虑地形纹理。通常情况下，我们需要泥土、岩石、植被、积雪 4 个层次，因此第一个填充层需要使用 B2M 转换一个泥土岩石混合类的照片作为 PBR 材质进行整体填充，填充的 UV 重复率可以根据尺度需要进行增减，如图 8-102 所示，后续各层材质都需要提前准备好。

▲ 图 8-102

10 接下来转换一个岩石表面材质进行第二层填充，如图 8-103 所示。

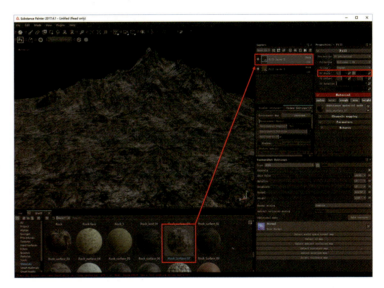

▲ 图 8-103

11 为第二层添加一个白色遮罩，然后使用较为粗糙的画笔对第二层进行遮蔽绘画，以此形成自然的混合过渡，如图 8-104 所示。注意：从第二层开始，一定要将图层的"Normal"和"Height"两个通道的叠加模式设置为"Normal"方式。图层"Height"通道的透明度调节也非常重要，过高的凹凸变化会导致过分细碎的结构。

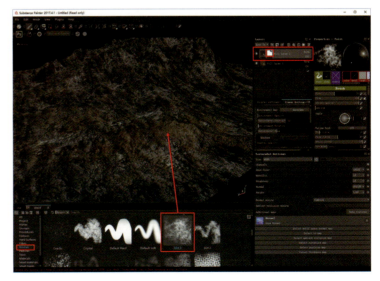

▲ 图 8-104

第八章　PBR 绘画 ｜ 319

12. 再次添加植被层，并用遮罩进行区域绘制，如图 8-105 所示。

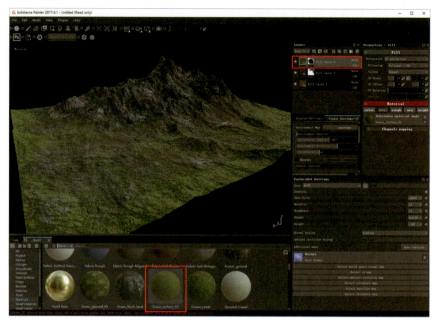

▲ 图 8-105

13. 导入"Snow Flow.png"图片作为一个纹理，如图 8-106 所示。

▲ 图 8-106

14. 新建一个填充图层，默认填充图层为白色材质，刚好是积雪的色彩，然后在图层遮罩菜单中添加一个"Add bitmap mask"（位图遮罩），在列表中拾取刚才导入的"Snow Flow.png"图片作为蒙版，这样就出现了积雪流动的结构，如图 8-107 所示。

▲ 图 8-107

15 接下来再创建第五层填充图层，填充一个细碎岩石或者地面材质用于整体融合各层次之间的过渡，绘制时可以采用散开效果较为强烈的画笔来绘制这些自然的结构，如图 8-108 所示。

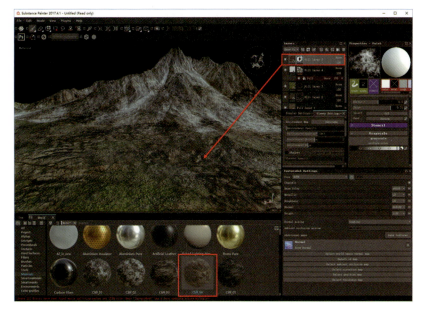

▲ 图 8-108

16 最后新建一个绘图层，默认图层是白色材质，使用碎点状画笔在山顶和山腰处绘制出白色的积雪，这样就完成了地形材质的绘制，如图 8-109 所示。

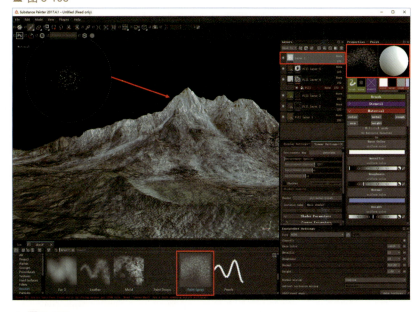

▲ 图 8-109

17 大家可以打开随书附赠中提供的"Snow.spp"文件查看本例最终效果，如图 8-110 所示。

在熟练掌握 PBR 绘画流程后，创造各种图像的过程是非常快速的。大家学习时一定要循序渐进，不要跳跃式阅读，以免错过某一个技术环节，导致流程上出现断层。

▲ 图 8-110

第八章 PBR 绘画 | 321

11. 3D 分形与 PBR 绘画的结合

下面介绍如何从 Mandelbulb3D 中输出 3D 文件到 Substance Painter 进行 PBR 绘画。

01 首先，打开 Mandelbulb3D，并创建一个 3D 分形结构，本例中使用默认分形公式进行操作，如图 8-111 所示。

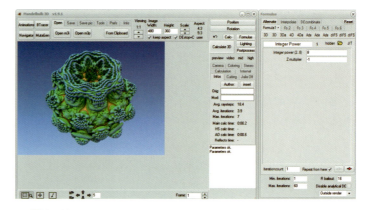

▲ 图 8-111

02 单击 "BTracer"（3D 网格模型输出）按钮打开 3D 输出设置；单击 "Import parameter from main"（导入分形设置）按钮读入当前图像，这样在右侧预览视图即可看到这个图形的立体像素解算，这就是当前模型结构的基本架构，提取位置和视图位置要一致，也就是预览窗口是哪一个，视点提取的就是哪个视点的结构；"XYZ offset"（位移）和 "XYZ scale"（比例）分别用于调整位置与提取尺度，通过观察右侧的体积像素预览来确定提取图像是否完整（"Size" 用于调节预览细节，数值分别为 16^3、32^3、64^3、128^3、256^3）；"Overall scale"（总体放缩）用于快速调整场景尺度；"Object determination"（物体空间测量距离）选项组中的 "Distance estimation"（空间深度估算）用于控制提取分形结构的细节，较大场景下需要设置提取深度来控制提取部位（尽量避免提取过深和过大的造型）；"In/out option"（提取内外结构设置）选项组中的 3 个选项用于控制提取外部或者内部结构控制；在 "Mesh properties"（网格模型属性）面板中，"Volumetric resolution"（体积像素分辨率）控制模型生成的精度与网格量，该值越高模型越细腻，但是所需的计算时间也越长，本例设置为 "256" 级别；在 "Output file"（输出路径）文本框中确定输出路径（不要使用中文路径），将文件命名为 "Mandelbulb Hi.obj"，单击 "Generate Mesh"（生成网格模型）按钮进行即可进行输出，如图 8-112 所示，输出完毕后可以单击 "OpenGL" 按钮对模型进行预览。

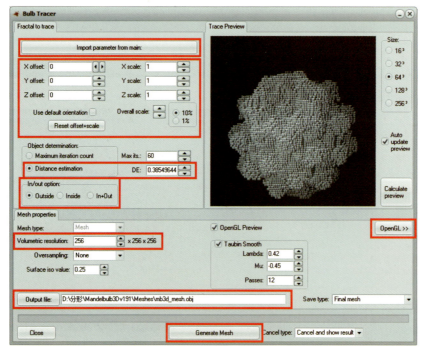

▲ 图 8-112

03 在"Instant Meshes"窗口中打开"Mandelbulb.obj"文件进行低面数模型的拓扑，面数优化到 90k 左右，由于分形结构凹凸细节变化很大，这里采用"Triangles"（三角面）方式进行拓扑，以保证尽量避免出现空洞；接下来输出文件并命名为"Mandelbulb Low.obj"，如图 8-113 所示。注意：保存过程中如果出现无法保存的情况，请以完整的扩展名"Mandelbulb Low.obj"进行命名。

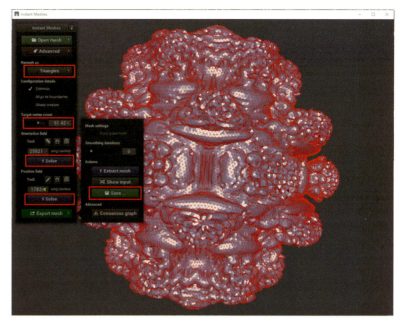

▲ 图 8-113

04 接下来对分形模型进行 UV 拆解工作。由于造型复杂，UV 拆解工作需要耐心地进行，如图 8-114 所示。

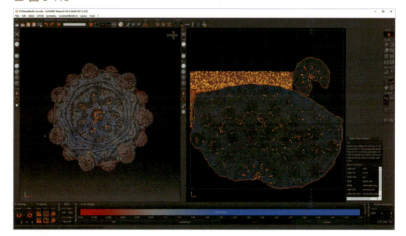

▲ 图 8-114

05 高低面模型准备好后，即可在 Substance Painter 中进行烘焙了，然后使用智能 PBR 材质或者直接用 PBR 绘画来得到想要的材质效果，如图 8-115 所示。

▲ 图 8-115

第八章　PBR 绘画 | 323

06 分形 3D 模型输出可以运用在绘画、产品、游戏、电影等多个领域，我们需要展开思维，发挥想象力，充分地将分形创作有效地和其他领域相结合，如图 8-116 所示为 Jeremie Brunet 的 3D 分形结合 3D 打印首饰品设计。

▲ 图 8-116

12. Substance Painter 贴图输出

我们可以将 Substance Painter 绘制好的 PBR 贴图通道输出为特定的图像格式，然后采用实时渲染引擎进行最终图像的渲染，注意输出时的路径要设置到特定的文件夹，如图 8-117 所示。

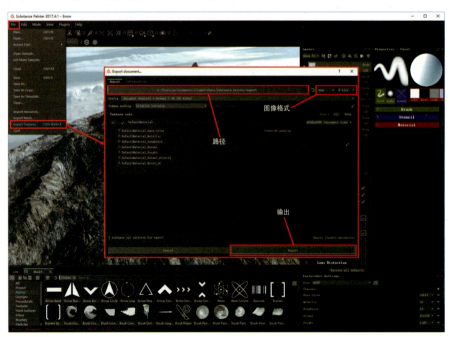

▲ 图 8-117

四、Blur's PBR Brush 1.0

　　Blur's PBR Brush 是专门针对 Substance Painter 开发的一套专业 PBR 绘画和材质库系统，我们可以使用它迅速地为各种自然类、角色类模型进行 PBR 绘画，各类画笔和材质库还带有相应的控制模块，可以实现多变的实时材质混合效果，结合 Substance Painter 自带的画笔，可以满足多种 PBR 绘画的需要，如图 8-118 所示。

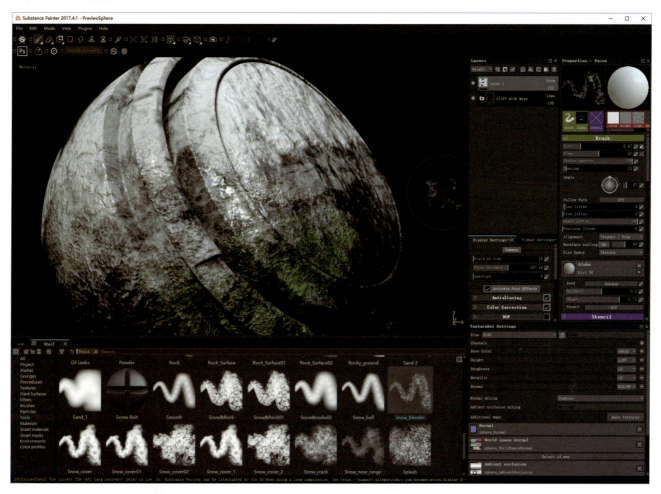

▲ 图 8-118

1. 安装

（1）安装 PBR 画笔

　　复制所有的"sppr"文件到 C:\Users\计算机名\Documents\Allegorithmic\Substance Painter\shelf\presets\tools 文件夹，如图 8-119 所示为 PBR Tool 画笔库。

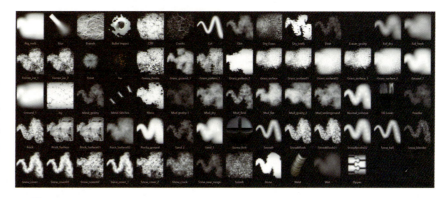

▲ 图 8-119

第八章　PBR 绘画 | 325

（2）安装 PBR 材质库

复制所有的"sbsar"文件到 C:\Users\计算机名\Documents\Allegorithmic\Substance Painter\shelf\materials 文件夹，如图 8-120 所示。

安装完成后启动 Substance Painter，然后耐心地等待工具和材质库的载入，在运行较慢的计算机上需要等待较长的时间。

> **Tips**：Substance Painter 软件应安装在常规的 Program Files 文件夹下以保证正常读取预设库，建议不要随意更改安装文件夹目录。

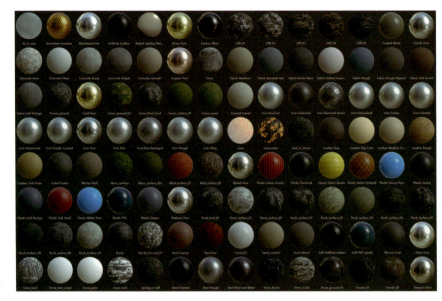

▲ 图 8-120

2.PBR Tool

PBR Tool 是 PBR 绘画笔库，下面介绍各个库的预览及功能。

- Big Rock：如图 8-121 所示为巨石纹理画笔。

▲ 图 8-121

- Blur：是软件内置的，如图 8-122 所示为模糊画笔，用于模糊当前绘图层。

▲ 图 8-122

- Branch：如图 8-123 所示为干草画笔。

▲ 图 8-123

- Broken：如图 8-124 所示为破碎画笔。
- Bullet Impact：是软件内置的，如图 8-125 所示为弹孔画笔。

▲ 图 8-124　　　　　　　　　　　　　▲ 图 8-125

- Cliff：如图 8-126 所示为悬崖纹理画笔。
- Cracks：如图 8-127 所示为裂痕画笔。

▲ 图 8-126　　　　　　　　　　　　　▲ 图 8-127

- Creature Skin 1：如图 8-128 所示为怪物皮肤画笔 1。
- Creature Skin 2：如图 8-129 所示为怪物皮肤画笔 2。

▲ 图 8-128　　　　　　　　　　　　　▲ 图 8-129

- Creature Skin 3：如图 8-130 所示为怪物皮肤画笔 3。
- Cut：如图 8-131 所示为切口画笔，可用于高度雕刻。

▲ 图 8-130　　　　　　　　　　　　　▲ 图 8-131

- Dirt：如图 8-132 所示为污渍画笔。
- Dry Grass：如图 8-133 所示为干草表面画笔。

▲ 图 8-132　　　　　　　　　　　　　▲ 图 8-133

- Dry Leafs：如图 8-134 所示为干树叶表面画笔。
- Dust：如图 8-135 所示为灰尘画笔。

▲ 图 8-134

▲ 图 8-135

- Eraser Grainy：如图 8-136 所示为颗粒化细节擦头，用于处理各图层间的自然过渡。
- Fall Dry：如图 8-137 所示为干落叶地表画笔。

▲ 图 8-136

▲ 图 8-137

- Fall Fresh：如图 8-138 所示为新鲜落叶地表画笔。
- Frozen Ice 1：如图 8-139 所示为冰雪冻结画笔 1。

▲ 图 8-138

▲ 图 8-139

- Frozen Ice 2：如图 8-140 所示为冰雪冻结画笔 2。
- Frost：是软件内置的，如图 8-141 所示结霜画笔。

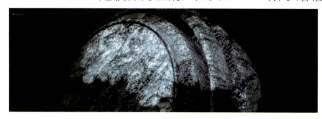

▲ 图 8-140

▲ 图 8-141

- Fur：是软件内置的，如图 8-142 所示为短毛发画笔。
- Grainy Rocks：如图 8-143 所示为碎石画笔。

▲ 图 8-142

▲ 图 8-143

- Grass Ground：如图 8-144 所示为草地画笔。
- Grass Pattern 1：如图 8-145 所示为草簇画笔 1。

▲ 图 8-144

▲ 图 8-145

- Grass Pattern 2：如图 8-146 所示为草簇画笔 2。
- Grass surface 1：如图 8-147 所示为杂草表面画笔 1。

▲ 图 8-146

▲ 图 8-147

- Grass surface 2：如图 8-148 所示为杂草表面画笔 2。
- Ground：如图 8-149 所示为地面纹理画笔。

▲ 图 8-148

▲ 图 8-149

- Height Buildup 1：如图 8-150 所示为高度雕刻画笔 1。
- Height Buildup 2：如图 8-151 所示为高度雕刻画笔 2。

▲ 图 8-150

▲ 图 8-151

- Height Buildup 3：如图 8-152 所示为高度雕刻画笔 3。
- Ivy：如图 8-153 所示为爬山虎画笔。

▲ 图 8-152

▲ 图 8-153

- Mask Grainy：如图 8-154 所示为颗粒化遮罩画笔，专门用于绘制颗粒化遮罩过渡。
- Metal Stitches：是软件内置的，如图 8-155 所示为金属缝合画笔。

▲ 图 8-154

▲ 图 8-155

- Metallic：如图 8-156 所示为金属画笔，用于绘制高反光金属质感。
- Moss：如图 8-157 所示为地衣植物画笔。

▲ 图 8-156

▲ 图 8-157

- Mud Grainy：如图 8-158 所示为颗粒化泥土画笔。
- Mud Field：如图 8-159 所示为大面积泥土表面画笔。

▲ 图 8-158

▲ 图 8-159

- Mud Flat：如图 8-160 所示为湿泥土画笔。
- Mud Underground：如图 8-161 所示为地下泥土画笔，用于表现泥土坑或地下结构。

▲ 图 8-160

▲ 图 8-161

- Noise Highlight：如图 8-162 所示为噪波高光结构画笔。
- Normal Remover：如图 8-163 所示为高度和法线擦除画笔。

▲ 图 8-162

▲ 图 8-163

- Oil Leaks：是软件内置的，如图 8-164 所示为油渍流淌画笔。
- Powder：如图 8-165 所示为粉末、粉尘画笔。

▲ 图 8-164

▲ 图 8-165

- Rock_Surface_1：如图 8-166 所示为岩石表面画笔 1。
- Rock_Surface_2：如图 8-167 所示为岩石表面画笔 2。

▲ 图 8-166

▲ 图 8-167

- Rock_Surface_3：如图 8-168 所示为岩石表面画笔 3。
- Rock_Surface_4：如图 8-169 所示为岩石表面画笔 4。

▲ 图 8-168

▲ 图 8-169

- Rock_Surface_5：如图 8-170 所示为岩石表面画笔 5。
- Rocky Ground：如图 8-171 所示为碎石地面画笔。

▲ 图 8-170

▲ 图 8-171

- Rust：如图 8-172 所示为锈迹画笔。
- Sand 1：如图 8-173 所示为沙子画笔 1。

▲ 图 8-172

▲ 图 8-173

第八章　PBR 绘画 | 331

- Sand 2：如图 8-174 所示为沙子画笔 2。
- Screw Bolt：是软件内置的，如图 8-175 所示为螺钉画笔。

▲ 图 8-174

▲ 图 8-175

- Shiner：如图 8-176 所示为金属闪光画笔。
- Skin Normal 1-5：如图 8-177 所示为皮肤法线画笔 1-5。

▲ 图 8-176

▲ 图 8-177

- Smooth：如图 8-178 所示为平滑画笔，用于平滑当前绘图结构。
- Snow & Rock 1：如图 8-179 所示为积雪与岩石画笔 1。

▲ 图 8-178

▲ 图 8-179

- Snow & Rock 2：如图 8-180 所示为积雪与岩石画笔 2。
- Snow Ball：如图 8-181 所示为雪球画笔。

▲ 图 8-180

▲ 图 8-181

- Snow Blender：如图 8-182 所示为积雪混合画笔，用于处理积雪与岩石过渡区。
- Snow Cover 1：如图 8-183 所示为积雪覆盖画笔 1。

▲ 图 8-182

▲ 图 8-183

- Snow Cover 2：如图 8-184 所示为积雪覆盖画笔 2。
- Snow Crack：如图 8-185 所示为积雪裂痕画笔。

▲ 图 8-184

▲ 图 8-185

- Snow Near Range：如图 8-186 所示为近距离积雪表面画笔。
- Splash：如图 8-187 所示为泼溅颗粒画笔。

▲ 图 8-186

▲ 图 8-187

- Weld：是软件内置的，如图 8-188 所示为焊接点画笔。
- Wet：如图 8-189 所示为湿润画笔，用于绘制湿润、积水、血液等效果。

▲ 图 8-188

▲ 图 8-189

- X-Normal 1～10：如图 8-190 所示为细节法线画笔的效果，用于绘制自然法线细节。
- Zipper：是软件内置的，如图 8-191 所示为拉链画笔。

▲ 图 8-190

▲ 图 8-191

3. PBR 材质库

PBR 材质库包含岩石、地形、植被等常用自然纹理，可用于填充或者 PBR 绘画。注意：很多材质球带有自身参数，可以通过参数设置实时调节材质的变化，如图 8-192 所示。

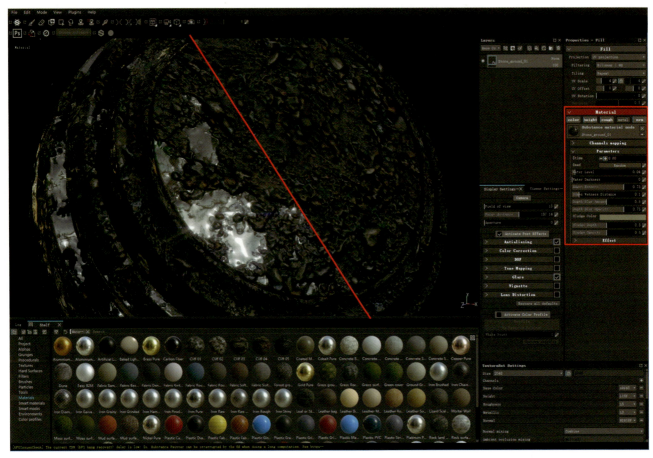

▲ 图 8-192

4. 版本与界面

以上讲解的 Substance Painter 相关知识都是以 Substance Painter2017 版为主的，Substance Painter 版本众多，更新频率较快，每一版都会有新的特性出现，在软件界面上也会经常进行调整，下图是 Substance Painter 2018 版的界面，工具界面的菜单有所不同，但是功能属性是一致的，在使用新老版本时注意区分（如图 8-193 所示）。

五、总结

PBR 绘画开启了又一个数字绘画的新时代,通过结合拍照技术,我们几乎可以将生活中的任意影像转换为绘画素材来使用,绘画不再是传统的思维与模式。在学习的过程中,我们除了真正掌握这门技术之外,一定要积极拓展思维,发挥想象力,将这些技术充分地融合到无论是绘画还是绘画相关的一切创意设计中,这样才能多途径、多手段地解决问题。

▲ 图 8-193

第九章

PBR 实时渲染

一、Marmoset Toolbag

Marmoset Toolbag 是 PBR 流程中负责输出最终图像的实时渲染系统，我们通过分形、照片重构或者其他三维软件生成模型后，在 Substance Painter 中进行绘制，然后将模型和贴图导入 Marmoset Toolbag 中进行布光和渲染输出，最后再进入 Photoshop 或者 Painter 等软件进行绘画与合成，这样就能形成一个专业的从 3D 到 2D 的绘画流程，如图 9-1 所示为 Marmoset Toolbag 实时渲染效果。

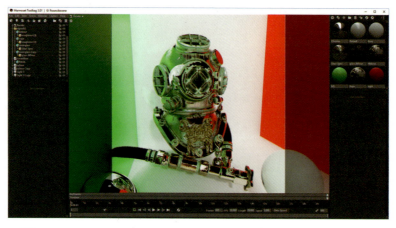

▲ 图 9-1

二、Marmoset Toolbag 流程

在进入 Marmoset Toolbag 之前，需要输出至少 3 个贴图通道，如 Base Color、Normal、Roughness，这样才能保证得到正确的材质表现。其中比较重要的是关于 Normal 贴图的输出，通常情况下，如果是通过照片重构的模型，可以使用 B2M 转换色彩贴图来得到 Normal 贴图，也可以在 Substance Painter 中通过高低模烘焙来获取高模的 Normal 结构，或者使用 PBR 绘画来增添材质上的附加 Normal 细节，可以根据具体情况来选择合适的手段，如图 9-2（B2M 转化色彩贴图得到的 Normal 贴图）和图 9-3 所示（Substance Painter 烘焙出的 Normal 贴图）。

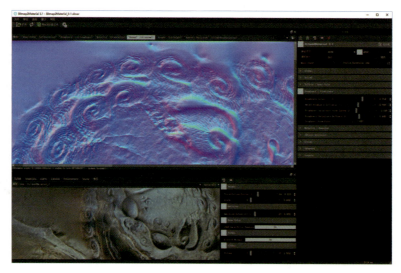

▲ 图 9-2

▲ 图 9-3

1. Marmoset Toolbag 基本流程 1

Marmoset Toolbag（3.1 或以上版本）界面的分布如图 9-4 所示，其功能如下：

①场景管理区：用于载入模型、创建灯光、创建摄像机等。

②属性调节区：用于对创建元素的属性进行调节。

③视图预览区：用于观察模型与视角布局。

④材质区：用于创建和管理模型的材质。

⑤材质参数区：用于设置各材质属性。

⑥时间与动画控制区：用于动画的播放控制。

下面通过实例介绍如何使用 Marmoset Toolbag 对照片重构的模型进行渲染输出。

▲ 图 9-4

01 打开 Marmoset Toolbag，接下来在场景管理区单击"载入模型"按钮，打开随书附赠中提供的"Statue LowUV.obj"文件，如图 9-5 所示。

▲ 图 9-5

02 在模型预览视图中，可以通过按住 Alt 键用鼠标左键旋转视角，可以通过按住 Alt 键用鼠标右键放缩视角，可以通过按住 Alt 键用鼠标中键平移视角。

03 选择模型或者其他物体后，我们可以使用"移动坐标"移动或旋转所选物体，如图 9-6 所示。

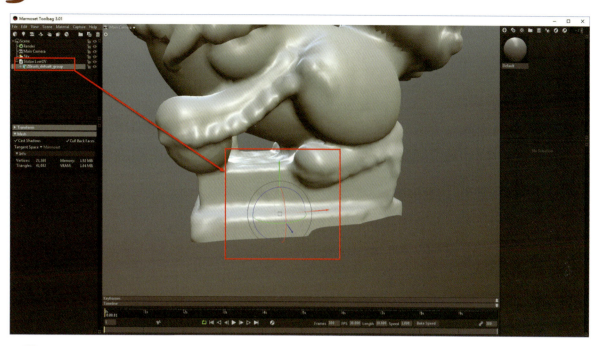

▲ 图 9-6

04 接下来在场景管理区选择"Sky"（环境照明）选项，这样就能在"Presets"（环境预设库）中选择某一种环境照明图像，以此获得不同的基本环境光照；"Brightness"（亮度）滑块用于控制环境光的强度，可以根据需要进行设置；按住 Shift 键用鼠标右键拖动可以对环境照明进行旋转，以改变灯光的方向，如图 9-7 所示。注意：环境光属于漫反射间接照明方式，并不是直接光，无法产生定向投影。

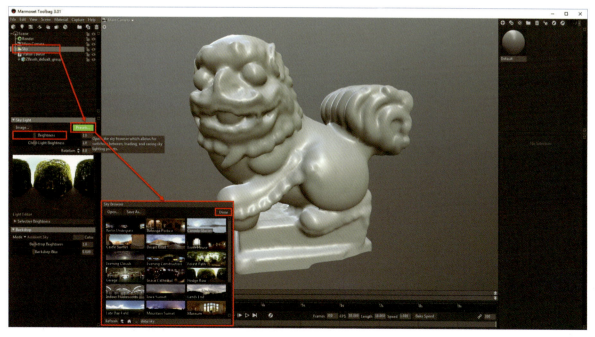

▲ 图 9-7

05 接下来选择载入模型自带的材质球，打开材质设置面板，分别在对应贴图通道载入随书附赠中相应的贴图，如图 9-8 所示。

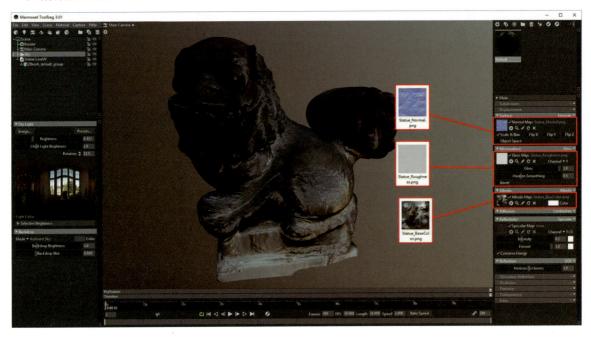

▲ 图 9-8

06 在 Normal 贴图设置中需要单击齿轮状按钮打开设置面板，取消选中"sRGB Color Space"（超级 RGB 空间模式）模式，这样才能正确显示 Normal 贴图。一般情况下，如果是通过 B2M 生成得到的 Normal 贴图，还需要选中"Flip X 或 Flip Y"（反转红色或绿色通道）复选框，将法线模式设置为 Marmoset Toolbag 的标准，对于由其他软件生成的 Normal，如果观察到不正常的情况，也需要进行反转以进行修正，具体反转轴向可以根据视图反馈来决定，如图 9-9 所示。注意：Normal 反转设置不要同时选中"Flip X"和"Flip Y"复选框，只能单独选择。

▲ 图 9-9

07 Marmoset Toolbag 使用"Gloss"(光泽度)方式控制物体上的高光,我们输出的"Roughness"贴图也需要进行反转以获得正常的高光效果,如图 9-10 所示。

▲ 图 9-10

08 默认情况下,Marmoset Toolbag 除了有 Gloss 高光设置,还带有"Reflectivity"(反射)设置,用于表现金属光泽,当前没有输出金属贴图通道,因此需要将 Reflectivity 的"Intensity"(反光强度)值设置到最低,以消除物体表面的光泽,如图 9-11 所示。

▲ 图 9-11

09 返回场景管理区，单击"灯光"按钮，新建一个光源并移动到需要的位置；Marmoset Toolbag 有 3 种灯光模式可以切换，分别是"Directional"（平行光/太阳）、"Spot"（射灯）、"Omni"（点光源），可以在"Type"（类型）下拉列表中选择，如图 9-12 所示。

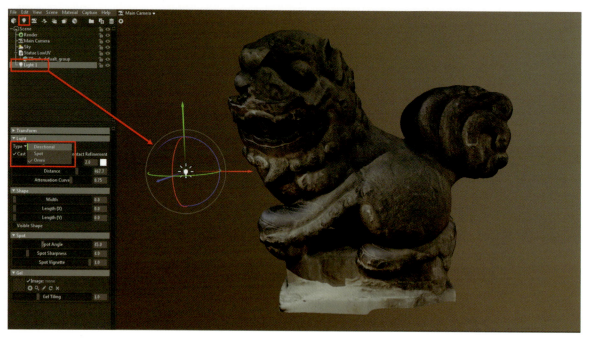

▲ 图 9-12

10 下面对灯光参数进行设置。"Brightness"（亮度）用于控制光照强度；"灯光拾色器"用于更改灯光色彩；"Distance"（距离）用于控制灯光照射距离；"Attenuation Curve"（衰减曲线）用于控制灯光的衰减范围；"Width"（灯光面积）增大后可以得到柔和的区域投影。如果是射灯类型，"Spot"面板的参数用于控制射灯的照射范围；平行光灯一般只需要设置照明方向和灯光面积，如图 9-13 所示。

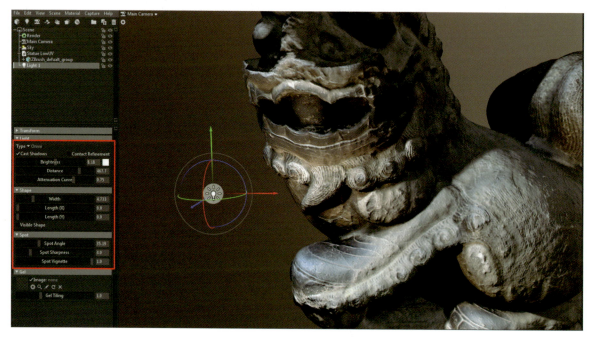

▲ 图 9-13

11 接下来创建3个方向的光源来对物体进行照明。一般情况下,我们可以创建"主光源"(照明主要物体结构)、"暗部辅助光"(照明过黑区域)、"轮廓光"(烘托物体轮廓)3个位置的灯光,来整体地表现出一个立体感、层次感、结构感鲜明的画面,如图9-14所示。

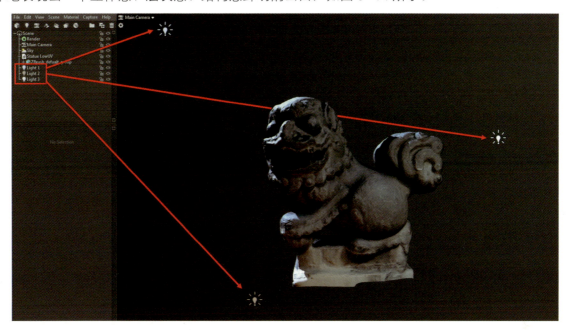

▲ 图 9-14

12 接着在场景管理区选择"Main Camera"(主摄像机),然后对摄像机角度和参数进行设置。首先,通过快捷键将视图拉近,然后选中"Focus"(聚焦)面板中的"Depth of Field"(景深)复选框,然后通过下方的景深参数调节聚焦的变化。"Field of View"(镜头透视角度)用于控制镜头的角度变化;"Focus Distance"(聚焦距离)用于控制摄像机的聚焦点;"Near Blur/Far Blur"(远近模糊)用于控制聚焦前后的模糊量;"Max Bokeh Size"(最大虚焦量)用于控制整体虚焦强度;"Swirl Vignette"(旋涡图案)用于控制虚焦部位的旋转;"Aperture"(光圈)用于设置镜头的形状,如图9-15所示。

▲ 图 9-15

13 继续在摄像机参数面板中对色彩风格进行设置。"Exposure"（曝光度）用于控制镜头的曝光量；"Contrast/Contrast Center"（对比度）用于控制画面的明暗对比；"Saturation"（饱和度）用于控制色彩的饱和；"Sharpen"（锐化）用于控制贴图的锐化细节；"Bloom"（辉光）用于生成光晕特效；"Vignette"（暗角）用于产生画面的暗角效果；"Grain"（颗粒）用于产生胶片颗粒质感，如图 9-16 所示。

▲ 图 9-16

14 在场景管理面板中选择 "Render"（渲染）设置。开启 "Stereo"（立体）显示方式，将立体模式设置为 "Cross-eyed"（交叉双眼模式），然后可以通过 "Eye Separation"（瞳距）设置立体分割的强度。将立体模式下输出的画面放在手机上通过 VR 眼镜进行观察就能看到立体效果，如图 9-17 所示。

▲ 图 9-17

15 在"Render"面板中开启"Ambient Occlusion"(环境阴影阻挡)效果,可以在物体夹角处产生漫反射投影,以加强物体的立体感;开启"Enable GI"(开启全局照明模式)可以得到灯光的二次反弹,以产生更加逼真的光照效果。但是要注意这两个选项需要的计算量很大,在配置较低的计算机中需要在最终画面输出前再开启,如图 9-18 所示。

▲ 图 9-18

16 选择"Main Camera"选项,选中设置面板中的"Safe Frame"(显示安全视图区域)复选框,这样就将摄像机的最终输出尺寸进行了预览显示。接下来选择"Capture"(视图捕捉)→"Settings"(设置)命令,在面板中可以对最终输出尺寸和格式进行设置,如果选中"Transparency"(半透明)选项,可以输出不带背景的 PNG 格式,方便后期合成;设置完成后选择"Image"(图像输出)命令,就能将画面保存到桌面。如图 9-19 所示。

▲ 图 9-19

第九章 PBR 实时渲染 | 349

2. Marmoset Toolbag 基本流程2

本例介绍PBR绘画与Marmoset Toolbag的结合使用。

01 首先，在Substance Painter中对随书附赠中提供的"Statue LowUV.obj"文件进行烘焙（高面数模型为Statue Hi.obj），以获取Normal贴图通道，如图9-20所示。

▲ 图9-20

02 接下来使用PBR画笔或者PBR材质为模型进行材质的绘制，本例中使用带有金属质感和地衣植被混合的处理方式，如图9-21所示。

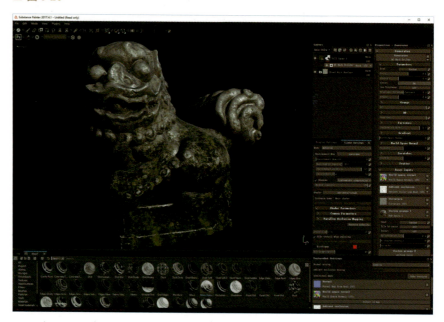

▲ 图9-21

03 输出所有贴图通道为PNG格式的图片，如图9-22所示。

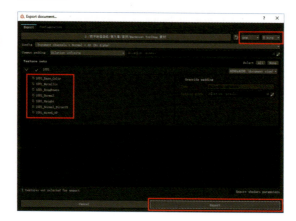

▲ 图9-22

04. 进入Marmoset Toolbag，载入低面数模型，然后选择材质球，分别在"Normal""Gloss""Albedo"通道载入相应的贴图。注意Normal贴图需要反转"Y"，即选中"Flip Y"复选框，Gloss贴图也需要反转黑白关系，如图9-23所示。

▲ 图 9-23

05. 由于这个PBR材质带有金属化效果，接下来需要将材质的"Reflectivity"属性切换为"Metalness"（金属化）方式，然后载入输出好的金属贴图通道，这样就得到了和在Substance Painter中一致的结果，如图9-24所示。

▲ 图 9-24

06. 接下来选择模型，按下快捷键Ctrl+D就能复制当前模型，如果需要复制多个模型进行画面布局，这个功能非常实用，如图9-25所示。

▲ 图 9-25

第九章　PBR 实时渲染 | 351

3. Marmoset Toolbag 基本流程 3

本例介绍如何导入 World Machine 的模型到 Marmoset Toolbag 中进行渲染。

01 首先，在 Marmoset Toolbag 中载入由 World Machine 导出的任意模型，本例使用上一章使用过的地形模型。然后将环境照明设置为一个室外场景的色彩，如图 9-26 所示。

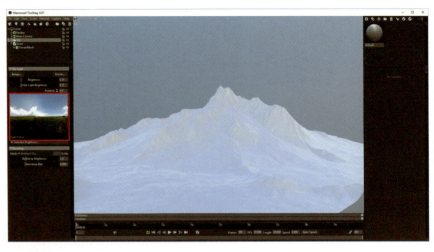

▲ 图 9-26

02 接下来使用 Substance Painter 制作地形的材质并进行各贴图通道的输出，如图 9-27 所示。

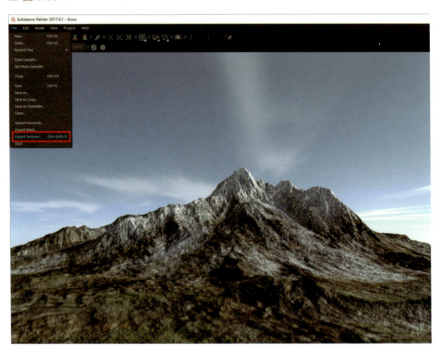

▲ 图 9-27

03 在 Marmoset Toolbag 中对地形的"Normal""Gloss""Albedo"通道进行对应贴图的指定，对 Normal 贴图启用"Flip X"通道；将"Reflectivity"属性的"Intensity"强度设置到最低，以避免产生油腻的高光，如图 9-28 所示。

▲ 图 9-28

04 接着创建一个平行光模拟太阳的效果，注意灯光的白色箭头代表入射方向，灯光摆放位置可以随意，这是一个无限光系统。如果需要突出阳光的效果，还需要将环境光的强度适当降低，如图 9-29 所示。

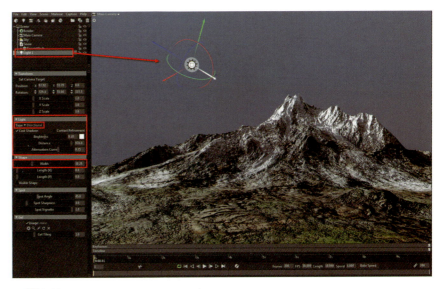

▲ 图 9-29

05 选择山体模型，按下快捷键 Ctrl+D 对山体进行若干复制，然后放置到较远的位置，并进行随机的旋转以适合构图，同时进入模型属性面板对"XYZ Scale"（XYZ 放缩）这 3 个值进行调节，以此改变山体的尺寸，这样通过多次复制一座山就能得到连绵起伏的山脉场景了，如图 9-30 所示。

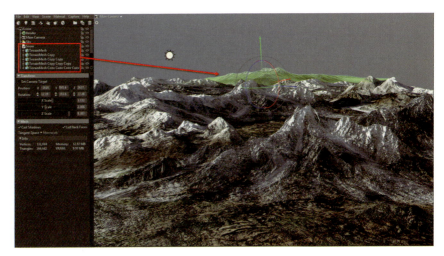

▲ 图 9-30

06 返回场景管理面板，新建一个"Fog"（大气雾），这样场景中就出现了逼真的空气层次感，我们可以通过调节雾气的"Distance"（雾气距离）、"MaxOpacity"（最大雾气透明度）、"Dispersion"（雾气散布）、"Ambient/Sky"（雾气暗部照明影响）、"Lights"（雾气光照影响）值进行效果控制。注意：当将数值滑块滑到最大值的位置后，如果需要更大的数值，可以直接输入数值来设置，如距离参数，如图 9-31 所示。

▲ 图 9-31

第九章　PBR 实时渲染 | 353

07 选择摄像机对画面进行景深及色彩的后期调节,以达到最佳效果的输出,如图9-32所示。

▲ 图9-32

08 新加载一个模型,将大小和位置设置到合适的数值,然后在材质球面板新创建一个材质,设置好后直接将材质球拖至模型进行指定,如果需要添加更多的模型,重复以上步骤即可,这样就能创建出较为复杂的场景规模,如图9-33所示。

▲ 图9-33

09 我们可以不断尝试各种照明与色彩搭配,以获得最佳的画面表现,如图9-34所示为本例最终效果。

▲ 图9-34

三、总结

　　Marmoset Toolbag 实时渲染是数字绘画流程中非常高效的一种图像输出手段，通过结合之前章节所学知识，我们可以以一种非常特殊且有趣的过程塑造出各式各样的图像。这些技术所带来的是纯数字化创作的一种新变革，再结合传统绘画的流程，我们可以随心所欲地创造出丰富多彩的图像，即使是绘画基础比较薄弱的人，也能依靠这些新技术提升自己的创作水平与作品质量，为自己的创作插上翅膀，畅游绘画艺术的世界。同时这些技术还可以服务于其他领域，如影视创作、VR/AR 创作、游戏创作、2D/3D 动画创作、产品设计等。对于本书的学习一定要循序渐进，掌握每个章节所要求的知识点，这样才能融会贯通各个环节，发挥出无穷的创造力。

第十章

综合创作实例

在本章中,将结合分形、照片重构、B2M、Substance Painter、Marmoset Toolbag、Photoshop 进行综合的创作实践,以此学习综合技术手段下的创作方法。

一、实例

1. 综合创作实例 1

01 首先,在 Substance Painter 中新建一个项目,选择随书附赠中提供的"Devil UV.obj"文件作为绘制对象,同时载入"Devil_normal.tif"贴图作为 Normal 贴图通道,如图 10-1 所示。

02 在"TextureSet Settings"面板中指定刚才载入的 Normal 贴图,这样模型上就产生了细致的结构细节,如图 10-2 所示。

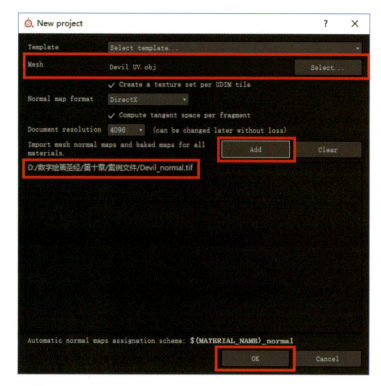

▲ 图 10-1

▲ 图 10-2

03 当前模型虽然有大结构的法线细节，但是还缺乏更进一步的细节变化。新建一个绘图层，然后使用"Tool"画笔库中的"Cut"画笔绘制更多的细节高度（法线绘画）。绘制时注意控制好画笔的"Flow"（流量）和"Stroke opacity"（笔触不透明度）强度，如图10-3所示。

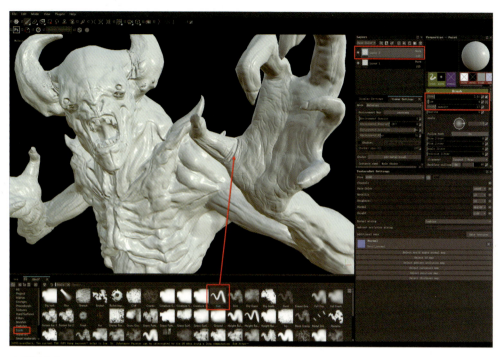

▲ 图 10-3

04 使用"Skin Normal"或者"X-Normal"画笔为角色增添更为细腻的皮肤法线质感。注意绘制时可以切换画笔的"Size Space"（尺寸空间）为"Object"（物体空间）方式，来让画笔尺寸适配模型的大小，如图10-4所示。

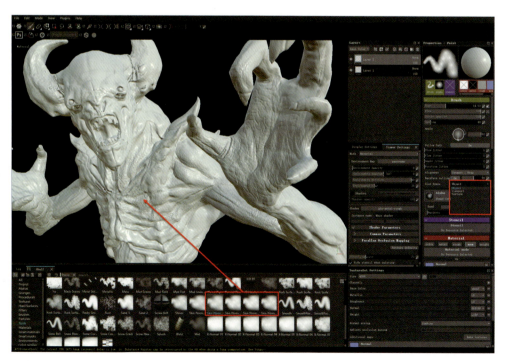

▲ 图 10-4

05 新建一个绘图层，用噪点一类的画笔绘制出色彩及粗糙度。注意：将凹陷的结构处处理为较暗的色彩，粗糙度较高；凸起的结构处色彩要浅，将粗糙度设置得低一些，这样才能突出角色的结构层次。绘制时可以不用太面面俱到，因为最终细节绘制还需要在 Photoshop 中进行处理，如图 10-5 所示。

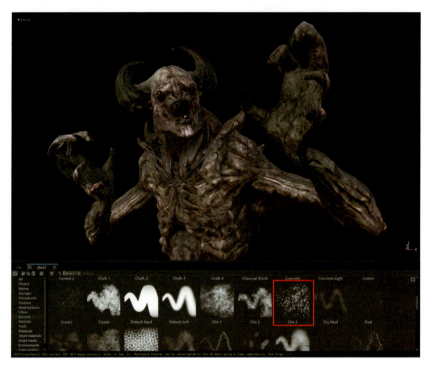

▲ 图 10-5

06 绘制完毕后将所有贴图进行输出。然后在 Marmoset Toolbag 中继续打开这个模型，如图 10-6 所示。

▲ 图 10-6

07 下面在 Marmoset Toolbag 中选择材质球，将输出贴图指定到对应的贴图通道，注意 Normal 贴图反转"Y"，Gloss 贴图反转黑白，暂时关闭反射通道强度。对于环境照明，可以指定一个室内图片作为基本环境光，如图 10-7 所示。

▲ 图 10-7

08 接下来为角色创建灯光。对于这幅作品的创意思路,后期我想在角色的手掌和口腔处增加发光的元素,因此可以在这3个位置创建3个点光源来进行照明,以此确定一个大致的受光效果。如果光照距离太大导致丢失阴影细节,我们可以缩小灯光的Distance值来控制,如图10-8所示。

▲ 图 10-8

09 接着在角色后方上部创建一个高强度的轮廓光,以此烘托出整个角色的轮廓,同时降低环境光的强度以突出黑白的对比感,如图10-9所示。

▲ 图 10-9

10 当前角色的结构感还有所不足,接下来适当提高"Reflectivity"通道的"Intensity"值,让角色产生适量的反光以突出结构的高光。然后选择摄像机,提高"Sharpen"值,以锐化出足够的贴图细节,如图10-10所示。

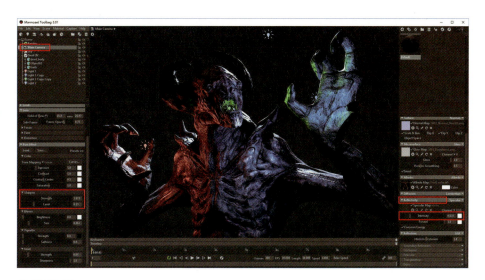

▲ 图 10-10

第十章 综合创作实例 | 361

11 开启摄像机的安全框，然后打开输出设置，将输出尺寸设置为 3000 或者更高，选中输出设置中的 "Transparency" 复选框，最后截屏输出就完成了 Marmoset Toolbag 中的前期工作，如图 10-11 所示。

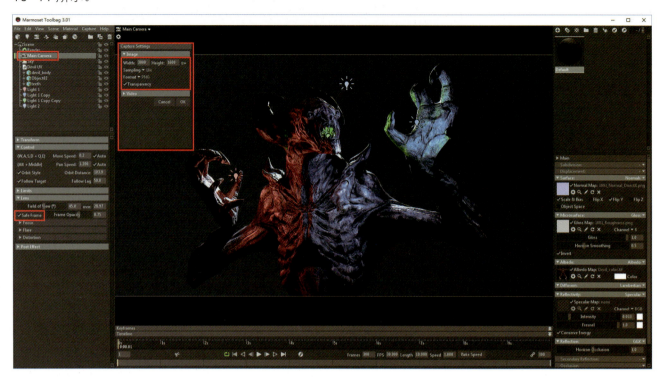

▲ 图 10-11

12 下面进入 Chaotica 分形软件，为本幅作品创建一些宇宙风格的背景及图案作为合成素材，可以通过随机世界生成方式或者自由创建方式获得，如图 10-12 所示。

13 使用 Mandelbulb3D 创建一些立体的分形素材作为合成到主画面的元素。在创建这些素材时需要注意光源的配合，比如，如果想要放置一个分形元素到角色的手掌部位，那么在 Mandelbulb3D 中的布光位置就要符合手掌部位的照明方向，这样才能保证整个作品的协调统一，如图 10-13 所示。

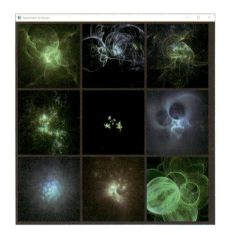

▲ 图 10-12

▲ 图 10-13

14. 在保存 Mandelbulb3D 的图像时，可以单击"ZBUF"（深度通道）按钮，同时输出图像的深度遮罩以便进行抠像合成，如图 10-14 所示。

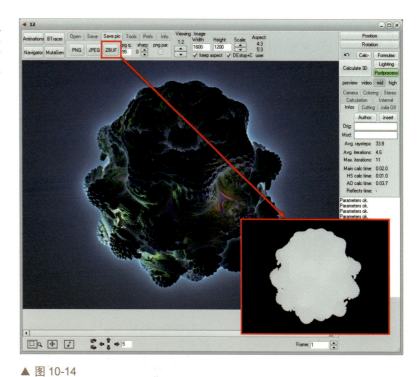

▲ 图 10-14

15. 接下来进入 Photoshop 进行最终的绘画合成。首先，打开一幅分形背景素材作为基本背景环境，如图 10-15 所示。

▲ 图 10-15

16. 再将之前在 Marmoset Toolbag 中输出的角色拖至当前背景中进行定位，如图 10-16 所示。

▲ 图 10-16

17 选择背景层，使用色彩调节功能对背景进行调整，适当压暗背景，将色调调和为和角色基本一致的冷调，如图 10-17 所示。

▲ 图 10-17

18 新建一个空白层，使用 Blur's Good Brush 系列画笔描绘和修饰模型，尤其是模型中有瑕疵和渲染不完美的区域，如图 10-18 所示。注意：Blur's Good Brush 的运用请参阅《WOW！Photoshop 终极 CG 绘画技法》。

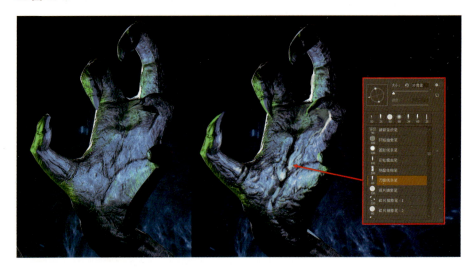

▲ 图 10-18

19 继续使用 Photoshop 画笔修饰其余部分，3D 模型只是一个大致的参考，在修饰过程中可以根据创意需要随时调整，如图 10-19 所示。

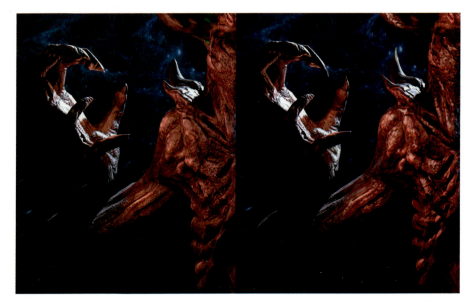

▲ 图 10-19

20 接下来设计并绘制一些留给分形元素进行合成的细节结构,如图10-20所示。

▲ 图 10-20

21 再在所有图层上方增加一层分形元素进行叠加,将新图层的透明叠加模式设置为"滤色",这样深色背景就变透明了,如图10-21所示。

▲ 图 10-21

22 当前合成的分形图像由于背景不是纯黑色的,因此进行透明叠加后整体变灰,此时可以使用"色阶"功能,用黑色吸管吸取图像上的深色区域,将这个区域调节为黑色,这样整体明暗对比度就增强了,如图10-22所示。

▲ 图 10-22

第十章 综合创作实例 | 365

23 然后使用"擦头"工具沿角色轮廓对当前合成的分形图像进行擦除。注意不要整体擦除，根据分形图像的结构特征在角色的前方保留适当影像，这样就能产生背景与角色的自然融合，如图10-23所示。

▲ 图 10-23

24 此时按照上述步骤，合成较小的分形元素到角色的特定位置，如图10-24所示。

▲ 图 10-24

25 继续合成主要分形元素，然后使用"擦头"工具进行修饰，如图10-25所示。

▲ 图 10-25

CG 思维解锁：数字绘画艺术启示录 | 366

26 使用 Mandebuld3D 生成的遮罩对 Mandelbulb3D 分形元素进行抠像。注意：一般情况下，Mandelbulb3D 生成的遮罩是"索引颜色"模式，需要转换为"RGB"模式并通过"色阶"功能增加对比度，再复制到色彩图层的 Alpha 通道进行抠像，如图 10-26 所示。

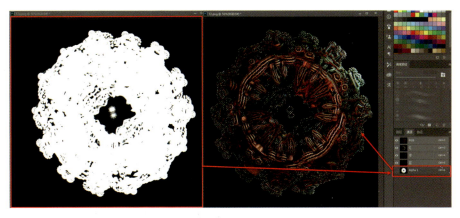

▲ 图 10-26

27 再将 Mandelbulb3D 分形素材放置到角色层之后进行合成，如图 10-27 所示。

▲ 图 10-27

28 接着将背景分形元素进行适当的模糊，以更好地区分前后景关系，如图 10-28 所示。

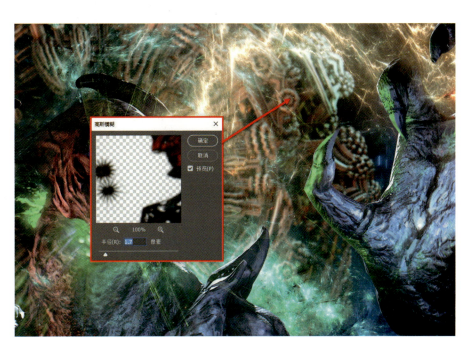

▲ 图 10-28

第十章 综合创作实例 | 367

29 接下来再次合成一个分形图案到角色的头部，以更好地区分出前后景层次，如图10-29所示。

▲ 图 10-29

30 在之前已在角色身体上绘制好的光点位置继续合成细节分形图像。注意：这一步要控制好分形图案的分布面积，不要因为细节过多而破坏整体效果，如图10-30所示。

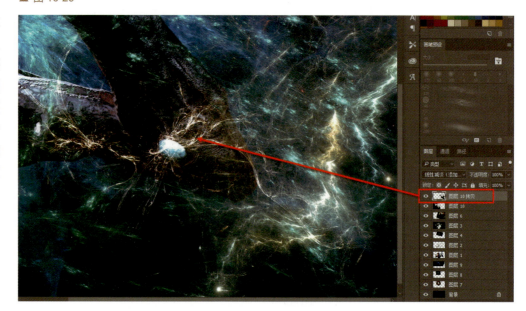

▲ 图 10-30

31 接下来使用Photoshop中的画笔在角色图层之后绘制一个大型的星球结构，以平衡画面的构图，如图10-31所示。

▲ 图 10-31

CG 思维解锁：数字绘画艺术启示录 | 368

32. 当前分形光线在角色面部造成了过亮的遮挡，我们可以随时改变创意方案，将分形光线效果放置于双手掌心的位置。其他分形元素如果出现不合适的情况也可以随时调整，如图10-32所示。

▲ 图 10-32

33. 接下来绘制一个星球元素作为前景，并使用图层特效增加一个辉光效果，如图10-33所示。

▲ 图 10-33

34. 继续增加其他星球元素，注意发光源和受光部位的方向，如图10-34所示。

▲ 图 10-34

第 10 章 综合创作实例 | 369

35 最后按照以上流程继续绘制或合成更多元素，直到对效果满意为止。本例最终完成效果如图10-35所示。

▲ 图 10-35

2. 模型资源

在我们日常的创作中，3D 辅助是一种极为有用的绘画创作手段，除了本书中涉及的模型创建方法之外，我们还需要大量的 3D 素材库来作为创作的依据。对于没有 3D 建模基础的人来说，学习一门 3D 建模技能是非常有益的，但是如果没有任何 3D 基础也不用担心，可以通过各类专业 3D 模型网来获取这些资源，这样可以大大节省时间与精力，只需要下载这些模型并进行简单的编辑及输出就能将它们作为实时渲染的素材来组合运用。

- www.turbosquid.com：世界最大的 3D 模型资源网之一，在这个网站注册后可以下载大量的免费或者付费模型资源，种类涵盖各个领域，如图 10-36 所示。

▲ 图 10-36

- www.pixelsquid.com：pixelsquid 是 turbosquid 的附属网站，这个网站的模型资源可以直接通过下载安装 Photoshop 的插件，将模型资源直接载入 Photoshop 进行绘画或者合成，非常方便，如图 10-37 所示。

- sketchfab.com：全球最大的专业 AR/VR 类模型资源网站之一，可以免费上传和下载模型资源，很多资源带有骨骼绑定与动画，品质卓越（如图 10-38 所示）。

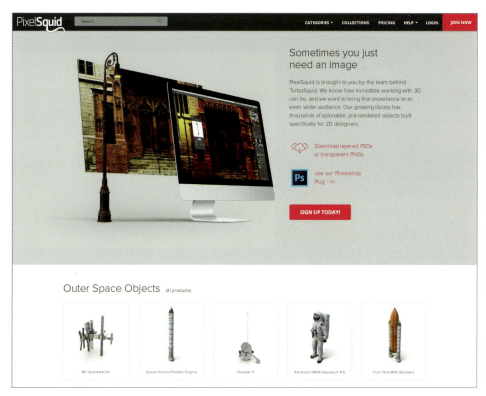

▲ 图 10-37

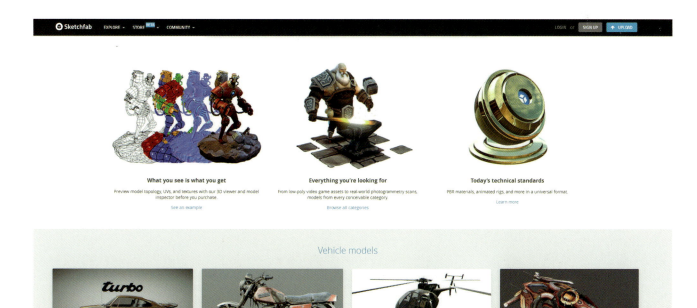

▲ 图 10-38

- www.cgtrader.com：专业优化 3D 模型资源网，网站中提供了大量的优化过面数的低模，可以用于绘画合成或者 VR/AR 创作，如图 10-39 所示。

（1）模型类型与格式

一般情况下，模型素材分为两种类型，一种为"静态"模型，即模型是静态的，只有网格结构和贴图等，模型格式一般为"MAX""3DS""OBJ""STL"等；另外一种类型为"Rigged"（动态骨骼绑定模型），这类模型带有骨骼绑定或者动画，用户可以使用已经制作好的骨骼对模型姿态进行调整，如姿势等，非常适合用于表现各种角色，模型格式一般为"MAX""FBX""C4D"等，如图 10-40 所示。

（2）模型调整

只有 pixelsquid 输出的模型可以直接在 Photoshop 中进行调整，其余模型（包括照片重构及分形输出的模型）都需要放置到诸如"3ds Max""Maya""C4D"等软件中进行调整，如调整模型的部件、坐标、骨骼姿态、尺寸比例等。关于在 3D 软件中调整模型的知识请参阅本书随书附赠中的相关视频教学。

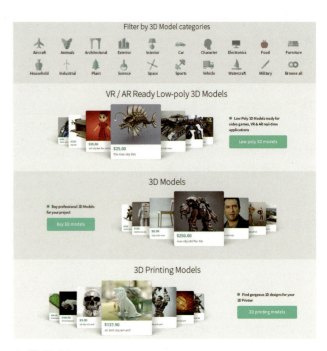

▲ 图 10-39

▲ 图 10-40

3. 综合创作实例 2

（1）创意思路

绘画创作是一个心灵与思维转化的过程，当我们想要创作一幅具有深刻含义的作品时，一定要先思考运用什么样的元素进行表达。在创作之前，可以定义好几个基本概念，如"理想与现实""浅薄""热情""挣扎""翱翔""坠入"等，把这些心灵中的情感元素进行排列，然后根据这些内容定义出一个创作主题，如"充满理想的灵魂坠入浅薄的现实，但是燃烧着的热情却不灭"，接下来就需要根据这个主题去选择和组织适当的元素来进行表达，如：

- 放飞的理想与灵魂 → 一名宇航员或者潜水员，本可以自由地翱翔天际，但是……

- 浅薄的现实 → 一滩浅水，随时随地搁浅在这片水塘，既无法下潜又无法升扬，无数搁浅的灵魂散布水面。

- 挣扎 → 无数绳索向下拉扯，断开的输气管道努力地向上扬起，却无法在这个窒息的世界喘息。

- 无法阻挡的热情 → 剧烈燃烧着的心脏，既代表诚实忠于内心的意愿，又代表无法阻挡的热情。

- 自然界 → 宇宙万物的运作，不以意志为转移却又控制万物的道，可以使用虚幻的元素进行表达，如分形图案等。

按照以上思路我们整理出了一个创作的基本概念，然后结合各种技术手段去实现这个想法，这就是一般主题的创作流程。艺术创作来源于人们的真实体验与理解，如果想要创作出具有自己独特个性的作品，那么就需要学会转化自己的这些真实体验，将个性、情感、思维、热情、信仰、理解等转化为创作，而不仅仅是在日常生活中通过其他方式宣泄这些东西，这就是艺术创作者该有的意识与感悟。艺术个性的培养不是单纯地去模仿或者故弄玄虚，而是结合真正有的东西去进行创造，这样才能找到自己独特的艺术风格。当然绘画技法与技术的完善也是不可或缺的重要因素，通过不同手段的结合可以让我们将单一绘画方式转变为绘画探索与实验方式，很多有趣的创意火花都是在不同的技术碰撞下产生的，绘画过程充满乐趣与奇妙的体验。

（2）创作准备阶段

接下来根据创意的需求，去寻找适合的创作素材来进行构图。一般情况下，照片重构的素材比较合适表现场景元素，如地形、自然元素、植物、纹理、人造物等；World Machine生成的元素适合表现山脉、河流、大背景等；分形创作的元素适合表现奇幻的结构、光效、能量、特效等；3D模型适合作为角色造型、姿态、光影及道具等元素的参照等。绘画时无须每一种元素都事先准备到位，首先以核心的元素为主，如主要角色、主要背景、主要道具、主要照明等，其他元素可以在具体绘画过程中逐步添加，3D辅助的过程主要在于帮助我们解决绘画上的难题，而不是完全依赖这些元素去进行画面的堆叠，如图10-41（在3ds Max中使用绑定模型设置角色姿势）、图10-42（照片重构生成的场景元素）、图10-43（照片重构生成的人工元素）所示。

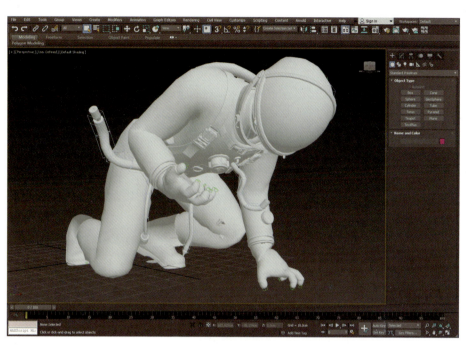

▲ 图 10-41

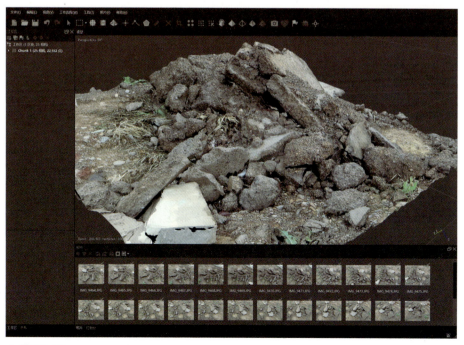

▲ 图 10-42

▲ 图 10-43

（3）Marmoset Toolbag 模型与灯光布局

01 首先，进入 Marmoset Toolbag，将水面模型导入，并创建水面材质，根据创作的色调需求将环境设置为雪山的环境光照，如图 10-44 所示。

▲ 图 10-44

02 接下来放置主要角色模型（在3ds Max中设置好动作）到水面，通常情况下可以创建两个摄像机，一个用于放置和布局，一个用于确定最终构图。模型可以不进行任何贴图工作，直接赋予纯白色材质，其色彩和质感通过绘画实现，如图10-45所示。

▲ 图10-45

03 接下来为模型的一只手添加红色点光源，用于模拟燃烧部位的光线。将照明距离设置到合适的尺寸。再添加一个冷色的轮廓平行光，用于模拟场景照明和描绘角色轮廓。注意：整体光源要灰暗一些，不要设置得过强，导致画面曝光过度，为后续上色提供足够的弹性空间，如图10-46所示。

▲ 图10-46

04 接下来放置其他调节好姿势的模型，并赋予灯光。注意：光照最强的应为最靠前的角色，其他配角作为衬托不要为其设置太强的照明效果，如图10-47所示。

▲ 图10-47

05 下面放置照片重构元素作为背景。放置时模型角度及尺寸可以根据构图来安排，这一步需要对模型进行贴图处理，如图10-48所示。

▲ 图 10-48

06 继续放置周围的配景元素，如图10-49所示。

▲ 图 10-49

07 接下来进入构图摄像机，然后为场景增加雾气元素，以确定场景的层次变化。如果画面变灰，除了需要控制好雾气距离和透明度之外，还需要提高摄像机的对比度，以保证拉开背景与主体角色的距离关系，如图10-50所示。

▲ 图 10-50

08 再在构图摄像机视图继续增加场景元素以丰富画面的细节。一些模型间的缝隙和衔接不完美的地方不用理会，后期绘画时可以进行修正，只需要保证大的参考结构正确即可，如图 10-51 所示。

▲ 图 10-51

09 接着我们可以隐藏前景的元素，然后在中景位置添加两个 World Machine 生成的山体模型。前景、中景、远景 3 层关系需要分开输出以便在 Photoshop 中进行合成，如图 10-52 所示。

▲ 图 10-52

10 整体布局好模型后，即可打开渲染设置中的"GI"和"Ambient Occlusion"设置以提高灯光渲染质量。然后可以逐层隐藏场景元素，分层输出前、中、后 3 个图层。当前先输出角色及水面层，输出大小根据要绘制的图像大小设置。在输出设置中需要选中"Transparency"透明通道设置，如图 10-53 所示。

▲ 图 10-53

11 隐藏前景角色层继续输出中景层，如图10-54所示。

▲ 图 10-54

12 隐藏前景与中景，输出背景雪山层及天空，这一层需要取消选中"Transparency"设置，如图10-55所示。

▲ 图 10-55

13 输出完成后在Photoshop中打开这3层图像并进行合并，就能得到完整的图像，至此Marmoset Toolbag的3D布局工作结束，如图10-56所示。

▲ 图 10-56

（4）Photoshop 绘画流程

01 首先，选择背景雪山层，使用"涂抹工具"对山体进行适当的模糊，这样可以削弱 3D 纹理的颗粒感，以突出绘画的质感，涂抹时注意虚实结合，不要整体均匀涂抹，如图 10-57 所示。

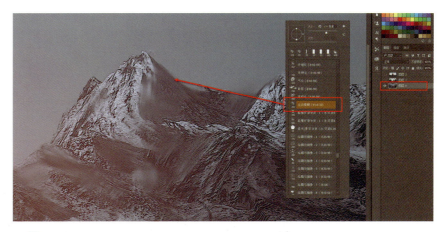

▲ 图 10-57

02 接着在山体图层新建一个层，使用自己喜欢的画笔对山体进行绘制。由于 3D 结构只是一个参考，适当保留其细节大部分结构特征可以重新根据需要进行绘制。不管绘制哪一个景别的色彩，尽量用拾色器吸取临近的色彩进行调配，这样才能保证整体的灰度处于远景位置。绘制大块面山体结构时，可以使用"自由选区工具"按照 3D 模型结构选择大块面结构，再使用大块面画笔进行上色，以此保证远景不会被描绘得过于细碎，如图 10-58 所示。

▲ 图 10-58

03 采用上述方法绘制出所有山体的光影变化，如图 10-59 所示。

▲ 图 10-59

04. 在中景层之上新建一个图层，使用细节画笔修饰与刻画中景结构的光影层次，注意绘画感的营造与 3D 模型细节之间的过渡处理，既保留原始细节，又需要加入人为修饰的笔触，如图 10-60 所示。

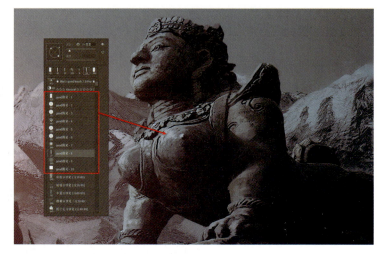

▲ 图 10-60

05. 由于 3D 照片重构结构与纹理存在大量像素不足和结构混乱的区域，需要用画笔耐心地调整，根据画面的整体需求重新布局及刻画，如图 10-61 所示。

▲ 图 10-61

06. 在 3D 辅助下，可以很容易地找出复杂物体的结构变化与色彩依据，根据这些参考提炼出比较清晰的大结构与色彩关系，同时去除不必要的细碎结构，这样画面的整体性就能保持住，尤其是对于绘画能力较弱的人来说，这既是一个创作过程，同时也是一种练习绘画基本功的过程，如图 10-62 所示。

▲ 图 10-62

07 接下来可以使用"毛刺化"或"绘画与抽象"等涂抹画笔对画面进行绘画感的处理。涂抹后所有细节得以融合，同时还能涂抹出随机的风格化结构，以此削弱所有细碎的颗粒，突出绘画感，如图10-63所示。

▲ 图10-63

08 在处理凌乱结构或者相邻结构时，使用"涂抹工具"可以很好地对各结构间的关系进行自然或者风格化的衔接，这是绘画中非常重要的一种手段，如图10-64所示。

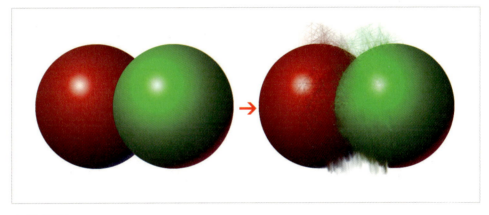

▲ 图10-64

09 接下来显示主要角色层，然后在角色层上新建一个图层，将图层叠加模式设置为"叠加"，然后选择一个固有色为角色进行上色，通过透明叠加模式的处理在不破坏原有素描光影的前提下可以叠加任何色彩给底层角色，如图10-65所示。

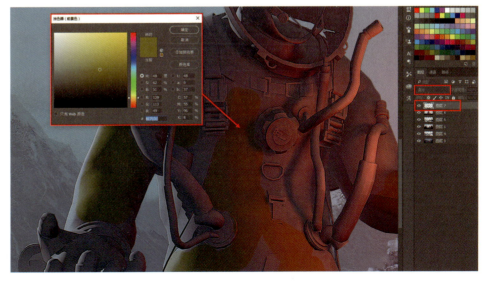

▲ 图10-65

第十章 综合创作实例 | 381

10 接下来根据原有物体参照绘制角色的细节进行构造，这一步可以使用较大块面的笔触进行绘制，如图10-66所示。

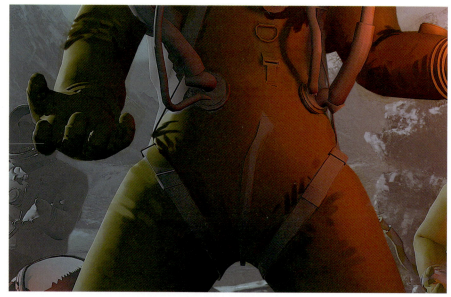

▲ 图10-66

11 绘制时注意整体光源的方向与变化，要和参考层基本一致。对于色彩控制能力较差的读者，使用拾色器吸取底层图像的色彩，再进行调节可以保持住整体画面色彩的统一性。绘制时不要受限于参考层的结构与色彩，不要将绘画过程变成临摹描绘的过程，笔触可以轻松自然一些，被覆盖的细节也不用过分担心，把握整体性最为重要，如图10-67所示。

▲ 图10-67

12 发光源的描绘一定要准确，这也是决定一个作品品质的重要因素之一，光源的衰减区域可以根据情况进行人为增减，绘画时不要急于上色，分析清楚光源走向后再慢慢下笔，如图10-68所示。

▲ 图10-68

CG思维解锁：数字绘画艺术启示录 | 382

13 接下来使用"涂抹工具"对各层次的色彩进行涂抹，以增强绘画质感，营造独特的色彩混合效果，如图 10-69 所示。

▲ 图 10-69

14 深入刻画细节时注意不同质感的高光表现，不要放过主要结构的高光，哪怕是一些非常细小的反光结构，因为描绘出来后都可以大大增强画面的表现力；反之，暗部的刻画可以保留较大的笔触与相对粗糙的细节，以此形成疏密的笔触对比，如图 10-70 所示。

▲ 图 10-70

15 接下来描绘金属质感部分，注意纯反射金属质感的固有色非常微弱，暗部和高光比较突出，绘制时注意高光与光源方向的对齐，准确表达不同物质的质感非常重要，通过 3D 参考方式可以快速解决大部分质感的表现，如图 10-71 所示。

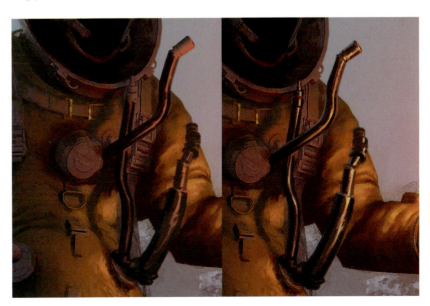

▲ 图 10-71

第十章 综合创作实例 | 383

16 按照以上步骤耐心地完成主体角色的刻画,如图 10-72 所示。

▲ 图 10-72

17 接下来新建一个图层,绘制一个心脏的基本结构,如图 10-73 所示。

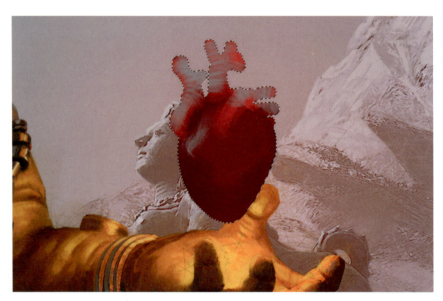

▲ 图 10-73

18 逐步刻画心脏造型,由于后期要在其上绘制火焰效果,因此在造型的设计上要留有可以发光的结构,如图 10-74 所示。

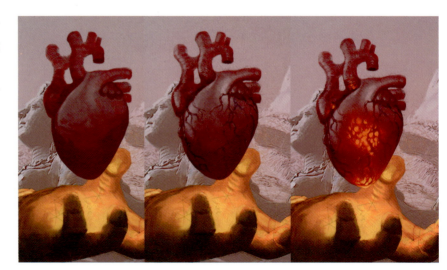

▲ 图 10-74

19 使用大笔触描绘其他配角，如图 10-75 所示。

▲ 图 10-75

20 继续描绘其他角色，注意场景中的总平行光源及主要发光源相互之间的方向，以及距离变化，3D 渲染产生的瑕疵也需要逐步修正，尤其是阴影部位及反光部位，应在耐心分析清楚以后再下笔，如图 10-76 所示。

▲ 图 10-76

21 按照上述方法继续推进细节，如图 10-77 所示。

▲ 图 10-77

第十章　综合创作实例 | 385

22 在绘制不同景别的色彩时，任何物体上的"最深色"要有所区别，一定要考虑空气中雾气的衰减效应，不要因为忽略了空间定位而导致某个后方的物体色彩画得过重或者因饱和度过高而让画面丢失正确的层次感，如图10-78所示。

▲ 图10-78

23 随着绘画进程的推进，可以根据创意主题的需求更改或者增添一些新的创意点，如将"绳索"替换为插入身体的"岩石"来烘托环境，进行更加深刻的表达。接下来新建一个图层，使用选区工具绘制一些插入腿部的岩石选区，然后使用带有纹理的画笔绘制出大致色彩结构及光影，如图10-79所示。

▲ 图10-79

24 接下来慢慢刻画岩石细节，梳理清楚物体的逻辑关系、色彩及光影等。之前绘制的腿部结构由于创意的变更也需要重新绘制，如图10-80所示。

▲ 图10-80

25 新建一个图层，使用半透明的画笔绘制水面的倒影。注意：根据"菲涅尔"反射的原理，视角与水面角度越小的区域（远处），倒影越强烈、越集中；视角与水面角度越大的区域（近处），倒影越弱、越分散，如图10-81所示。

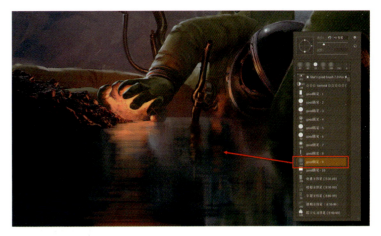

▲ 图 10-81

26 我们可以先绘制出粗糙的水面结构，然后使用特效涂抹工具对水面进行涂抹，这样就能平滑整个笔触结构，如图10-82所示。

▲ 图 10-82

27 当绘画进行到这个阶段时，需要添加所有元素来评估整体构图的需要。接下来用Mandelbulb3D分形软件生成一些随机的图像，将其合成到角色层。制作时注意整体光源的设置要和当前画面的光线统一，采用一个光照方向，如果输出合成后色彩不协调，可以使用Photoshop的"匹配颜色"功能对其进行匹配处理。其他元素的合成也可以使用这个方法来统一色调，如图10-83所示。

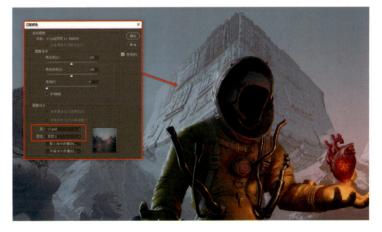

▲ 图 10-83

28 继续合成多个分形元素到背景天空，然后使用"擦头工具"将这些元素进行局部擦除，使其沉浸在浓厚的雾气环境，这样才能将它们的位置控制在较远的层次中，如图10-84所示。

Tips：这些分形素材可以在随书附赠中找到。

▲ 图 10-84

第十章 综合创作实例 | 387

29 接下来在所有图层顶端新建一个图层,然后使用风格化画笔绘制出火焰的基本结构,如图10-85所示。

▲ 图 10-85

30 继续描绘火焰的层次结构,然后使用风格化涂抹工具对火焰进行涂抹,以此平滑火焰结构和增加火焰的动感效果,如图10-86所示。

▲ 图 10-86

31 接下来将火焰层向上复制一层,然后将图层叠加模式切换为"滤色",这样就能看到火焰产生了透明发光效果,如图10-87所示。

▲ 图 10-87

32. 使用特效画笔添加飞舞的火星效果，如图 10-88 所示。

▲ 图 10-88

33. 在"滤色"火焰层使用"辉光"画笔为所有火光和火焰高光反射区绘制一层光晕，以此增强画面的视觉效果，这样进一步体现"雾气"的氛围感，如图 10-89 所示。

▲ 图 10-89

34. 接下来在火焰中心区域以"滤色"方式叠加一层分形图案，以此再次增强最强发光区域的视觉表现，如图 10-90 所示。

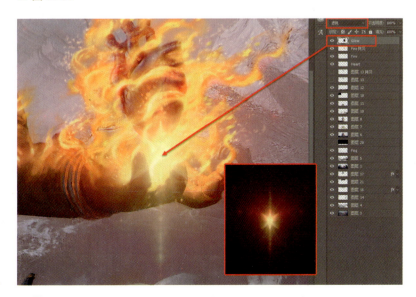

▲ 图 10-90

第十章 综合创作实例 | 389

35 在前景与中景图层之间新建一个图层，然后使用"云雾"类画笔工具绘制一层体积雾气结构，这样整个画面的空间层次将变得更为清晰，同时云层结构也能为画面整体带来柔性对比及动感，如图10-91所示。

▲ 图 10-91

36 在中景与远景层之间也添加一些云雾效果，以此增强中、远景的层次感，如图10-92所示。

▲ 图 10-92

37 按照以上方法继续使用绘画加分形叠加的手段增加画面中的细节元素，如图10-93所示。

▲ 图 10-93

38 按照上一个实例讲解的流程，合成平面分形元素到画面的不同区域。合成时要根据景别来考虑，不要只是单层整体叠加。分形图案可以随机化生成，也可以使用Photoshop事先合成好多张分形图像，再放置到这个画面中进行处理，如图10-94所示。

▲ 图 10-94

39 接下来继续合成分形元素，分形图像可以塑造美丽的光效及有良好的视觉表现，但合成时也不只是一味地为了表现效果，我们可以结合主题需要来进行一些暗示性、精神性、符号化的比喻，如图 10-95 所示。

▲ 图 10-95

40 继续使用 Marmoset Toolbag 输出小元素，将其合成到当前画面并进行绘画修饰，以此丰富画面的内容和加深主题性，如图 10-96 所示。

▲ 图 10-96

41 接下来逐步完善画面中的所有细节，比如氧气管中的气体，使用相应的特效画笔去表现，如图 10-97 所示。

▲ 图 10-97

42 当前画面的总体色彩比较单一，因此在水面绘制一些玫瑰色的花瓣结构，一方面用于对比整体画面的冷暖变化，另一方面用于进一步强化整体创意性，为画面增添更多的内涵，如图 10-98 所示。

▲ 图 10-98

第十章 综合创作实例 | 391

43. 最后为画面增添一些动态花瓣效果（可以在绘制后使用动感模糊滤镜进行处理），这样画面中的运动元素就更为丰富了，如图 10-99 所示。

▲ 图 10-99

44. 最终完成效果如图 10-100 和图 10-101 所示。

超现实主义创作的核心就是通过非正常的手段来表达带有内涵的内容，特别是对情感及情绪的抽象与概括。一般这类创作都带有较强的象征性和寓意，相比单纯地去表达视觉美，这类创作往往更具有可读性和神秘感，引发观者的诸多思考。在创作时，我们应该结合多种技术手段思索如何赋予一个作品更深的精神内容与含义。所谓个性与风格，往往是在真实的表达下体现出来的东西，而不是简单地通过模仿而得到，这也是一幅作品深层次的生命力。这个创作分享的目的在于让大家了解转化情感的方式及视觉创作技术的多元化运用，通过综合技术手段服务创作需求，提升艺术表达力。

▲ 图 10-100

▲ 图 10-101

4. 其他综合创作实例分析

通过以上实例可以了解到，3D 技术的运用可以为数字绘画创作带来非常灵活多变的创作体验，除了可以极大地改善绘画能力之外，我们所掌握的技术手段越多，我们的表达方式也就越多。当然，良好的绘画基础与绘画光色理论知识也是非常重要的因素。在下面这个实例分析中，将快速对 3D 辅助绘画再做一个完整的梳理，如图 10-102 所示为超现实主义作品——黑洞。

▲ 图 10-102

这幅作品表达的是人类欲望下的动物世界。钉在由武器构成的十字架上的大象代表枪口下被残杀的动物；由骸骨构成的深渊代表人类无休止的欲望与死亡；流淌的"纸片"代表金钱与鲜血……凝重的黑白色彩是传达这一深刻主题的色调风格。以上就是这幅作品的创作初衷与主题。接下来我们对绘画过程做一个解析。

01 首先，以3D模型堆砌出大致的画面结构并赋予基本的光照，如图10-103所示。

▲ 图10-103

02 接下来叠加主要的细节模型，如图10-104所示。

▲ 图10-104

03 接下来使用Photoshop中的"画笔工具"和"涂抹工具"按照模型结构进行刻画，如图10-105和图10-106所示。

▲ 图10-105

▲ 图10-106

04 接着刻画纸片结构。注意：整幅画的光源设置的是顶部照明，因此所有元素的光照与投影方向要统一。纸片属于底层物体，其受光是衰减的最远区域，因此比较暗。而接近主体结构的区域由于漫反射阴影的遮挡，将变得更暗，如图10-107所示。

▲ 图10-107

05 单一光源所塑造的画面比较单调，无法产生良好的层次感和结构感，因此需要再设置一个轮廓光，以此烘托主结构的立体感，如图10-108所示。

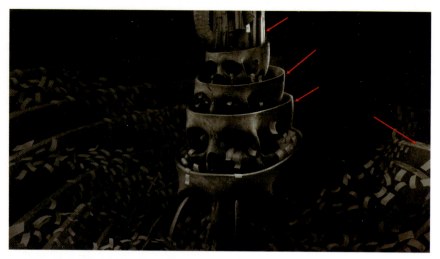

▲ 图 10-108

06 在绘制复杂光源的时候，一定不要忘记灯光的二级反弹效应，这是保证灯光通透感的重要因素，如图10-109所示。

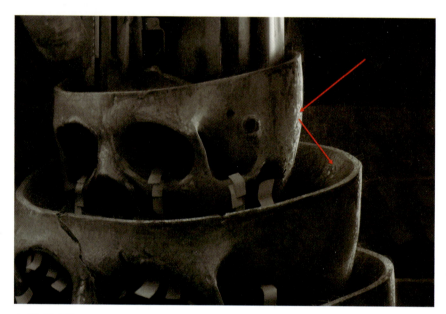

▲ 图 10-109

07 接下来深入刻画细节，以"基督受难"的方式突出创作主题，如图10-110所示。

▲ 图 10-110

08 下面绘制子弹造型,并运用"云雾"画笔绘制喷射出的烟雾特效,如图10-111所示。

▲ 图 10-111

09 再在气体中绘制出纸片结构,注意纸片与气体相互融合的区域可以使用"擦头工具"来处理,如图10-112所示。

▲ 图 10-112

10 绘制象牙造型,在复杂的光照环境下,需要耐心分析清楚各个方向光线的来源,再细心描绘,绘制时随时观察各物体间的相互遮挡关系,以确保绘制出正确的光源结构与质感,如图10-113所示。

▲ 图 10-113

第十章　综合创作实例 | 397

11 下面添加飞机元素。螺旋桨结构可以使用 Photoshop 的模糊滤镜来生成运动模糊效果，如图 10-114 所示。

▲ 图 10-114

12 新建图层并使用选区工具选择出灯光的区域，然后用柔性画笔描绘出体积光特效，并使用柔性擦头擦出柔和的过渡区域。镜头光斑特效可以直接使用"光效"类画笔实现，如图 10-115 所示。

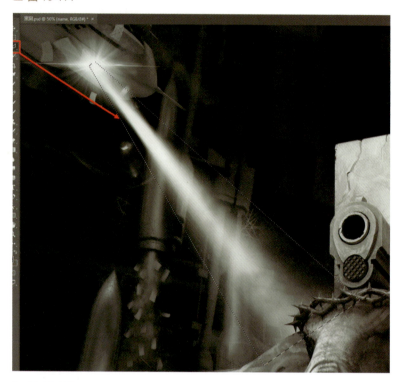
▶ 图 10-115

13 最后使用"烟雾"类画笔添加枪口的烟雾，完成绘画，如图 10-116 所示。

▲ 图 10-116

二、总结

　　多种技术手段结合是数字绘画创作与发展的重要特色与优势，不同的技术所带来的是不同思维的转变与拓展，同时绘画创作的体验也是极为丰富多彩的。在掌握了各种技术手段之后，我们还需要不断增强自己对于艺术的理解与感悟，运用综合技能解决创作中的各种难题。

　　希望通过本书的学习能够为大家打开一条崭新的绘画之路，运用最新图形图像技术服务于自己的绘画创作。对于本书的学习一定要循序渐进，将每一个知识点掌握牢固，并运用自己的智慧进行思考与探索，探寻更为有趣多变的作画方式，通过这些技术手段找到符合自己个性化的绘画创作之路。

扫一扫，下载站酷APP
把站酷和酷友装进手机

·CG世界·

"感知CG · 感触创意 · 感受艺术 · 感悟心灵"

CG世界微信公众号创建于2013年，是目前中国极具影响力的CG领域自媒体。

专注于3D动画、
影视特效后期制作、
AR/VR等多个领域的知识、
前沿技术、资讯、
行业教程以及资源分享。

目前拥有10万+订阅用户，
期待更多热爱CG的伙伴们
加入我们！

微信公众号：World_CG